高职高专文化基础类规划教材

计算机应用基础

主　编　朱长元　钱晓雯

副主编　聂树成　张　峰

苏州大学出版社

图书在版编目(CIP)数据

计算机应用基础/朱长元，钱晓雯主编. —苏州：苏州大学出版社，2017.7
高职高专文化基础类规划教材
ISBN 978-7-5672-2164-2

Ⅰ.①计… Ⅱ.①朱… ②钱… Ⅲ.①电子计算机-高等职业教育-教材 Ⅳ.①TP3

中国版本图书馆CIP数据核字(2017)第157506号

计算机应用基础
朱长元 钱晓雯 主编
责任编辑 管兆宁

苏州大学出版社出版发行
(地址:苏州市十梓街1号 邮编:215006)
宜兴市盛世文化印刷有限公司印装
(地址:宜兴市万石镇南漕河滨路58号 邮编:214217)

开本787×960 1/16 印张19.75 字数493千
2017年7月第1版 2017年7月第1次印刷
ISBN 978-7-5672-2164-2 定价:39.00元

苏州大学版图书若有印装错误,本社负责调换
苏州大学出版社营销部 电话:0512-65225020
苏州大学出版社网址 http://www.sudapress.com

高职高专文化基础类系列教材

编 委 会

前　言

高等职业教育的任务之一是培养技术技能型人才。为了更好地体现计算机基础应用的实践性，本教材的编写改变了以往同类教材中根据理论知识组织教学的模式，突出了"等考为纲、任务驱动"的特色。本书注意结合全国计算机等级考试考点，将基础知识点总结提炼成多个具体任务，全面系统地介绍了计算机的基础知识。在实训任务中设置了实践技能训练来进一步巩固任务中所涉及的知识点，提高学生解决实际问题的能力。

本书力求解决高校学生计算机应用水平参差不齐的问题，消除初学者对量多面广的书本知识无所适从的心态，大胆采用了任务驱动教学法，将基本知识和基本功能融合到实际应用中，着力培养实际操作能力，提高应用技能，知识点集中且突出，实用性强，对计算机基础教学的改革具有深远意义。

本书的主要特色如下：

1. 实用性强。本书根据实际需求精选任务，由浅入深，循序渐进，选取的任务基本上都是针对在校期间和今后工作实践中具有典型代表性的实际需求，能够激发读者的学习兴趣。

2. 注重应用能力培养。以任务为主线，构建完整的教学布局，让学生每完成一个任务的学习，就可以立即应用到实际中，并提高其触类旁通地解决同类问题的能力。

3. 分层次设置任务。针对计算机知识起点不同的学生，设置相应的任务，每一个任务又包括任务内容、任务要求，对操作部分，还提出了实训任务，学生可以根据自己的实践情况进行任务取舍，具有较大的灵活性。在每一个任务要求中，详细介绍了任务的实施步骤，以此来巩固任务中所涉及的知识点。

4. 教师教学与学生上机实训合二为一，具有更高的使用价值。按照操作软件的功能分类,安排了多个任务群,每一个任务群融合了多个知识点。任务结束后,又安排实践技能训练,将教师教学与学生上机实训有机结合起来,更加便于教学。

5. 紧密结合全国计算机一级 MS Office 等级考试。本书内容全面,参照了一级 MS Office 考试大纲,并对最基本、最重要的内容进行了重新整合。在实践技能训练中,将各个任务的知识点和一级等级考试的知识点合二为一,让学生对知识点更明确。书后还附有具有代表性的练习题及参考答案,有利于读者进行自我测试,加深并巩固所学知识。

参加本教材编写的作者为常年从事计算机教学工作的资深教师,具有丰富的教学工作经验和理论基础。本书由朱长元、钱晓雯主编,聂树成、张峰为副主编。第一章、第六章由朱长元编写,第二章由聂树成编写,第三章由钱晓雯编写,第四章、第五章由张峰编写。在教材的编写过程中,得到了苏州大学出版社的大力支持和帮助,在此深表感谢。同时,我们要对使用本教材进行教学的老师致以衷心的感谢。

由于编写时间仓促,书中难免存在缺点和疏漏之处,希望读者多提宝贵意见,以便再版时更正。

编 者

目　录

第1章 计算机基础知识

本章使用“任务驱动的方法”来讲述计算机基础知识，主要内容有计算机的概念、发展历程、分类、应用领域、发展趋势、工作原理、系统组成、信息的表示与存储等。

学习目标

- 了解计算机发展史、计算机应用领域。
- 掌握计算机的基本组成、硬件系统、软件系统，以及多媒体计算机的组成。
- 掌握数制的概念，掌握二进制和十进制的相互转换方法。
- 掌握中西文字符编码方法。
- 了解计算机病毒及其预防措施。

1.1 计算机概述

本节主要介绍计算机的基础知识，使学生能够掌握计算机的概念、发展历程、分类、应用领域及发展趋势。

▶▶ 任务一 掌握计算机的概念、发展历程及发展趋势

任务内容

- 计算机的概念。
- 计算机的发展历程。
- 计算机的发展趋势。

任务要求

- 掌握计算机的概念。

- 熟悉计算机的发展历程。
- 了解计算机的发展趋势。

1. **计算机的概念**

简要地说，计算机是一种能够接收信息，并按照存储在其内部的程序对输入信息进行处理，并产生输出结果的高度自动化的数字电子设备，如图1-1所示。

利用计算机对输入的原始数据进行加工处理、存储或传送，可以获得预期的输出信息，利用这些信息可提高社会生产率和人们的生活质量。

图1-1 计算机

计算机具有以下特性：运算速度快、数据存储容量大、通用性好，可以对多种形式的信息进行处理，同时计算机相互之间具有互联、互通和互操作的能力。

2. **计算机的发展历程**

从第一台电子计算机产生到现在的60多年时间里，计算机技术以前所未有的速度飞速发展。在计算机的发展过程中，电子元器件的变更起到了决定性作用，它是计算机换代的主要标志。按照计算机所用的电子元器件来划分，计算机的发展可分为以下四代：

(1) 第一代计算机(1946—1957)

主要特点是电子元件由电子管组成。因此，运算速度较低、体积较大、重量较重、价格较高，计算机语言处于机器语言和汇编语言阶段，主要应用于科学计算。

(2) 第二代计算机(1958—1964)

主要特点是电子元件由晶体管组成。因此，运算速度与可靠性均得到大幅度提高，重量、体积也显著减小，软件方面出现了简单的操作系统和高级语言，其应用扩展到数据处理和事务管理。

(3) 第三代计算机(1965—1971)

主要特点是电子元件由中、小规模集成电路组成。这类机器的运算速度与可靠性得到更大的提高，价格明显下降，体积更小，出现了功能较强的操作系统和多种高级程序设计语言，应用领域向工业控制、数据处理推广。

(4) 第四代计算机(1972 年至今)

主要特点是电子元件由大规模和超大规模集成电路组成,计算机的性能空前提高,重量、成本及体积均大幅度降低,操作系统进一步完善,数据库和网络软件得到发展,面向对象的软件设计方法与技术被广泛采用,并出现了微型计算机。

以上划分可归结为表 1-1 所示。

表 1-1 计算机发展历程

代次	起止年份	所用电子元器件	数据处理方式	运算速度	应用领域
第一代	1946—1957	电子管	汇编语言、代码程序	每秒几千至几万次	国防及高科技
第二代	1958—1964	晶体管	高级程序设计语言	每秒几万至几十万次	工程设计、数据处理
第三代	1965—1971	中、小规模集成电路	结构化、模块化程序设计,实时处理	每秒几十万至几百万次	工业控制、数据处理
第四代	1972 年至今	大规模、超大规模集成电路	分时、实时数据处理,计算机网络	每秒几百万至上亿条指令	工业、生活等各方面

3. 计算机的发展趋势

当前计算机的发展趋势可概括为巨型化、微型化、网络化和智能化。

(1) 巨型化

为了满足高能物理、地球物理、生物仿真等尖端科学技术、军事等领域的需要,计算机也必须向超高速、超大容量、超强功能的巨型化发展。巨型机的发展体现了当代计算机技术的发展水平。

(2) 微型化

由于微电子技术的迅速发展,芯片的集成度越来越高,计算机的元器件越来越小,而使得计算机的计算速度越快、功能越强、体积越小、价格也越来越低,因此计算机发展越来越快,应用也越来越广泛。

(3) 网络化

计算机网络可以实现软硬件资源(如存储介质、打印设备、调制解调器等硬件资源,还包含系统软件、应用软件和各种数据库等软件资源和数据资源)的共享和信息的快速传输。所谓资源共享是指网络系统中提供的资源可以无条件地或有条件地为联入该网络的用户使用。网络的应用已成为计算机应用的重要组成部分,也是计算机技术中不可缺少的内容。

(4) 智能化

智能化是计算机发展的总趋势。20 世纪 80 年代以来,日本、美国等发达国家开始研制第五代计算机。第五代计算机也称为智能计算机,具体的体现就是电脑机器人,它除了具备现代计算机的功能之外,在某种程度上还具有模仿人的推理、联想、学习等思维功能,并具有声音识别、图像识别能力,会唱歌会跳舞,还可与人进行简单的交流。具有模仿人的大脑判断能力和适应能力、可并行处理多种数据功能的神经网络计算机已经取得一些突破。

芯片性能的快速提高导致芯片的耗能和散热问题渐渐凸现出来,产品性能的极限问题将成为计算机发展所面临的巨大挑战。寻找硅芯片技术的最佳替代品的工作在不断深入,科学家正在研究包括生物计算机、光子计算机、量子计算机在内的各种新型计算机,而且已经取得一定的进展。

▶▶ 任务二　了解计算机的分类和应用领域

任务内容

- 计算机的分类。
- 计算机的应用领域。

任务要求

- 熟悉计算机的分类。
- 了解计算机的应用领域。

1. 计算机的分类

计算机从诞生到今天有很多种分类方法,最常用的是按计算机的性能分类,所依据的性能主要有:字长、存储容量、运算速度、外部设备、允许同时使用一台计算机的用户数量和价格的高低等。依此指标可将计算机分为巨型计算机、大型计算机、小型计算机和个人计算机。

(1) 巨型计算机

巨型计算机,又称超级计算机。它是目前功能最强,运算速度最快,存储容量最大,处理能力、工艺技术性能最先进的结构复杂、价格昂贵的计算机,如图 1-2 所示,主要用于复杂的科学和工程计算,如天气预报、地质勘探、飞机设计模拟和生物信息处理等领域。

2004 年 6 月,我国曙光计算机公司研制成功“曙光 4000A”巨型计算机,它包含 2560 个处理器,内存总容量为 4. 2TB,磁盘总容量为 20TB,运算速度达到每秒 8 万亿次,在 2005 年 11 月全球巨型计算机 500 强排行榜中居第 42 位。

图1-2 巨型计算机

（2）大型计算机

大型机规模仅次于巨型机，运算速度快、处理能力强和存储容量大，并允许许多用户同时使用。但它的性能比巨型机低，价格也相对便宜。有丰富的外部设备和功能强大的软件，主要用于承担计算机网络主服务器的功能。例如，IBM4300 系列、IBM9000 系列等都是大型计算机的代表。

（3）小型计算机

规模比大型机要小，结构更简单，成本较低，而且通用性强，维修使用方便，是一种价格便宜可供中小型企事业单位使用的计算机。DEC 公司的 VAX 系列和 IBM 公司的 AS/400是此类计算机的代表。

（4）个人计算机

个人计算机又简称为 PC 机或微机。它具有体积小，功耗低，功能全，成本低，操作方便、灵活等优点，发展迅速。其性价比明显优于其他类型的计算机，因而得到了广泛应用和迅速普及。

微机按字长可分为 8 位机、16 位机、32 位机和 64 位机，按 CPU 芯片可分为 286、386、486、Pentium、Pentium Ⅱ、Pentium Ⅲ和 Pentium 4 等。

个人计算机可分为便携式 PC、台式 PC 两大类。还有一类特殊的个人计算机就是工作站，如 SGI、SUN、DEC、HP、IBM 等公司推出的有高速运算能力和很强图形处理功能的计算机，通常采用 UNIX 操作系统，有更快的运算速度、更多的存储容量，可靠性和稳定性高，主要用于图像处理、CAD/CAM 和办公自动化等。

2. 计算机的应用领域

随着 Internet 的广泛应用，计算机的应用领域已经越来越广泛。早期的计算机主要用于科学计算、信息处理和实时控制，目前计算机的应用深入到我们工作和生活中的方方面面，如工厂企业自动化、办公室自动化和家庭自动化，还可应用于事务处理、管理信息系统、决策支持等。

计算机的应用主要有以下几个方面:

(1) 科学计算

计算机的发明就是为了解决大量复杂的数值计算问题,作为一个计算工具,在科学研究和工程技术中以及现代数学理论命题的证明都有大量复杂的计算问题,这些问题必须借助于计算机才能完成。数值计算至今仍是计算机应用的一个重要领域。

(2) 信息处理

信息处理是指计算机对信息(文字、图像、声音)进行收集、整理、存储、加工、分析和传播的过程,如企业的生产管理、质量管理、财务管理、仓库管理、账目管理等。日常生活中的银行、证券和大型超市的运营都离不开计算机信息处理。

(3) 实时控制

实时控制也称过程控制,是利用计算机及时采集检测数据,按最佳值迅速对控制对象进行自动控制或自动调节。它是生产自动化的重要技术手段。例如,用计算机控制炼钢、控制机床,用机器人控制汽车生产线等,如图 1-3 所示。

图 1-3　机器人控制的汽车生产线

(4) 计算机辅助设计

计算机在计算机辅助设计(CAD)、计算机辅助制造(CAM)、计算机辅助教学(CAI)等方面发挥了越来越大的作用。例如,利用计算机部分代替人工进行汽车、飞机、家电、大型建筑等的设计和制造,可以提高几十倍效率,同时质量也大大提高。将 CAD/CAM 和信息处理技术集成在一起,形成了 CIMS 技术,实现设计、制造和管理完全现代化。

(5) 人工智能

人工智能是利用计算机来模拟人脑的思维活动,进行逻辑推理,并完成一部分人类智能担任的工作。例如,自然语言理解、自动翻译、定理证明、图像识别、智能机器人等。

(6) 现代教育

计算机在现代教育中发挥了重大作用,现在很多课程都采用了计算机辅助教学形式,利用网络和多媒体技术进行教学,共享了教学资源。现在各大专院校所开展的精品课程建设的重点就是构建网络课程来适应学生的自主性学习,从而调动学生的学习主动性。

(7) 电子商务

电子商务是指对整个贸易活动实现电子化。即交易各方以电子交易方式而不是通过当面交换或直接面谈方式进行的任何形式的商业交易。电子商务实际上是以网络通信为依托,以电子信息技术为手段提供的服务贸易、商品交易和商务性数据交换,如电子数据交换、电子邮件、共享数据库、电子公告牌以及条形码自动捕获等。

1.2 微型计算机的基本组成

本节主要介绍计算机的基本组成与工作原理,使学生能够掌握构成计算机系统的硬件系统与软件系统,同时了解多媒体计算机的构成。

▶▶ 任务一 掌握计算机的基本组成与工作原理

任务内容

- 计算机的基本组成。
- 计算机的工作原理。

任务要求

- 熟悉计算机的基本组成。
- 了解计算机的工作原理。

1. 计算机的基本组成

一个完整的计算机系统由硬件系统和软件系统两大部分组成,两者缺一不可,如图1-4所示。

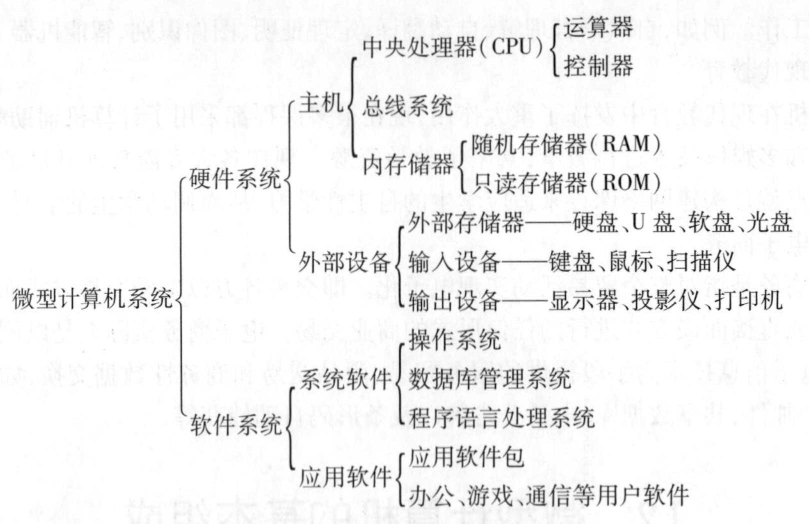

图 1-4 计算机系统组成示意图

计算机硬件是指有形的物理设备,是计算机系统中实际物理装置的总称,如键盘、鼠标、显示器、机箱、主板、CPU、存储器、打印机、扫描仪等。

计算机软件是相对于计算机硬件而言的,计算机软件是指在硬件上运行的程序、运行程序所需的数据和有关文档的总称。无软件的计算机也称为"裸机",只能当作摆设。软件依靠硬件来执行,没有硬件的软件也没有用处。

计算机硬件主要由运算器、控制器、存储器、输入设备和输出设备等部件组成,运算器和控制器组成中央处理器(CPU),CPU、内存储器和总线组成主机。

现代计算机的设计组成是由冯·诺依曼提出的,他提出了三条基本思想:

- 采用二进制数的形式表示程序和数据。
- 将程序和数据存放在存储器中。
- 计算机硬件由控制器、运算器、存储器、输入设备和输出设备五大部分组成。

2. 计算机的工作原理

其工作原理的核心是"程序存储"和"程序控制",就是通常所说的"存储程序控制"原理。即将问题的解算步骤编制成为程序,程序连同它所处理的数据都用二进位表示并预先存放在存储器中,程序运行时,CPU 从内存中一条一条地取出指令和相应的数据,按指令操作码的规定,对数据进行运算处理,直到程序执行完毕为止。

我们把按照这一原理设计的计算机称为"冯·诺依曼型计算机"。从 1946 年世界上第一台计算机问世至今,计算机的设计和制造技术有很大发展,但仍然采用冯·诺依曼型计算机的基本思想。

▶▶ 任务二　了解微型计算机的硬件系统

任务内容

- 计算机的硬件组成。
- 常用硬件设备的工作原理与性能指标。

任务要求

- 熟悉组成计算机的硬件设备。
- 熟悉计算机常用硬件的工作原理与性能指标。

微型计算机硬件由中央处理器、总线与主板、存储器、输入设备和输出设备等组成，其结构如图1-5所示。下面对构成微型计算机的常用硬件作一些具体介绍。

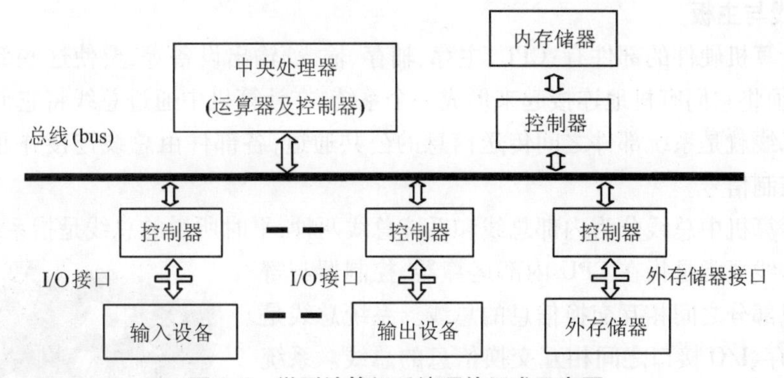

图1-5　微型计算机系统硬件组成示意图

1. 中央处理器

中央处理器(CPU)是计算机的核心部件，是由超大规模集成电路(VLSI)工艺制成的芯片；CPU主要由运算器和控制器组成，它还包含若干寄存器等。

运算器又称为算术逻辑单元，简称ALU，其主要功能是完成对数的算术运算和逻辑运算等操作。

控制器负责从存储器中取出指令、分析指令、确定指令类型并对指令进行译码，按时间先后顺序负责向其他各部件发出控制信号，保证各部件协调工作。

寄存器是用来存放当前运算所需的各种数据、地址信息、中间结果等内容。

微型计算机系统的性能指标主要由CPU的性能指标决定。CPU的性能指标主要有时钟频率和字长。时钟频率以MHz或GHz表示，通常时钟频率越高其处理数据的速度相对也越快。CPU时钟频率从过去的466MHz、800MHz、900MHz发展到今天的1GHz、2GHz、3GHz以上。

字长表示 CPU 每次处理数据的能力,按字长可分为 8 位、16 位、32 位、64 位 CPU。例如,Intel 80286 型号的 CPU 每次能处理 16 位二进制数据,80386 和 80486 型号的 CPU 每次能处理 32 位二进制数据,而 Pentium 4 型号的 CPU 每次能处理 64 位二进制数据。

CPU 大部分使用了 Intel 和 AMD 等公司的产品,如图 1-6 所示。

图 1-6　CPU 芯片

2. 总线与主板

组成计算机硬件的部件有:CPU、主存、辅存、输入/输出设备等,要使这些部件能够正常工作,必须将它们有机地连接起来形成一个系统,在计算机中通过总线将它们连接为一个系统。总线就是系统部件之间传送信息的公共通道,各部件由总线连接并通过总线传递数据和控制信号。

微型计算机中总线分为内部总线和系统总线两种,平时所说的总线是指系统总线。

内部总线通常是指在 CPU 内部运算器、控制器与寄存器各组成部分之间相互交换信息的总线。系统总线是指 CPU、主存、I/O 接口之间相互交换信息的总线。系统总线有数据总线、地址总线和控制总线三类,分别传递数据、地址和控制信息。系统总线的硬件载体就是主板。主板由印刷电路板、CPU 插座、控制芯片、CMOS 只读存储器、各种扩展插槽、键盘插座、各种连接开关以及跳线等组成,如图 1-7 所示。

图 1-7　标准 ATX 结构的 Pentium 4 主板

3. 内存储器

存储器分为内存储器和外部存储器两大类,内存储器也叫主存储器,简称内存或主存,如图 1-8 所示,用于存放当前运行的程序和程序所需的数据,它和 CPU 直接相连。内存一般由半导体材料构成,存取速度快,容量相对较小,价格较贵。

图 1-8　内存

内存主要有两种:一种叫作随机存取存储器,简称 RAM;另一种叫作只读存储器,简称 ROM。

(1) RAM

RAM是一种既可以存入数据,也可以从中读出数据的内存,平时所输入的程序、数据等便是存储在RAM中的。但计算机关机或意外断电时,RAM中的数据就会消失,所以RAM只是一个临时存储器。RAM又分为静态RAM(SRAM)和动态RAM(DRAM)两种。SRAM的价格与速度比DRAM高。

(2) ROM

ROM是只能从中读出数据而不能将数据写入的内存。在关机或断电时,ROM中的数据也不会消失,所以多用来存放永久性的程序或数据。ROM内的数据是在制造时由厂家用专用设备一次写入的,一般用于存放系统程序BIOS和用于微程序控制。随着半导体技术的发展,陆续出现了可编程只读存储器PROM、可擦除的可编程只读存储器EPROM、电可擦除可编程只读存储器E^2PROM等,它们都需专用设备才可写入内容。

内存用于存储程序和数据,衡量内存容量大小的单位有位(bit)、字节(Byte)、KB、MB、GB等,其中位表示一个二进制数据"0"或"1",然后依次定义其他存储单位。

1B = 8bits

$1KB = 2^{10} B = 1024B$

$1MB = 2^{10} KB = 1024KB$

$1GB = 2^{10} MB = 1024MB$

(3) 高速缓冲存储器(Cache)

由于CPU速度的不断提高,而主存由于容量大,读写速度大大低于CPU的工作速度,直接影响了计算机的性能。为了解决主存与CPU工作速度上的矛盾,设计者们在CPU和主存之间增设一至两级容量不大但速度很高的高速缓冲存储器(Cache)。Cache中存放最常用的程序和数据,当CPU访问这些程序和数据时,首先从高速缓存中查找,如果在则直接读取,如果不在Cache中,则到主存中读取,同时将程序或数据写入Cache中。因此采用Cache可以提高系统的运行速度。Cache由静态存储器(SRAM)构成。

例如,Pentium 4中有3个Cache存储器,分成两级:

- 一级缓存(L1 Cache):数据缓存容量为8KB,指令缓存容量为8KB。
- 二级缓存(L2 Cache):容量为256KB ~ 2MB。

4. 外存储器

外部存储器也称辅助存储器,简称外存或辅存,属于永久性存储器,外存不直接与CPU交换数据,当需要时先将数据调入内存,再通过内存与CPU交换数据。外存与内存相比,其存储容量大、价格较低、存取速度较慢,但在断电情况下可以长期保存数据。常用的外存储器有软盘、硬盘、U盘以及光盘等。

（1）软盘存储器

软盘存储器是由软磁盘、软盘驱动器和软盘驱动适配器组成。软磁盘又称软盘片，简称软盘，它是一种两面涂有磁性物质的聚酯薄膜圆形盘片，被封装在一个方形的保护套中。软盘按其尺寸大小可分为5.25英寸和3.5英寸盘，常用的是3.5英寸盘，如图1-9所示。

图1-9　3.5英寸软盘片

一个软盘片有两个磁面，磁面上有许多同心圆，这些同心圆称为磁道，每个圆周为一个磁道，数据存储在软盘的磁道上，通常软盘的磁道数为80，磁道编号由外圈向内圈增大，最外面为0磁道，最大为79，即0～79。将同心圆等分为若干个扇区，扇区是磁盘地址的最小单位。一般每个扇区可存储512B的数据，与主机交换信息是以扇区为单位进行的。

图1-9中的快门是可左右移动的金属片，保护读写窗口。写保护口则对软盘中的数据进行读写保护：缺口关闭，可读出数据，也可写入数据；缺口打开，只能读出数据而不能写入数据，此时处于保护状态。

磁盘的存储容量可用如下公式计算：

容量＝软盘面数×每面磁道数×每磁道扇区数×每扇区内存字节数

例如，一张3.5英寸的双面高密度软盘，每面80个磁道，每磁道18个扇区，每个扇区存储512B的数据，所以其存储容量为

存储容量＝2×80×18×512B＝1.44MB

新磁盘在使用前首先要进行格式化操作，格式化的作用主要是将磁盘分区，给磁道和扇区编号，设置目录表和文件分配表，检查有无坏磁道且给坏磁道标上不可用标记。如果软磁盘已经存储有数据，对其进行格式化时原有数据将被删除。有些新磁盘在出厂前已经格式化，可直接使用。

（2）硬盘存储器

硬盘存储器简称硬盘，由若干个盘片组成，这些盘片置于同一个轴上，盘片的两面均可存储信息，每一面有不同的编号。目前常用的硬盘是将盘片、磁头、电机驱动部件等做成一个不可随意拆卸的整体，并密封起来，如图1-10所示。

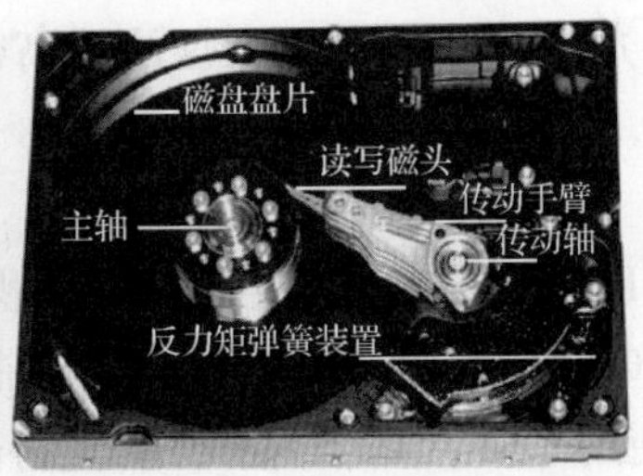

图1-10 硬盘

硬盘用来存储数据信息,这些信息都存储在磁介质上。电脑将“0”或“1”的电信号通过磁头在磁介质上转化为磁信息而完成写入的过程,也可以将磁介质上已记录的磁信息通过磁头还原为表示“0”或“1”的电信号而完成读取过程。硬盘防尘性能好、可靠性高,一般固定在计算机机箱内部,相对软盘而言,硬盘容量大,速度快。硬盘按其接口可分为IDE和SCSI两种硬盘。

还有一种可移动使用的硬盘,存储容量大(目前容量已达百万兆字节了),采用USB或IEEE1394接口,即插即用,支持热插拔(必须先停止工作),小巧而便于携带,速度快,安全可靠。

(3) 光盘

光盘是利用激光进行读写信息的辅助存储器,呈圆盘状。在IT行业和用户中占有十分重要的地位,它的高存储容量、数据持久性、安全性一直深受广大用户的青睐。

光盘存储系统由光盘片、光盘驱动器和光盘控制适配器组成。

常见的光盘存储器有CD-ROM、CD-R、CD-RW、DVD-ROM和DVD刻录机等。如图1-11所示为CD-ROM光盘与光盘驱动器。

图1-11 光盘及光盘驱动器

CD-ROM只读型光盘,与ROM类似,光盘中的数据由厂家事先写入,用户只能读取其中的数据而无法修改。光盘上有一条由内向外的螺旋状细槽,细槽中布满了细小的光学坑洞,数据就是存放在这一细槽中的,CD-ROM的特点是存储容量可达640MB,复制方便,成本低。CD-ROM的速度以150KB/s为基准,如1X = 150KB/s。

CD-R可记录光盘,用户可以写入数据,但只能写入一次,一旦写入后CD-R就同CD-ROM一样了。

CD-RW可读写光盘,其功能与磁盘类似,可对其反复进行读/写操作。

DVD-ROM(数字化视频驱动器),可以读取一般光盘及DVD光盘中的数据。DVD光盘外观和一般光盘相同。DVD 光盘使用高密度存储技术,其存储容量可达 4.5GB,数据传输速率也高,1X = 1385KB/s。

(4) U 盘

U 盘采用 Flash 存储器(闪存)芯片,体积小,重量轻,容量可以按需要而定(2GB ~ 256GB),具有写保护功能,数据保存安全可靠,使用寿命长,使用 USB 接口,即插即用,支持热插拔(必须先停止工作),读写速度比软盘快,可以模拟软驱和硬盘启动操作系统,如图 1-12所示。

图 1-12 U 盘

5. **输入设备**

输入设备的作用是将准备好的数据、程序和命令等信息转换为计算机能接受的电信号并送入计算机。常见的输入设备有:键盘、鼠标、扫描仪、数码相机、光笔、条码阅读机、数字化仪、话筒等。以下介绍几种常用输入设备。

(1) 键盘

键盘是计算机最主要的输入设备,用户的程序、数据以及各种对计算机的命令都可以通过键盘输入,如图 1-13 所示。

图 1-13 键盘

它实际上是组装在一起的一组按键矩阵。当按下一个键时就产生与该键对应的二进制代码,并通过接口送入计算机,同时将按键字符显示在屏幕上。键盘根据按键的数量可分为 84 键、101 键、104/105 键以及适用于 ATX 电源的 107/108 键。目前常用的是 104 键。

早期曾使用的是机械式键盘,现在则是电容式键盘,其优点是无磨损和接触不良问题,耐久性、灵敏度和稳定性都比较好,击键声音小,手感较好,寿命较长,与主机的接口有 PS/2 接口、USB 接口、无线接口(红外线或无线电波)等。

PC 键盘中主要控制键的功能如表 1-2 所示。

表 1-2 计算机键盘主控键功能

控制键名称	主要功能
Alt	Alternate 的缩写,它与另一个(些)键一起按下时,将发出一个命令,其功能由应用程序决定
Break	经常用于终止或暂停一个 DOS 程序的执行
Ctrl	Control 的缩写,它与另一个(些)键一起按下时,将发出一个命令,其功能由应用程序决定
Delete	删除光标右面的一个字符,或者删除一个(些)已选择的对象
End	一般是将光标移动到行末
Esc	Escape 的缩写,经常用于退出一个程序或操作
F1 ~ F12	共 12 个功能键,其功能由操作系统及运行的应用程序决定
Home	通常用于将光标移动到开始位置,如一个文档的起始位置或一行的开始处
Insert	输入字符时有覆盖方式和插入方式两种,Insert 键用于在两种方式之间进行切换
Num Lock	数字小键盘可用做计算器键盘,也可用做光标控制键,由本键进行切换
Page Up	使光标向上移动若干行(向上翻页)
Page Down	使光标向下移动若干行(向下翻页)
Pause	临时性地挂起一个程序或命令
Print Screen	记录当时的屏幕映像,将其复制到剪贴板中

(2) 鼠标

鼠标是一种指示设备,能方便地控制屏幕上的鼠标箭头准确地定位在指定的位置处,并通过按钮完成各种操作或发出命令。鼠标器有几种不同的形式,如图 1-14 所示。

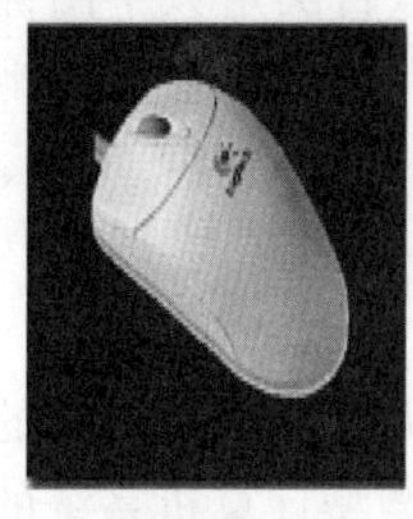
普通鼠标

指点杆

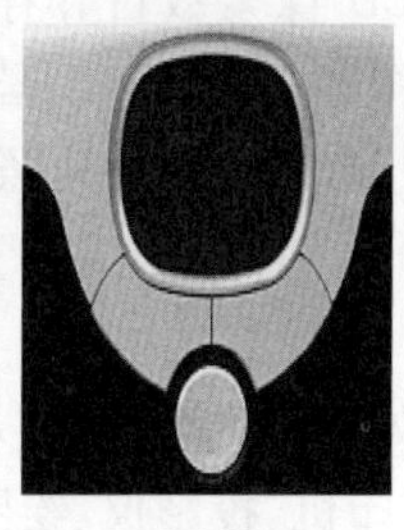
触摸板

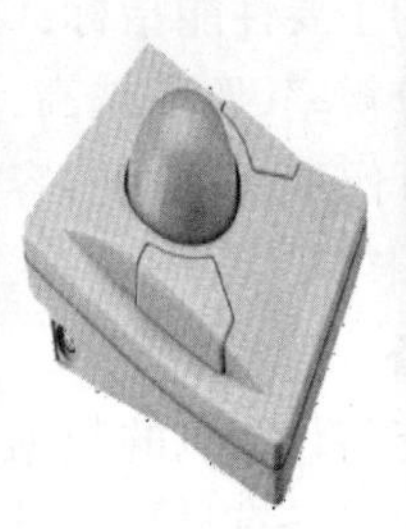
轨迹球

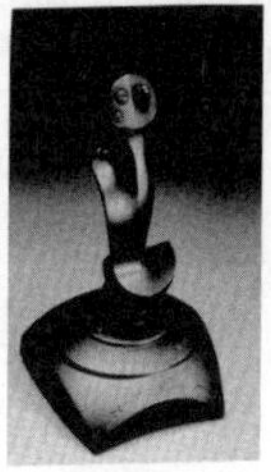
操纵杆

图 1-14 不同形式的鼠标

普通的鼠标由左键、右键、滚轮等组成,根据其工作原理可将鼠标分为机械鼠标、光电鼠标和光电机械鼠标,根据按键次数可分为两键鼠标和三键鼠标。

(3) 扫描仪

扫描仪是一种通过光学扫描,将图形、图像或文本输入到计算机中,供计算机存储、处理的设备,如图 1-15 所示。

图 1-15 扫描仪

一台扫描仪的主要指标是分辨率和分色能力。分辨率是用来衡量扫描仪品质的指标,分辨率越高,扫描出来的图像越清晰,分辨率通常以 dpi 为单位,表示在一英寸长度内取样的点数。分色能力是一台扫描仪分辨颜色的细腻程度,以位作为单位,这个数值越大,扫描出的图像越接近于原稿。目前扫描仪一般有 24 位以上的分色能力。

扫描仪按幅面大小分为台式和手持式,按图像类型分为灰度扫描仪和彩色扫描仪。

(4) 数码相机

数码相机是一种利用感光元件,通过镜头将聚焦的光线转换成数字图像信号的照相机,如图 1-16 所示。它所拍出来的底片不是存储在传统的底片上的,而是存储在相机的内存中。先将这些存储在数码相机内存中的数字图像信息输入计算机,然后通过打印机直接打印,也可通过图像处理软件做各种编辑或特殊效果的处理。

图 1-16 数码相机

数码相机的主要性能指标:CCD 像素数目和存储器容量,像素数目决定数字图像能够达到的最高分辨率,像素越高,图像越清晰,数据量也越大,现在市场上较常见的都是 500 万~1000 万像素。存储器容量越大,存储的照片越多。常用存储介质有 SM 卡、CF 卡、记忆棒、SD 卡等。

6. 输出设备

输出设备能将计算机的数据处理结果转换为人或被控制设备所能接受和识别的信息。常用的输出设备有显示器、打印机、投影仪、绘图仪等,显示器是微型计算机系统的基本配置,下面只介绍显示器与打印机这两种最常用的输出设备。

(1) 显示器

显示器是计算机必不可少的图文输出设备,它能将数字信号转化为光信号,使文字和图像在屏幕上显示出来,用户通过显示器显示内容能掌握计算机的工作状态。

计算机显示器常用的有阴极射线管显示器(CRT)、液晶显示器(LCD),如图1-17所示。显示器的主要性能指标如下:

① 显示屏尺寸:以对角线长度度量,有15英寸、17英寸、19英寸和21英寸等。

② 屏幕横向与纵向的比例:普通屏为4:3,宽屏为16:10或16:9。

③ 显示分辨率:整屏可显示像素的最大数目,用水平像素个数×垂直像素个数表示,分辨率越高,图像越清晰。

④ 画面刷新速率:画面每秒钟更新的次数,速率越高图像的稳定性越好。

CRT 显示器

液晶显示器

图1-17 显示器

(2) 打印机

打印机是计算机的重要输出设备,可以将程序、数据、字符、图形打印输出在纸上,主要类型为激光打印机、针式打印机、喷墨打印机,它们利用碳粉、色带或墨水将计算机上的数据输出,如图1-18所示。

针式打印机

喷墨打印机

激光打印机

图1-18 几种常见打印机

针式打印机主要由打印头、运载打印头的小车机构、色带机构、输出纸机构和控制电路等组成。打印头是点阵打印机的核心部分,由若干根钢针组成,通过钢针击打色带,从而在打印纸上打印出字符。根据钢针的数目,点阵打印机可分为9针和24针打印机等。针式打印机的优点是耗材成本低,可多层打印;缺点是打印机速度慢,噪音大,打印质量差。主要应用于银行、证券、邮电、商业等领域,用于打印存折和票据等。

喷墨打印机属于非击打式打印机,其打印头上有数个墨水喷头,每个喷头前都有一个电极,打印时电极会控制墨水喷头的动作将墨点喷打在打印纸上。喷墨打印机的优点是整机价格低、可以打印近似全彩色图像、经济、效果好、低噪音、使用低电压、环保、打印速度和打印质量高于点阵式打印机,缺点是墨水成本高、消耗快,主要应用于家庭及办公。

激光打印机是激光技术与复印技术的结合,由激光扫描系统、电子照相系统和控制系统三大部分组成,其打印原理是将每一行要打印出来的墨点记录在光传导体的滚筒上,筒面经激光照射过的位置吸住碳粉,再将附着碳粉的筒面转印到纸张上,如此即可将数据打印出来。激光打印机的优点是打印速度更快、打印质量更高、噪音更低、分辨率更高、价格适中等,缺点是彩色输出价格较高。

主要性能指标(激光/喷墨)如下:打印精度(分辨率),用每英寸多少点(像素)表示,单位为 dpi,一般产品的打印精度为400dpi、600dpi、800dpi,高的甚至达到1000dpi 以上;打印速度,通常每分钟 3 ~ 10 页;色彩表现能力(彩色数目)强;幅面大小有 A3、A4 等。

▶▶ 任务三　了解计算机的软件系统

任务内容

- 计算机软件的定义。
- 计算机软件的分类。

任务要求

- 熟悉计算机软件的定义。
- 了解计算机软件的分类。

微型计算机除硬件系统外还必须安装必要的软件系统才能发挥性能。软件是能在硬件基础上运行的程序、数据和文档的集合。软件系统可以分为系统软件和应用软件两大类。

1. 系统软件

系统软件是管理、维护计算机软硬件资源的软件。它包括操作系统、各种程序设计语言处理系统(如 C 语言编译器等)、数据库管理系统以及各种工具软件等。

(1) 操作系统

操作系统在系统软件中处于核心地位,其他系统软件要在操作系统的支持下工作。常用的操作系统有 Windows NT、Windows 2000、Windows XP、Windows Vista、Windows 7、Linux、UNIX、OS/2等。

(2) 程序设计语言处理系统

它是软件系统的重要组成部分,而相应的各种语言处理程序属于系统软件。程序设计所用语言一般分为机器语言、汇编语言和高级语言。

① 机器语言:机器语言是最底层的计算机语言,是用二进制代码指令表达的计算机语言,能被计算机硬件直接识别并执行,由操作码和操作数组成。机器语言程序编写的难度较大且不容易移植,即在一种计算机上编写的机器语言程序,在另一种计算机上可能无法运行。

② 汇编语言:汇编语言是用助记符代替操作码、用地址符代替操作数的一种面向机器的低级语言,一条汇编指令对应一条机器指令。由于汇编语言采用了助记符,操作数直接使用十进制,程序相对容易理解,易于修改、编写。但用汇编语言编写的程序(称为汇编语言源程序)必须使用汇编程序将它翻译成机器语言程序即目标程序后,才能被计算机直接运行,这个编译过程称为汇编。使用汇编语言难以开发大型程序。

③ 高级语言:直接面向过程的程序设计语言称为高级语言,接近人们日常使用的自然语言(主要是英语),容易理解、记忆和使用,它与具体的计算机硬件无关。用高级语言编写的源程序可以直接运行在不同机型上,因而具有通用性。但是,计算机不能直接识别和运行高级语言,必须经过"翻译"。所谓"翻译"是由一种特殊程序将源程序转换为机器码,这种特殊程序就是语言处理程序。

高级语言的翻译方式有两种:一种是"编译方式",另一种是"解释方式"。编译方式是通过编译程序将整个高级语言源程序翻译成目标程序(.OBJ),再经过连接程序生成为可以运行的程序(.EXE),相当于"笔译"。解释方式是通过解释程序边解释边执行,不产生可执行程序,相当于"口译"。最常用的高级语言有 BASIC、FORTRAN、C 语言、C++等。

(3) 各种程序设计语言的处理程序

如编译程序、解释程序、编辑程序、装配连接程序以及数据库管理程序等。

(4) 常用工具软件

如磁盘清理程序、备份程序、调试程序、故障检查程序和诊断程序等。

2. 应用软件

应用软件是专门用于帮助最终用户解决各种具体应用问题的软件,按开发方式可分为两类:

① 定制应用软件:如大学教务管理系统、钢铁企业的 MIS 系统等。

② 通用应用软件:如文字处理软件(Word)、各种图形处理软件(Photoshop)、影视播放软件等。

▶▶ 任务四　了解多媒体计算机的组成

任务内容

- 多媒体计算机的特征。
- 多媒体计算机的关键技术。
- 多媒体计算机的应用。

任务要求

- 掌握多媒体计算机的特征。
- 了解多媒体计算机的关键技术。
- 熟悉多媒体计算机的应用。

媒体是信息表示和传输的载体。信息的载体除了文字外,还有能包含更大信息量的声音、图形、图像、视频、动画等。20 世纪 90 年代人们研究出了能处理多种信息载体的计算机,称为“多媒体计算机”,如图 1-19 所示。

图 1-19　多媒体计算机

一台多媒体计算机是在普通计算机的基础上添加一块声卡、音箱、一个 CD-ROM,再配置支持多媒体的操作系统。

1. 多媒体的特征

多媒体个人计算机是一种能支持多媒体应用的微机系统,与传统的媒体相比,多媒体有以下几个突出的特征:

(1) 数字化

数字化是指各种媒体的信息,都以数字形式(即 0 和 1 编码)进行存储、处理和传输,这正是多媒体信息能够集成的基础。

(2) 集成性

集成性是指可以对文字、图形、图像、声音、视频、动画等信息媒体进行一体化综合处理,达到各种媒体的协调一致。

(3) 交互性与实时性

交互性是指人能方便地与系统进行交流,以便对系统的多媒体处理功能进行控制。例如,能随时点播辅助教学中的音频、视频片断,并立即将问题的答案输入给系统进行“批改”等,系统能够立即回答问题则体现了实时性。

2. 多媒体的关键技术

多媒体技术就是指多媒体信息的输入、输出、压缩存储、各种信息处理方法、多媒体数据库管理、多媒体网络传输等技术,以实现大数据量多种媒体之间的高度协调。

(1) 数据压缩技术

在多媒体信息中,数字图像包含的数据量十分巨大,如分辨率为 640×480、全屏幕显示、真彩色(24 位)、全动作(25~30 帧/秒)的图像序列,播放 1s 的视频画面的数据量为:640×480×30×24/8 =27648000B,相当于存储 1000 多万个汉字所占用的空间。如此庞大的数据量,给图像的传输、存储以及读出造成很大的困难。为此,需要对图像进行压缩处理。数据压缩算法可以分为无损压缩和有损压缩两种。

① 无损压缩:要求还原的信息与原始信息完全相同。根据目前的技术水平,无损压缩算法可以把数据压缩到原来的 1/2 到 1/4。

② 有损压缩:要求重建的信息与原始信息虽有一定误差,但不能影响人们对信息含义的正确理解。例如,对于图像、视频和音频数据的压缩就可以采用有损压缩,这样可以大大提高压缩比(可达 10:1,甚至 100:1)。

目前应用于计算机的多媒体压缩算法标准有如下两种:压缩静止图像的 JPEG 标准、压缩运动图像的 MPEG 标准。

(2) 大容量光盘存储技术

数据压缩技术只有和大容量的光盘、硬盘相结合,才能初步解决语音、图像和视频的存储问题。近几年快速发展的 CD、DVD 光盘存储器,由于其原理简单,存储容量大,便于批量生产,价格低廉和数据易于长期保存,而被广泛应用于多媒体信息和软件的存储。

另外,多媒体网络技术、超大规模集成电路制造技术、多媒体数据库技术等也是处理多媒体信息的主要技术。

3. 多媒体的应用

多媒体的应用领域十分广泛,它的应用将对人类的工作、家庭生活、社会活动产生极大影响,在教育、演示系统、办公自动化、咨询服务、电子出版物、计算机的电视会议、地理信息系统等方面具有广泛的应用。多媒体技术在 Internet 上的应用,是其最成功的应用之一。没有多媒体技术,也就没有 Internet 的今天。

1.3 计算机信息的表示与存储

对人而言,数字、文字、图像、声音、活动图像是不同形式的数据信息,计算机只能处理二进制数据,因此需要把上述数据转换为0和1组成的二进制编码,计算机才能区别它们、存储它们并对它们进行综合处理。计算机内部把数据分为数值型和非数值型数据,数值型数据是指可进行数学运算的数据,而不能进行数学运算的文字、图像、声音等则称为非数值型数据。

本节的主要任务是要让学生掌握数制的定义,掌握不同数制之间的转换和二进制的运算,了解文本字符在计算机中的编码。

▶▶ 任务一 掌握数制的概念

任务内容

- 数制的定义。
- 十进制、二进制、八进制、十六进制的概念。

任务要求

- 掌握数制的定义。
- 熟悉十进制、二进制、八进制、十六进制的概念。

1. 数制的定义

用一组固定的数字和一套统一的规则来表示数目的方法称为数制。数制有进位计数制与非进位计数制之分,下面介绍的是日常使用的几种进位计数制。

R进制数中的R表示一个数所需要的数字字符的个数,称为基数,所用数字字符称为数码,其加法规则是“逢R进一”。处在不同位置上的数字所代表的值是确定的,这个固定位上的值称为位权,简称“权”。各进位制中位权的值恰巧是基数的若干次幂。因此,任何一种数制表示的数都可以写成按权展开的多项式之和。

使用十进制或八进制或十六进制表示数据比用二进制表示数据要清楚易懂得多。

2. 十进制(可用D表示十进制)

十进制数的数码为0、1、2、3、4、5、6、7、8、9共十个,基数为10,进位规则为逢十进一,借一当十。

若设任意一个十进制数D,有n位整数、m位小数:$D_{n-1}D_{n-2}\cdots D_1D_0.D_{-1}\cdots D_{-m}$,权是

以10为底的幂,则该十进制数的展开式为

$$D = D_{n-1} \times 10^{n-1} + D_{n-2} \times 10^{n-2} + \cdots + D_1 \times 10^1 + D_0 \times 10^0 + D_{-1} \times 10^{-1} + \cdots + D_{-m} \times 10^{-m}$$

例如,十进制数12345.67的按权展开式为

$$12345.67 = 1 \times 10^4 + 2 \times 10^3 + 3 \times 10^2 + 4 \times 10^1 + 5 \times 10^0 + 6 \times 10^{-1} + 7 \times 10^{-2}$$

3. 二进制数(可用B表示二进制)

二进制最简单,数码为0、1两个数字,基数为2,进位规则为逢二进一,借一当二。

若设任意一个二进制数B,有n位整数、m位小数:$B_{n-1}B_{n-2}\cdots B_1B_0.B_{-1}\cdots B_{-m}$,权是以2为底的幂,则该二进制数的展开式为

$$B = B_{n-1} \times 2^{n-1} + B_{n-2} \times 2^{n-2} + \cdots + B_1 \times 2^1 + B_0 \times 2^0 + B_{-1} \times 2^{-1} + \cdots + B_{-m} \times 2^{-m}$$

例如,二进制数101011.011可写为101011.011B,其按权展开式为

$$\begin{aligned}101011.011B &= 1 \times 2^5 + 0 \times 2^4 + 1 \times 2^3 + 0 \times 2^2 + 1 \times 2^1 + 1 \times 2^0 + 0 \times 2^{-1} + 1 \times 2^{-2} + 1 \times 2^{-3} \\ &= 43.375D\end{aligned}$$

4. 八进制数(可用Q表示八进制)

八进制数的数码为0、1、2、3、4、5、6、7共八个,基数为8,进位规则为逢八进一,借一当八。

若设任意一个八进制数Q,有n位整数、m位小数:$Q_{n-1}Q_{n-2}\cdots Q_1Q_0.Q_{-1}\cdots Q_{-m}$,权是以8为底的幂,则该八进制数的展开式为

$$Q = Q_{n-1} \times 8^{n-1} + Q_{n-2} \times 8^{n-2} + \cdots + Q_1 \times 8^1 + Q_0 \times 8^0 + Q_{-1} \times 8^{-1} + \cdots + Q_{-m} \times 8^{-m}$$

例如,八进制数235.37可写为235.37Q,其按权展开式为

$$235.37Q = 2 \times 8^2 + 3 \times 8^1 + 5 \times 8^0 + 3 \times 8^{-1} + 7 \times 8^{-2} = 157.484375D$$

5. 十六进制数(可用H表示十六进制)

十六进制数的数码为0、1、2、3、4、5、6、7、8、9、A、B、C、D、E、F共十六个,其中数码A、B、C、D、E、F分别代表十进制数中的10、11、12、13、14、15,基数为16,进位规则为逢十六进一,借一当十六。

若设任意一个十六进制数H,有n位整数、m位小数:$H_{n-1}H_{n-2}\cdots H_1H_0.H_{-1}\cdots H_{-m}$,权是以16为底的幂,则该十六进制数的展开式为

$$H = H_{n-1} \times 16^{n-1} + H_{n-2} \times 16^{n-2} + \cdots + H_1 \times 16^1 + H_0 \times 16^0 + H_{-1} \times 16^{-1} + \cdots + H_{-m} \times 16^{-m}$$

例如,十六进制数235.37可写为235.37H,其按权展开式为

$$235.37H = 2 \times 16^2 + 3 \times 16^1 + 5 \times 16^0 + 3 \times 16^{-1} + 7 \times 16^{-2} = 565.2148D$$

提示 二、八、十六进制转换为十进制,只需按权展开即可。

任务二　掌握不同数制之间的转换方法

任务内容

- 十进制数与二进制数的转换。
- 二进制数与八进制数、十六进制数的转换。

任务要求

- 掌握十进制数与二进制数的转换方法。
- 掌握二进制数与八进制数、十六进制数的转换方法。

1. 十进制数转换为二进制数

(1) 十进制整数转换为二进制整数:除 2 取余法

例如,将十进制数 134 转换为二进制数的过程如下:

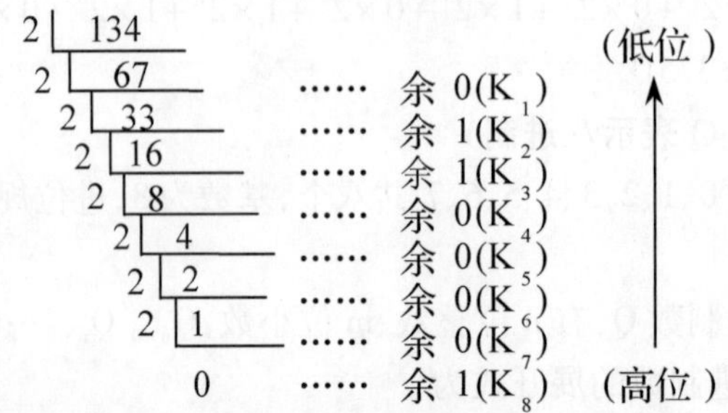

所以,134D = 10000110B。

(2) 十进制小数转换为二进制小数:乘 2 取整法

将已知的十进制数的纯小数(不包括乘后所得整数部分)转换为 R 进制,只要反复乘以 R,反复取整数,直到乘积的小数部分为 0 或者小数点后的位数取到要求的精度位为止。取整数的过程是由高位到低位。

例如,0. 6875 转换为二进制小数的过程如下:

取整数部分

0.6875×2=1.3750 …… 1(高位)

0.3750×2=0.7500 …… 0

0.7500×2=1.5000 …… 1

0.5000×2=1.0 …… 1(低位)

所以,0. 6875D = 0. 1011B。

一个十进制数转换为二进制数,整数部分转换为二进制整数,小数部分转换为二进制小数,如 134. 6875D = 10000110. 1011B。

2. 二、八、十六进制相互转换

二进制、八进制、十进制、十六进制之间的对应关系如表 1-3 所示。

表 1-3 各种进制对应关系

十进制	二进制	八进制	十六进制	十进制	二进制	八进制	十六进制
0	0000	0	0	8	1000	10	8
1	0001	1	1	9	1001	11	9
2	0010	2	2	10	1010	12	A
3	0011	3	3	11	1011	13	B
4	0100	4	4	12	1100	14	C
5	0101	5	5	13	1101	15	D
6	0110	6	6	14	1110	16	E
7	0111	7	7	15	1111	17	F

（1）二进制数与八进制数相互转换

因为二进制的进位基数是 2，而八进制的进位基数是 8，$2^3=8$，所以 3 位二进制数对应 1 位八进制数。

八进制换算成二进制：将每个八进制数字改写成等值的 3 位二进制数，且保持高低位的次序不变。例如：

2467.32Q→010 100 110 111. 011 010B＝10100110111.01101B

↓ ↓ ↓ ↓ ↓ ↓

2 4 6 7. 3 2

二进制换算成八进制：整数部分从低位向高位每 3 位用一个等值的八进制数来替换，不足 3 位时在高位补 0 凑满 3 位；小数部分从高位向低位每 3 位用一个等值八进制数来替换，不足 3 位时在低位补 0 凑满 3 位。例如：

1101001110.11001B→001 101 001 110. 110 010B→1516.62Q

↓ ↓ ↓ ↓ ↓ ↓

1 5 1 6. 6 2

（2）二进制数与十六进制数相互转换

因为二进制的基数是 2，而十六进制的基数是 16，$2^4=16$，所以 4 位二进制数对应 1 位十六进制数。

二进制数与十六进制数相互换算的方法完全类似于二、八进制数相互转换的方法，只要将上面 3 位二进制数一组改为 4 位二进制数一组即可。

例如,将二进制数 110111111101111011.1101111B 换算成十六进制数的方法为

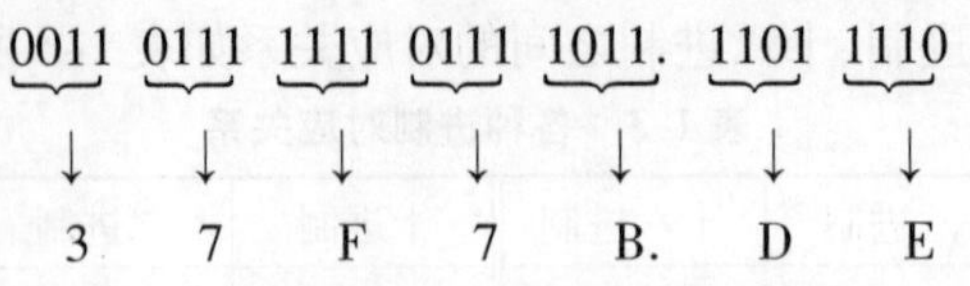

所以,110111111101111011.1101111BB = 37F7B.DEH。

例如,将十六进制数 5E4F.ACH 转换为二进制数的方法为

5E4F.ACH→0101 1110 0100 1111.1010 1100B = 101111001001111.101011B

所以,5E4F.ACH = 101111001001111.101011B。

由以上讨论可知,二进制与八进制、十六进制的转换比较简单、直观。所以在程序设计中,通常将书写起来很长且容易出错的二进制数用八进制数或十六进制数表示。

至于十进制转换成八进制、十六进制的过程则与十进制转换成二进制完全类似,只要将基数 2 改为 8 或 16 就行了。

各种进制之间的转换如图 1-20 所示。

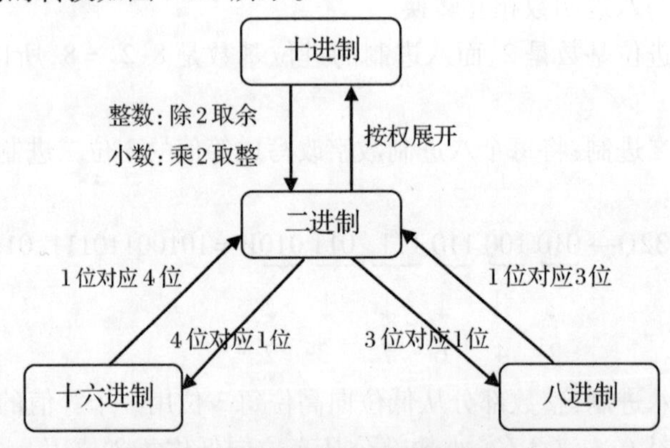

图 1-20 各种进制之间的相互转换关系

▶▶ 任务三 掌握二进制运算方法

任务内容

- 二进制数的逻辑运算。
- 二进制数的算术运算。

任务要求

- 熟悉二进制数的逻辑运算方法。
- 熟悉二进制数的算术运算方法。

1．二进制数的逻辑运算

（1）1位二进制数的逻辑运算法则

逻辑加也称“或”运算，用符号“OR”或“∨”表示，规则如下：

$$F = A \vee B$$

$$\begin{array}{lcccc} A: & 0 & 0 & 1 & 1 \\ B: & \underline{\vee\ 0} & \underline{\vee\ 1} & \underline{\vee\ 0} & \underline{\vee\ 1} \\ F: & 0 & 1 & 1 & 1 \end{array}$$

逻辑乘也称“与”运算，用符号“AND”、“∧”或“·”表示，也可省略，规则如下：

$$F = A \wedge B$$

$$\begin{array}{lcccc} A: & 0 & 0 & 1 & 1 \\ B: & \underline{\wedge\ 0} & \underline{\wedge\ 1} & \underline{\wedge\ 0} & \underline{\wedge\ 1} \\ F: & 0 & 0 & 0 & 1 \end{array}$$

取反也称“非”运算，用符号“NOT”或上横杠“——”表示，规则如下：

$$F = \overline{A}$$

$$\begin{array}{lcc} A: & \underline{\overline{0}} & \underline{\overline{1}} \\ F: & 1 & 0 \end{array}$$

（2）多位二进制数的逻辑运算举例

两个多位二进制数进行逻辑运算时，按位独立进行，即每一位都不受其他位的影响。例如：

$$\begin{array}{lr} A: & 0110 \\ B: & \underline{\vee\quad 1010} \\ F: & 1110 \end{array} \qquad \begin{array}{lr} A: & 0110 \\ B: & \underline{\wedge\quad 1010} \\ F: & 0010 \end{array}$$

2．二进制数的算术运算

（1）1位二进制数的加法、减法运算规则

$$F = A + B$$

$$\begin{array}{lcccc} A: & 0 & 0 & 1 & 1 \\ B: & \underline{+\ 0} & \underline{+\ 1} & \underline{+\ 0} & \underline{+\ 1} \\ F: & 0 & 1 & 1 & 10 \end{array}$$

F = A − B

A：	0	0	1	1
B：	− 0	− 1	− 0	− 1
F：	0	1（借 1）	1	0

（2）两个多位二进制数的加法、减法运算举例

```
  0101          1001
 +0100         -0100
 -----         -----
  1001          0101
```

提示　两个多位二进制数进行加法或减法运算时由低位到高位逐位进行。

▶▶ 任务四　不同字符在计算机中的编码

任务内容

- 西文字符的编码。
- 汉字字符的编码。
- 常用汉字字符集。

任务要求

- 掌握西文字符的编码。
- 了解汉字字符的编码。
- 熟悉常用汉字字符集。

1. 西文字符的编码

计算机中的信息都是用二进制编码表示的，用来表示字符的二进制编码称为字符编码。计算机中常用的字符编码有 EBCDIC 码（Extended Binary Coded Decimal Interchange Code），主要是 IBM 大型计算机采用。微机采用 ACSII 码（American Standard Code for Information Interchange），即美国标准信息交换码，并被国际标准化组织指定为国际标准，西文字符 ASCII 码表如表 1-4 所示。

ASCII 码用八位二进制数表示，最高位为 0，因此其编码范围是 00000000 ~ 01111111，即 0 ~ 127，共有 2^7 = 128 个不同的编码值，一个编码代表一个字符，如 01000001 表示字符"A"，因此 128 个编码对应 128 个字符，这些字符包括 26 个大写字母，26 个小写字母，0 ~ 9 十个数字，键盘上的"＋"、"－"、"＊"、"/"等字符，以及 34 个控制字符，我们统称为字符。每个字符都对应一个 ASCII 码；反之，在计算机内每个 ASCII 码也代表一个字符。计算机内用 1 个字节存放一个 ASCII 码。

表 1-4　西文字符 ASCII 码表

$b_3b_2b_1b_0$ \ $b_6b_5b_4$	000	001	010	011	100	101	110	111
0000	NUL	DLE	SP	0	@	P	、	p
0001	SOH	DC1	!	1	A	Q	a	q
0010	STX	DC2	"	2	B	R	b	r
0011	ETX	DC3	#	3	C	S	c	s
0100	EOT	DC4	$	4	D	T	d	t
0101	ENQ	NAK	%	5	E	U	e	u
0110	ACK	SYN	&	6	F	V	f	v
0111	BEL	ETB	'	7	G	W	g	w
1000	BS	CAN	(	8	H	X	h	x
1001	HT	EM	)	9	I	Y	i	y
1010	LF	SUB	*	:	J	Z	j	z
1011	VT	ESC	+	;	K	[	k	{
1100	FF	FS	,	<	L	\	l	|
1101	CR	GS	–	=	M	]	m	}
1110	SO	RS	.	>	N	^	n	~
1111	SI	US	/	?	O	-	o	DEL

要确定某个数字、字母、符号或控制符的 ASCII 码，可以在上表中先查到它的位置，然后确定它所在位置的相应行和列，再根据行确定低 4 位编码（$b_3b_2b_1b_0$），根据列确定高 3 位编码（$b_6b_5b_4$），最后将高 3 位编码与低 4 位编码合在一起（$b_6b_5b_4b_3b_2b_1b_0$）就是要查字符的 ASCII 码。例如，查表得到字母“Y”的 ASCII 码为 1011001。

同样，也可以由 ASCII 码通过查表得到某个字符。例如，有一字符的 ASCII 码是 1100001，则查表可知，它是小写字母“a”。

需要特别注意的是，十进制数字字符的 ASCII 码与它们的二进制数值是不同的。例如，十进制数 9 的七位二进制数是（0001001），而十进制数字字符“9”的 ASCII 码为 0111001，0111001B＝39H＝57D。由此可见，数值 9 与数字字符“9”在计算机中的表示是不同的。数值 9 可以表示数的大小，并参与数值运算，而数字字符“9”只是一个符号，不能参与数值运算，它们是不同类型的数据。

2. 中文字符的编码

上述西文字符在计算机内使用占有1个字节的ASCII码表示。同样每个汉字都需要进行编码,计算机才能处理它们。计算机处理汉字的过程实际上是汉字输入码、汉字信息交换码、汉字机内码、汉字输出码等编码间的转换过程。下面对这些编码作一些介绍。

计算机识别汉字时要把输入码转换为机内码以便进行处理和存储。我们在显示器里看见的汉字实际上是一种汉字点阵形式,为了将汉字以点阵的形式输出,计算机还要将机内码转换为汉字的字形码,确定汉字的点阵,并且在计算机和其他系统或设备需要信息、数据交换时还必须采用交换码。

(1) 汉字输入码

为把汉字输入计算机而编制的代码称为汉字输入码,也称外码。目前,常用的汉字输入方法有全拼输入法、智能ABC输入法和五笔字型输入法等。常用汉字有7000个左右,每个汉字可用不同的输入法由键盘输入,输入方法不同,同一汉字的外码就可能不同,用户可以根据自己的需要选择不同的输入方法。例如,用五笔字型中的外码"vb"可输入汉字"好",用全拼输入法时"好"对应的外码是"hao",这种相同汉字的不同外码可通过输入字典统一转换为标准的国标码。

(2) 汉字信息交换码

汉字信息交换码是用于汉字信息处理系统之间或者与通信系统之间进行信息交换的汉字代码,简称交换码,也叫国标码。我国于1981年颁布了国家标准《信息交换用汉字编码字符集—基本集》,代号为GB 2312—80,它收录了6763个汉字和682个非汉字图形字符编码共7445个,分为二级汉字。一级常用汉字3755个,按汉字的拼音顺序排列;二级次常用汉字3008个,按部首顺序排列。国标GB 2312—80中的每个图形字符的汉字交换码均用两个字节表示,每个字节为七位二进制码。

GB 2321—80信息交换码表排成一张94×94的图形符号代码表,通常将表中的行号称为区号,列号称为位号,表中任何一个字符的位置可由区号和位号唯一确定,它们各需7个二进制位表示。两者组合而成的汉字编码称为区位码。

例如,"大"字的区号为20,位号为83,区位码是2083,用2个字节表示为0001010001010011,用十六进制可表示为1453H。

但在信息通信中,汉字的区位码与通信使用的控制码(00H~1FH)会发生冲突。为解决冲突,采取每个汉字的区号和位号分别加上32(即00100000B或20H),经过这样处理得到的代码就是汉字的国标码。因此,"大"字的交换码是1453H+2020H=3473H。

因此,可以得到以下公式:

区位码+2020H=国标码

(3) 汉字机内码

机内码是在计算机内部对汉字进行存储、处理和传输的编码。现实中,文本中的汉字与西文字符经常是混合在一起使用的,汉字信息如果使用最高位均为0的两个字节的国标码直接存储,则与单字节的标准 ASCII 码就会发生冲突,所以为解决冲突,采取把一个汉字的国标码的两个字节的最高位都置为1,即将汉字国标码的两个字节分别加上10000000B(或80H),这种高位为1的双字节(16位)汉字编码就称为 GB 2312 汉字的"机内码",又称内码。这样由键盘输入汉字时输入的是汉字的外码,而在机器内部存储汉字时用的是内码。

例如,"大"字的内码是3473H + 8080H = B4F3H。

从而得到三种编码的转换公式:

国标码 + 8080H = 机内码

区位码 + A0A0H = 机内码

(4) 汉字输出码

汉字输出码又称为汉字字形码,其作用是输出汉字。计算机处理汉字信息需要显示或打印时,汉字机内码不能直接作为每个汉字输出的字形信息,而需要根据汉字内码,在字形库中检索出相应汉字的字形信息后才能由输出设备输出。对汉字字形经过点阵的数字化后的一串二进制数称为汉字输出码。

汉字是方块字,将方块等分成 n 行 n 列的格子,称为汉字字形点阵,汉字的字形称为字模。在点阵中笔画所到的格子点为黑点,用二进制数"1"表示;否则为白点,用二进制数"0"表示。这样,一个汉字的字形就可用一串对应的二进制数来表示了。

例如,16×16 点阵的汉字需要用 16×16/8 = 32B 存储表示,24×24 点阵的汉字需要用 24×24/8 = 72B 存储表示,32×32 点阵的汉字需要用 32×32/8 = 128B 存储表示。

常用汉字点阵有 16×16、24×24、32×32 等,点阵数越大,分辨率越高,字形越美观,但占用的存储空间也越多。汉字字形数字化后,以二进制文件形式存储在存储器中,构成汉字字模库,也称为汉字字形库,简称汉字字库,为满足不同需要,出现了很多不同的字库,如宋体字库、仿宋字库、楷体字库、黑体字库、简体字库和繁体字库等。

汉字的输入、处理和输出过程就是以上各种汉字代码之间的转换过程。输入时,从键盘输入汉字时使用的是汉字输入码;处理时,在计算机内部经过代码转换程序将其转换为机内码,保存在主存储器中;输出时,根据输入码到码表中检索机内码,得到2个字节的机内码或直接根据存储的汉字内码,在主机内由字形检索程序从汉字字形库中查出该汉字的字形码,送显示器或打印机输出,如图1-21所示。

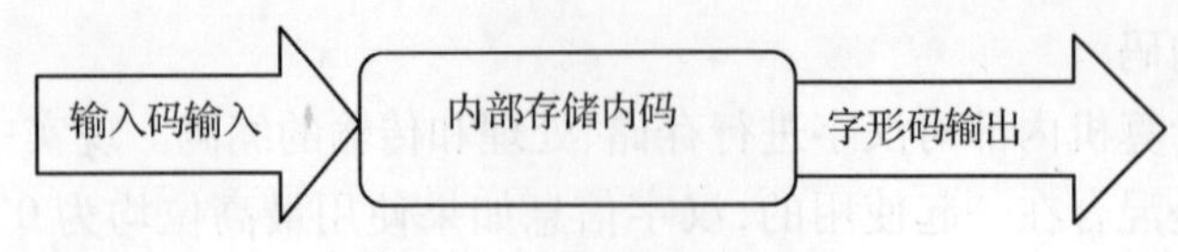

图1-21 汉字代码转换图

3. 常用汉字字符集介绍

汉字的特点为数量大、多个国家和地区使用、字形复杂、同音字多、异体字多。而GB 2312—80 汉字编码只有6763个汉字,实际使用时汉字不够用。为解决此类问题,相继推出了GBK编码、UCS/Unicode、CJK编码标准、GB 18030汉字编码标准,下面对这三种编码标准作简要介绍。

(1) GBK编码

我国于1995年发布《汉字内码扩展规范》GBK字符集,收集了21003个汉字和883个图形符号,与GB 2312国标汉字字符集及其内码保持兼容,简体和繁体汉字在同一个字符集中。GBK编码采用双字节编码,第1字节的最高位必为"1",第2字节的最高位不一定是"1"。Windows 95以上简体中文版、Office 95以上简体中文版提供GBK码的检索和排序,许多网站的网页也使用GBK代码。

(2) UCS/Unicode与CJK编码

ISO(国际标准化组织)制定了ISO/IEC 10646标准,即通用多8位编码字符集,简称为UCS。Unicode称为统一码或联合码,由微软、IBM等公司联合制定,是与UCS完全等同的工业标准。UCS/Unicode用可变长代码(4个字节)将全世界现代6800种书面文字所使用的所有字符、符号都集中在一个字符集中进行统一编码。目前的做法是采用双字节编码UCS-2,共有字符49194个,其中包含了拉丁字母文字、音乐文字以及汉字常用字(CJK)等。目前在Windows、UNIX、Linux系统中广泛使用。

CJK统一编码称为中日韩统一汉字编码字符集,将其中的汉字按统一的认同规则进行认同(只要字形相同,就使用一个编码)后,构成UCS/Unicode中的共27484个字符的汉字部分。

(3) GB 18030—2000汉字编码标准

为了与国际标准UCS接轨,方便GB与BIG-5码的转换,并保护已有的大量汉字资源,我国于2000年推出了GB 18030汉字编码标准。它采用单字节、双字节和四字节三种方式对字符编码(码位总数达到160多万个),双字节编码与GB 2312—80和GBK保持向下兼容,四字节编码包括CJK统一编码汉字共27484个字符。

以上几种汉字编码的对比见表1-5。

提示 UCS/Unicode不兼容我国的GB 2312、GBK编码汉字编码。中国香港、台湾地区使用繁体汉字的 BIG-5 码。

表 1-5 汉字编码对比表

GB 2312	GBK	GB 18030	UCS-2(Unicode)
6763 个汉字(简体字)	21003 个汉字(包括 GB2312 汉字在内)	27000 多个汉字(包括 GBK 汉字和 CJK 及其扩充中的汉字)	20000 多个汉字
双字节存储和表示,每个字节的最高位均为“1”	双字节存储和表示,第一个字节的最高位必为“1”	部分双字节、部分四字节表示	(UTF-8 编码)一字节、二字节、三字节等不等长编码
向下兼容 ←			编码不兼容

1.4 计算机病毒防治

自 1983 年 11 月 3 日首次提出并验证计算机病毒以来,计算机病毒也在随着计算机技术的飞速发展而迅速泛滥、蔓延,危害越来越大。实现安全正常地使用计算机成为首先需要考虑的问题,从而必须了解并掌握计算机病毒的基本知识,了解计算机病毒的含义,掌握计算机病毒的防治方法。

▶▶ 任务一 认识计算机病毒

任务内容

- 计算机病毒的概念。
- 计算机病毒的特征及主要症状。
- 计算机病毒的分类。

任务要求

- 掌握计算机病毒的定义。
- 熟悉计算机病毒的特点及主要症状。
- 了解计算机病毒的分类。

1. 计算机病毒的概念

计算机病毒本质上是一种人为设计的、可执行的破坏性程序,计算机病毒像医学上的病毒一样,一旦进入计算机内部系统,便会依附在其他程序之上,进行自我复制,条件具备,便被激活,破坏计算机的系统。计算机一旦感染病毒,就有可能将病毒扩散。

在《中华人民共和国计算机信息系统安全保护条例》中计算机病毒被明确定义为："计算机病毒，是指编制或者在计算机程序中插入的破坏计算机功能或者毁坏数据，影响计算机使用，并能自我复制的一组计算机指令或者程序代码。"

1998 年发现的 CIH 病毒还能直接破坏计算机的硬件——某些主板上的 BIOS 芯片(EPPROM 芯片)、内存、硬盘，给全球计算机行业造成很大的经济损失。

2. 计算机病毒的特征

计算机病毒一般具有如下特征：

① 破坏性。计算机病毒发作时的主要表现为占用系统资源、干扰运行、破坏文件或数据，严重的还能破坏整个计算机系统或损坏部分硬件，甚至还会造成网络瘫痪，后果极其严重且危险。这是计算机病毒的主要特征。

② 寄生性。是指其具有的依附于其他程序而寄生的能力。计算机病毒一般不能单独存在，在发作前常寄生于其他程序或文件中，进行自我复制、备份。

③ 传染性。指计算机病毒具有很强的自我复制能力，能在计算机运行过程中不断再生、变种并感染其他未染毒的程序。

④ 潜伏性。病毒程序的发作需要一定条件，在这些条件满足之前，病毒可在程序中潜伏、传播。在条件具备时再产生破坏作用或干扰计算机的正常运行。

⑤ 隐蔽性。计算机病毒是一种可以直接或间接运行的精心炮制的程序，所占空间一般不超过 4KB。经常用附加或插入的方式隐藏在可执行程序或文件中，不易被发现。从而使用户对计算机病毒失去应有的警惕。

3. 计算机病毒的主要症状

细心观察计算机的运行状况，当发现计算机出现以下现象之一时，就有可能是计算机病毒发作的结果：

① 硬盘文件数目无故增多。

② 系统运行速度明显变慢。

③ 程序或数据突然消失。

④ 可执行文件的长度明显增加。

⑤ 系统启动异常或频繁死机。

⑥ 打印出现问题。

⑦ 生成不可见的表格文件或程序文件。

⑧ 系统不能正常启动或经常出现死机现象。

⑨ 屏幕出现一些异常的信息或现象。

4. 计算机病毒的分类

目前，常见计算机病毒按其感染的方式，可分为如下五类：

① 文件型病毒。主要感染扩展名为 COM、EXE、DRV、BIN、SYS 等可执行文件，在带毒程序执行时，进入内存，条件一旦符合，就会发作。

② 引导区型病毒。感染软盘引导区、通过软盘再感染硬盘的主引导记录(MBR)，引导区型病毒总是先于系统文件装入内存储器，获得控制权并进行融洽传播与破坏。

③ 混合型病毒。既可感染磁盘引导区又可感染可执行文件。

④ 宏病毒。有感染 Word 系统的 Word 宏病毒、感染 Excel 系统的 Excel 宏病毒和感染 Lotus AmiPro 的宏病毒，如可感染 Word 文档文件(DOC)和模板文件(DOT)。该病毒容易编写，容易传播，应用 Word、Excel 工作平台的数据文件都能感染宏病毒。

⑤ 网络病毒。大多通过 E-mail 传播，破坏特定扩展名的文件，并使邮件系统变慢，甚至导致网络系统崩溃。"蠕虫"、"木马"病毒是网络病毒典型的代表。

提示 蠕虫和特洛伊木马是可导致计算机和计算机上的信息损坏的恶意程序。它们可能使 Internet 速度变慢，甚至可以使用计算机将它们自己传播给您的朋友、家人、同事以及网络上的其他人。

▶▶ 任务二 计算机病毒的防治

任务内容

- 计算机病毒的防范。
- 计算机病毒的检测与清除。

任务要求

- 熟悉计算机病毒的防范措施。
- 掌握计算机病毒的检测与清除方法。

1. 计算机病毒的防范

目前，防范计算机病毒可以采用以下几个措施：

① 使用从其他计算机上复制资料的软盘或光盘时，要先用杀毒软件检查病毒，确保没有计算机病毒后再使用。

② 不要使用盗版光盘，否则在使用前要先用杀毒软件检查光盘是否带有病毒。

③ 定期做好重要数据和文件的备份，以减少损失。

④ 启动盘和装有重要程序的软盘要写保护。

⑤ 使用杀毒软件进行病毒查找，确定是否染上病毒，尽早发现，尽早清除。

⑥ 经常更新病毒库。

⑦ 上网时不要打开来历不明的链接，不要打开或安装来历不明的文件。

⑧ 关注操作系统的更新，及时为 Windows 打补丁。

⑨ 有能力的可以为系统盘做一个映像文件。如果碰到新的病毒,连杀毒软件也无能为力时,可以还原映像恢复原有系统和数据。

2. 病毒的检测与清除

目前,国内的病毒检测工具很多,一般都具有杀毒功能。但要注意,由于病毒不断产生新种和变种,质和量都在变化,因而使用任何病毒检测工具都要及时更新升级,以提高查杀病毒的有效性。

一旦发现病毒,用户就应该立即着手进行清除。但并不完全是对发现病毒的文件进行病毒清除,还要对那些可疑的或者无法确认安全的内容进行检测。

针对一些隐匿和狡猾的病毒,绝大多数的杀毒软件都被设计为在安全模式可安装、使用、执行杀毒处理。对于现在大多数流行的病毒,如蠕虫病毒、木马程序和网页代码病毒等,都可以在安全模式下或在 DOS 环境下杀毒。

引导区病毒(报告的病毒名称一般带有 boot、wyx)如果存在于移动存储设备(如软盘、闪存盘、移动硬盘)上,可以借助本地硬盘上的反病毒软件直接进行查杀,如果这种病毒在硬盘上,则需要用干净的引导盘启动进行查杀。

在上网时,如果发现病毒感染了机器,则应立即使机器脱离网络,以防扩大传染范围,对已经感染的软件应进行隔离,在清除病毒之前不要使用。

目前最方便、最理想的方法是利用市场上数量众多的查杀病毒软件进行查毒、杀毒,如 KV3000、瑞星杀毒软件、金山毒霸、卡巴斯基等。

习 题 一

一、选择题

1. 第二代电子计算机使用的电子元器件是________。

A. 电子管　　B. 晶体管

C. 中、小规模集成电路　　D. 大规模和超大规模集成电路

2. 计算机的应用领域主要有科学计算、计算机辅助设计、实时控制及________。

A. 数据库管理　　B. 软件开发　　C. 数据处理　　D. 以上全部

3. 微机的硬件由________五个部分组成。

A. CPU、总线、主存、辅存和 I/O 设备

B. CPU、运算器、控制器、主存和 I/O 设备

C. CPU、控制器、主存、打印机和 I/O 设备

D. CPU、运算器、主存、显示器和 I/O 设备

4. Cache 的功能是________。

A. 数据处理　　B. 存储数据和指令

C. 存储和执行程序　　D. 以上全不是

5. CPU 主要包括________。

A. 外存储器和控制器　　B. 外存储器和运算器

C. 运算器、控制器和内存储器　　D. 运算器和控制器

6. 计算机中用于连接 CPU、内存、I/O 设备等部件的设备是________。

A. 总线　　B. 地址线　　C. 数据线　　D. 控制线

7. 计算机的内存储器是指________。

A. 硬盘和光盘　　B. RAM 和 ROM　　C. ROM 和磁盘　　D. 硬盘和软盘

8. 一般来说,机器指令由________组成。

A. 国标码和机内码　　B. 操作码和机内码

C. 操作码和操作数地址　　D. ASCII 码和 BDC 码

9. 在微机中存取速度最快的存储器是________。

A. 内存　　B. 硬盘　　C. 软盘　　D. 光盘

10. 以程序存储和程序控制为基础的计算机结构是由________提出的。

A. 布尔　　B. 帕斯卡　　C. 图灵　　D. 冯·诺依曼

11. 外存中的数据与指令必须先读入________,然后计算机才能进行处理。

A. CPU　　B. ROM　　C. RAM　　D. Cache

12. 一张软磁盘的存储容量是 720KB,如果是用来存储汉字所写的文件,大约可以存储汉字的数量是________。

A. 360K　　B. 180K　　C. 720K　　D. 5760K

13. I/O 接口位于________。

A. 总线和设备之间　　B. 内存和外存之间

C. 主机和总线之间　　D. CPU 和内存之间

14. 为方便记忆、阅读和编程,将机器语言进行符号化,相应的语言称为________。

A. VB 语言　　B. 高级语言　　C. 汇编语言　　D. C 语言

15. 应用软件是指________。

A. 所有能够使用的软件　　B. 能够被各应用单位使用的某种软件

C. 所有微机上都应使用的基本软件　　D. 专门为某一应用目的而编写的软件

16. 数据库管理系统的英文缩写是________。

A. DB　　B. DBMS　　C. DBS　　D. DBA

17. 微机的诊断程序属于________。

A. 应用软件　　B. 系统软件　　C. 编辑软件　　D. 表处理软件

18. 下列不同数制的数最小的是________。

A. $(72)_{10}$　　B. $(42)_{8}$　　C. $(5A)_{16}$　　D. $(1011101)_{2}$

19. 已知某汉字的区位码为3040H,则其机内码为________。

A. 4060H　　B. 6F7CH　　C. D0E0H　　D. FECAH

20. 汉字在计算机方面,是以________形式输出的。

A. 外码　　B. 国标码　　C. 字形码　　D. 内码

21. 计算机病毒感染的可能途径是________。

A. 上网　　B. 运行硬盘上的程序

C. 运行软盘上的程序　　D. 以上都是

22. 下列不属于计算机病毒特征的是________。

A. 潜伏性　　B. 寄生性　　C. 传播性　　D. 免疫性

二、填空题

1. 计算机总线有________、________和________三种。
2. RAM、ROM、Cache 中存取速度最快的是________。
3. 程序连同其相关说明资料称为________。
4. 计算机内存储器由 RAM 和________组成。
5. 微机的硬件系统的性能主要由________决定。
6. 已知 A 的 ASCII 码为 65,则 E 的 ASCII 码是________。
7. 由二进制编码构成的语言是________。
8. 传输速率为 9600b/s,表示每秒最多可传送________个 ASCII 码字符。
9. 二进制数 01100101 转换为十进制数是________,转换成十六进制数是________。

三、简答题

1. 简述计算机的基本工作原理。
2. 简述多媒体的特征。
3. 试述计算机主机的组成部分。
4. 简述计算机存储器的类别,各自的特征有哪些?
5. 简述常用的系统软件,你用过哪些系统软件?
6. 常用的汉字字符集有哪些?
7. 什么是 ASCII 码?什么是国标码?
8. 简述计算机病毒的特点、防范与清除方法。

第2章

Windows 7 操作系统

操作系统是计算机系统中最重要的系统软件,是人机对话的桥梁,它的主要功能是控制和管理计算机系统中的硬件资源和软件资源,提高系统资源的利用率,同时为计算机用户提供各种强有力的使用功能,方便用户使用计算机。

1995 年 8 月,Microsoft 公司在 Windows 3.x 的基础上开发出了真正的、图形化操作界面的操作系统 Windows 95,之后相继推出了 Windows 98、Windows ME、Windows 2000、Windows XP、Windows 2003、Windows Vista 和 Windows 7 等不同版本的 Windows 操作系统。现今的计算机普遍安装的都是 Windows 操作系统。

计算机运行离不开操作系统,Windows 环境下运行的程序与 Windows 有着相同的操作方式,要想用好计算机就必须熟练掌握操作系统的使用方法。本章将以 Windows 7 为基础介绍 Windows 操作系统的有关概念和操作方法。

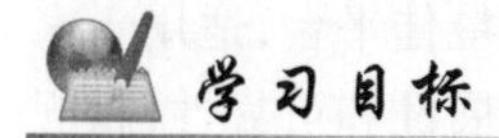

学习目标

- 了解 Windows 7 的基本概念和桌面、窗口、菜单等基本操作。
- 熟练掌握 Windows 的文件管理,包括文件的建立、删除、复制、移动、重命名、属性设置、创建快捷方式等操作。
- 熟悉 Windows 系统的文件搜索功能。
- 了解 Windows 7 的系统个性化设置。
- 了解 Windows 7 附件的使用。

2.1 Windows 7 基础

▶▶ 任务一 认识 Windows 7 操作系统

任务内容

- 熟悉 Windows 7 环境。

任务要求

- 了解 Windows 7 的特点,了解 Windows 7 的系统安装要求。
- 了解 Windows 7 的启动与退出。
- 掌握 Windows 7 的键盘和鼠标基本操作。

一、Windows 7 简介

Windows 7 是微软公司于 2009 年推出的一款具有革命性变化的操作系统,与此前的 Windows 操作系统版本相比,其界面更友好,操作更加简单和快捷,功能更强,系统更稳定,为人们提供了更高效易行的工作环境。

微软中国网站发布的 Windows 7 共包括 4 个版本:家庭普通版满足最基本的计算机应用,适用于上网本等低端计算机;家庭高级版拥有针对数字媒体的最佳平台,适用于家庭用户和游戏玩家;专业版是为企业用户设计的,提供了高级别的扩展性和可靠性;旗舰版拥有 Windows 7 的所有功能,适用于高端用户。

本章将以旗舰版为例介绍 Windows 7 的使用。

Windows 7 的主要特点:

① 提供了玻璃效果(Aero)的图形用户界面,操作直观,形象,简便,不同应用程序保持操作和界面方面的一致性,为用户带来很大的方便。

② 做了很多方便用户的设计,如:快速最大化、窗口半屏显示、跳转列表(Jump List)、系统故障快速修复等,这些新功能令 Windows 7 成为最易用的 Windows。

③ 进一步提高了计算机系统的运行安全可靠性和易维护性。Windows 7 改进了安全和功能的合法性,把数据保护和管理扩展到外围设备:Windows 7 改进了基于角色的计算方案和用户帐户管理,在数据保护和坚固协作的固有冲突之间搭建沟通桥梁,同时也会开启企业级的数据保护和权限许可。

④ 增强了网络功能和多媒体功能。Windows 7 进一步增强了移动工作能力,无论何

时、何地、何种设备都能访问和应用程序;开启了坚固的特别协作体验,无线连接、管理和安全功能得到进一步扩展;令性能和当前功能以及新兴移动硬件得到优化,拓展了多设备同步、管理和数据保护功能。

⑤ 解决了操作系统存在的兼容性问题。

⑥ Windows 7 的资源消耗低,执行效率高,笔记本的电池续航能力也大幅增加,堪称是最绿色、最节能的系统。

二、Windows 7 系统安装要求

Windows 7 系统安装要求如表 2-1 所示。

表 2-1 Windows 7 安装要求

设备名称	基本要求	备注
CPU	2.0GHz 及以上	Windows 7 有 32 位、64 位两种版本,如果使用 i7、i5 的 CPU,推荐使用 64 位版本
内存	1GB DDR 及以上	建议 2GB 以上,最好用 4~8GB(32 位操作系统只能识别大约 3.25GB 的内存,推荐安装 64 位版本)
硬盘	60GB 以上可用空间	系统区分 60~100GB 对日后使用有很大帮助
显卡	显卡支持 DirectX 9 WDDM 1.1 或更高版本(显存大于 128MB)	显卡支持 DirectX 9 就可以开启 Windows Aero 特效
其他设备	DVD R/RW 驱动器或者 U 盘等其他存储介质	安装用
	互联网连接/电话	需要在线激活,如果不激活,最多只能使用 30 天

三、Windows 7 的启动与退出

1. Windows 7 的启动

① 打开外设电源开关和主机电源开关,计算机进行开机自检。

② 通过自检后,进入如图 2-1 所示的 Windows 7 登录界面(这是单用户登录界面,若用户设置了多个用户账户,则有多个用户选择)。

③ 选择需要登录的用户名,在用户名下方的文本框中会提示输入登录密码。输入登录密码后按〈Enter〉键或者单击文本框右侧的按钮,即可开始加载个人设置,进入如图 2-2 所示的 Windows 7 系统桌面。

图 2-1　Windows 7 登录界面

图 2-2　Windows 7 系统桌面

2. Windows 7 的退出

计算机的关机与其他家电不同，需要在系统中进行关机操作，而不是简单的关闭系统电源。

① 关机前先关闭当前正在运行的程序，然后单击“开始”按钮，弹出如图 2-3 所示的“开始”菜单。

② 单击“关机”按钮，系统会自动保存相关的信息。系统退出后，主机电源自动关闭，指示灯灭，这样电脑就安全地关机了，此时用户将电源切断即可。

图 2-3　“开始”菜单

关机还有一种特殊情况，即“非正常关机”。当计算机突然出现“死机”、“花屏”、“黑屏”等情况时，就不能通过“开始”菜单关闭了，此时可通过持续地按住主机机箱上的“电源开关”按钮几秒钟，片刻后主机会关闭，而后切断电源即可。

单击图 2-3 所示的(关机)按钮后，弹出如图 2-4所示的“关机选项”菜单，选择相应的选项，也可完成不同程度上的系统退出。

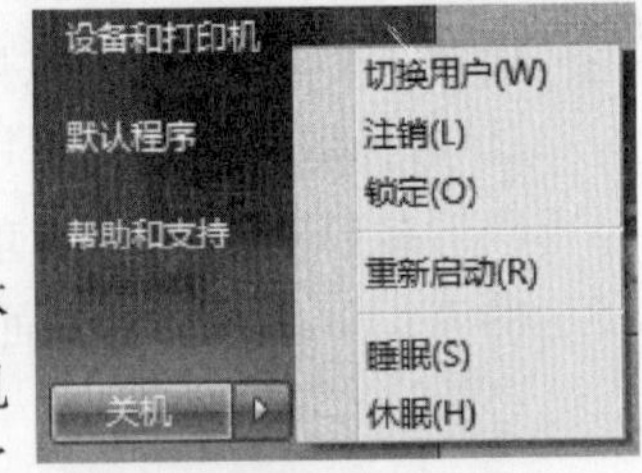

图 2-4 “关机选项”菜单

“关机”功能包括以下各项内容：

(1) 休眠

休眠是退出 Windows 7 操作系统的另一种方法，选择“休眠”选项后系统会将用户的工作内容保存在硬盘上，并将计算机上所有的部件断电。此时，计算机并没有真正关闭，而是进入了一种低耗能状态。如果用户要将计算机从休眠状态唤醒，则必须重新按下主机上的 Power 按钮，启动计算机并再次登录，即可恢复到休眠前的工作状态。

(2) 睡眠

睡眠状态能够以最小的能耗保证电脑处于锁定状态，与休眠状态最大的不同在于，从睡眠状态恢复到计算机原始工作状态不需要按主机上的 Power 按钮。

(3) 重新启动

选择“重新启动”选项后，系统将自动保存相关信息，然后将计算机重新启动并进入用户登录界面，再次登录即可。

(4) 锁定

当用户需暂时离开计算机，但是还在进行某些操作又不方便停止，也不希望其他人查看自己机器里的信息时，这时就可以选择“锁定”选项使电脑锁定，恢复到用户登录界面，再次使用时重新输入用户密码才能开启计算机进行操作。

(5) 注销

Windows 7 同样允许多用户操作，每个用户都可以拥有自己的工作环境并对其进行相应的设置。当需要退出当前的用户环境时，用户可以通过选择“注销”选项将个人信息保存到磁盘中，并切换到用户登录界面。注销功能和重新启动相似，在注销前要关闭当前运行的程序，以免造成数据的丢失。

(6) 切换用户

选择“切换用户”选项后系统将快速地退出当前用户，并回到用户登录界面，以实现用户切换操作。

四、键盘及鼠标的使用

Windows 7 系统以及各种程序呈现给用户的基本界面都是窗口，几乎所有操作都是在各种各样的窗口中完成的。如果操作需要询问用户某些信息，还会显示出各种对话框来与用户交互传递信息。操作可以用键盘，也可以用鼠标来完成。

在 Windows 7 操作中，键盘不但可以输入文字，还可以进行窗口、菜单等各项操作。但使用鼠标能够更简易、快速地对窗口进行操作，从而充分利用 Windows 7 的特点。

1. 组合键

键盘操作 Windows 常用到组合键，主要有：

键名 1 + 键名 2：表示按住“键名 1”不放，再按一下“键名 2”。如：〈Ctrl〉+〈Space〉，按住〈Ctrl〉键不放，再按一下〈Space〉键。

键名 1 + 键名 2 + 键名 3：表示同时按住“键名 1”和“键名 2”不放，再按一下“键名 3”。如〈Ctrl〉+〈Alt〉+〈Del〉，同时按住〈Ctrl〉键和〈Alt〉键不放，再按一下〈Del〉键。

2. 鼠标操作

在 Windows 操作中，鼠标的操作主要有以下几种方法：

① 单击(Click):将鼠标箭头(光标)移到一个对象上,单击鼠标左键,然后释放。这种操作用得最多。以后如不特别指明,单击即指单击鼠标左键。

② 双击(Double Click):将鼠标箭头移到一个对象上,快速连续两次单击鼠标左键,然后释放。以后如不特别指明,双击也指双击鼠标左键。

③ 右单击(Click):将鼠标箭头移到一个对象上,单击鼠标右键,然后释放。右单击一般是调用该对象的快捷菜单,提供操作该对象的常用命令。

④ 拖放(拖到后放开):将鼠标箭头移到一个对象上,按住鼠标左键,然后移动鼠标箭头直到适当的位置再释放,该对象就从原来的位置移到了当前位置。

⑤ 右拖放(与右键配合拖放):将鼠标移到一个对象上,按住鼠标右键,然后移动鼠标箭头直到适当的位置再释放,在弹出的快捷菜单中可以选择相应的操作选项。

3. 鼠标指针光标

鼠标指针光标指示鼠标的位置,移动鼠标,指针光标随之移动。在使用鼠标时,指针光标能够变换形状而指示不同的含义。常见光标形状参见“控制面板”中“鼠标属性”窗口的“指针”选项卡,其意义如下:

- 普通选定指针:指针光标为这种形状时,可以选定对象,进行单击、双击或拖动操作。
- 帮助选定指针:指针光标为这种形状时,可以单击对象,获得帮助信息。
- 后台工作指针:其形状为一个箭头和一个圆形,表示前台应用程序可以进行选定操作,而后台应用程序处于忙的状态。
- 忙状态指针:其形状为一个圆形,此时不能进行选定操作。
- 精确选定指针+:通常用于绘画操作的精确定位,如在“画图”程序中画图。
- 文本编辑指针I:其形状为一个竖线,用于文本编辑,称为插入点。
- 垂直改变大小指针↕:用于改变窗口的垂直方向距离。
- 水平改变大小指针↔:用于改变窗口的水平方向距离。
- 改变对角线大小指针↘或↗:用于改变窗口的对角线大小。
- 移动指针✥:用于移动窗口或对话框的位置。
- 禁止指针⊘:用于禁止用户的操作。

▶▶ 任务二 Windows 7 桌面基本操作

任务内容

- Windows 7 桌面基本操作。

任务要求

- 了解 Windows 7 桌面图标,了解“开始”按钮的使用。
- 了解回收站的使用。
- 掌握任务栏的基本操作。

进入 Windows 7 后,首先映入眼帘的是如图 2-2 所示的桌面。桌面是打开计算机并登录到 Windows 7 之后看到的主屏幕区域,就像实际的桌面一样,它是工作的平面,也可以理解为窗口、图标、对话框等工作项所在的屏幕背景。

1. 桌面图标

桌面图标由一个形象的小图片和说明文字组成,初始化的 Windows 7 桌面给人清新明亮、简洁的感觉,系统安装成功之后,桌面上呈现的只有“回收站”图标。在使用过程中,用户可以根据需要将自己常用的应用程序的快捷方式、经常要访问的文件或文件夹的快捷方式放置到桌面上,通过对其快捷方式的访问,达到快捷访问应用程序、文件或文件夹本身的目的,因此不同计算机的桌面也呈现出不同的图标。

2. “开始”按钮

“开始”按钮是用来运行 Windows 7 应用程序的入口,是执行程序最常用的方式。单击“开始”按钮,显示如图 2-5 所示的“开始”菜单,其中:

图 2-5 “开始”菜单

① 常用程序区:列出了常用程序的列表,通过它可以快速启动常用的程序。

② 当前用户图标区:显示当前操作系统使用的用户图标,以方便用户识别,单击它还可以设置用户账户。

③ 跳转列表区:列出了“开始”菜单中最常用的选项,单击可以快速打开相应窗口。

④ 搜索区:输入搜索内容,可以快速在计算机中查找程序和文件。

⑤ 所有程序区:集合了计算机中所有的程序,用户可以从“所有程序”菜单中进行选择,单击即可启动相应的应用程序。

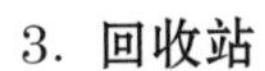

3. 回收站

回收站是硬盘上的一块存储空间,被删除的对象往往先放入回收站,而并没有真正地被删除,“回收站”窗口如图 2-6 所示。将所选文件删除到回收站中,是一个不完全的删除,如果下次需要使用该删除文件时,可以从回收站“文件”菜单中选择“还原”命令将其恢复成正常的文件,放回原来的位置;而确定不再需要时可以从回收站“文件”菜单中选择“删除”命令将其真正从回收站中删除;还可以从回收站“文件”菜单中选择“清空回收站”命令将其全部从回收站中删除。

回收站的空间可以调整。在回收站上单击鼠标右键,在弹出的菜单中选择“属性”,弹出如图2-7所示的“回收站属性”对话框,可以调整回收站的空间。

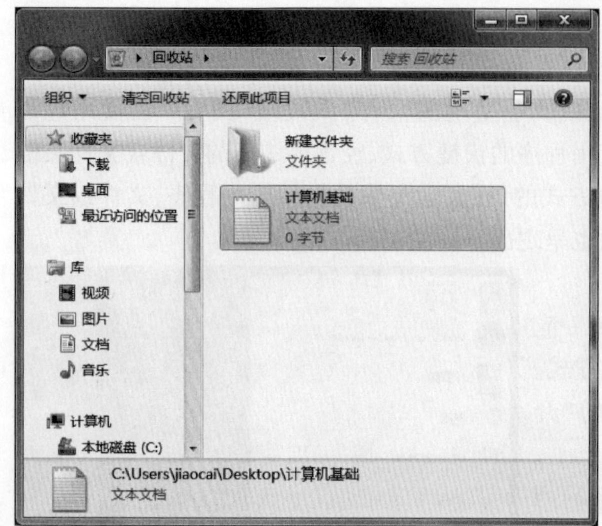

图 2-6 “回收站”窗口

图 2-7 “回收站属性”对话框

4. 任务栏

(1) 任务栏组成

系统默认状态下任务栏位于屏幕的底部,如图 2-8 所示,当然用户可以根据自己的习惯使用鼠标将任务栏拖动到屏幕的其他位置。任务栏最左边是“开始”按钮,往右依次是“快速启动区”、“活动任务区”、“语言栏”、“系统通知区”和“显示桌面”按钮。单击任务栏中的任何一个程序按钮,可以激活相应的程序,或切换到不同的任务。

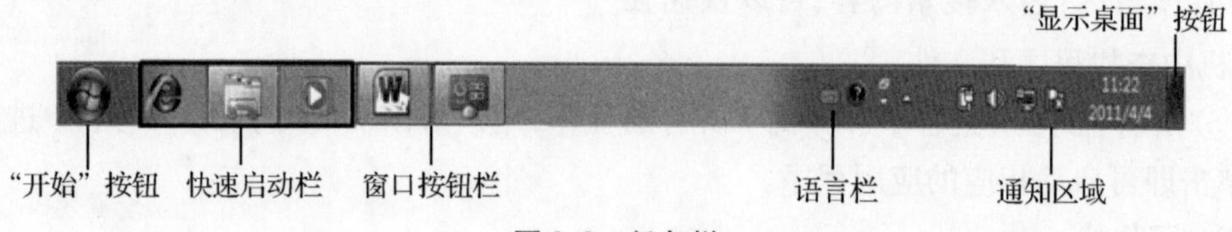

图 2-8 任务栏

• “开始”按钮

位于任务栏的最左边,单击该按钮可以打开“开始”菜单,用户可以从“开始”菜单中启动应用程序或选择所需的菜单命令。

• 快速启动区

用户可以将自己经常要访问的程序的快捷方式放到这个区中(只需将它从其位置,如桌面,拖动到这个区即可)。如果用户想要删除快速启动区中的选项时,可右击对应的“图标”,在出现的快捷菜单中选择“将此程序从任务栏解锁”命令即可。

• 活动任务区

该区显示着当前所有运行中的应用程序和所有打开的文件夹窗口所对应的图标。需要注意的是,如果应用程序或文件夹窗口所对应的图标在“快速启动区”中出现,则其不在“活动任务区”中出现。此外,为了使任务栏能够节省更多的空间,相同应用程序打开的所有文件只对应一个图标。为了方便用户快速地定位已经打开的目标文件或文件夹,Windows 7 提供了两个强大的功能:实时预览功能和跳跃菜单功能。

实时预览功能:使用该功能可以快速地定位已经打开的目标文件或文件夹。移动鼠标指向任务栏中打开程序所对应的图标,可以预览打开的多个界面,如图 2-9 所示,单击预览的界面,即可切换到该文件或文件夹。

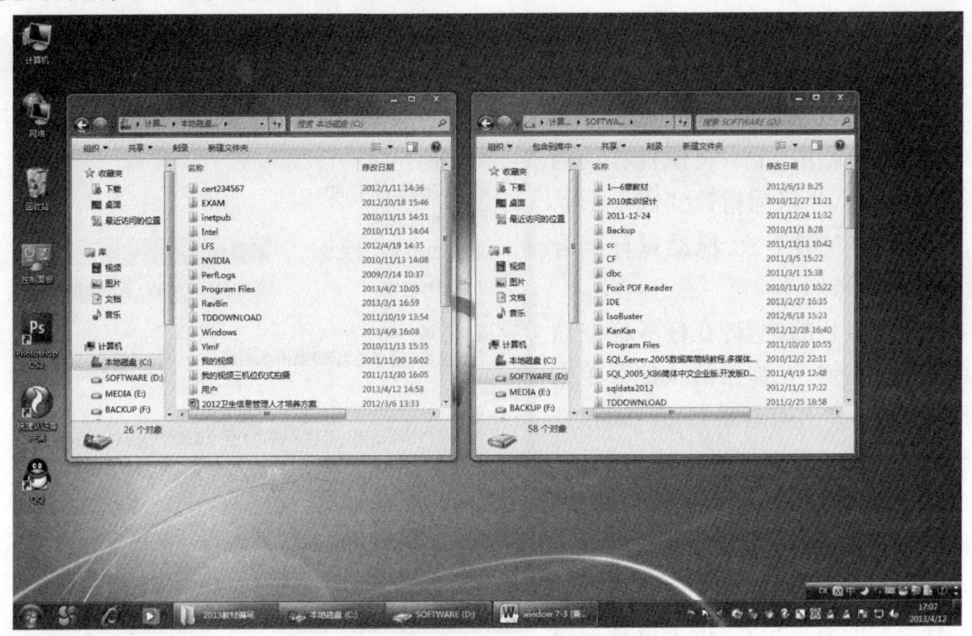

图 2-9　实时预览功能

跳跃菜单功能：鼠标右击“快速启动区”或“活动任务区”中的图标，出现如图 2-10 所示的“跳跃”快捷菜单。使用“跳跃”菜单可以访问经常被指定程序打开的若干个文件。需要注意的是，不同图标所对应的“跳跃”菜单会略有不同。

图 2-10　“跳跃”菜单功能

- 语言栏

“语言栏”主要用于选择汉字输入方法或切换到英文输入状态。在 Windows 7 中，语言栏可以脱离任务栏，也可以最小化融入任务栏中。

- 系统通知区

用于显示时钟、音量及一些告知特定程序和计算机设置状态的图标，单击系统通知区中的▲图标，会出现常驻内存的项目。

- “显示桌面”按钮

可以在当前打开窗口与桌面之间进行切换。当移动鼠标指向该按钮时可预览桌面，当单击该按钮时则可显示桌面。

(2) 任务栏设置

- 调整任务栏的大小和位置

调整任务栏的大小：将鼠标移动到任务栏的边线，当鼠标指针变成↕形状时，按住鼠标左键不放，拖动鼠标到合适大小即可。

调整任务栏的位置：在任务栏空白处单击鼠标右键，在弹出的快捷菜单中选择“属性”，弹出如图 2-11 所示的“任务栏和「开始」菜单属性”对话框，在“屏幕上的任务栏位置”下拉列表框中选择所需选项，单击“确定”按钮；也可以直接使用鼠标进行拖曳，即将光标移动到任务栏的空白位置，按下鼠标左键拖动鼠标到屏幕的上方、左侧或右侧，

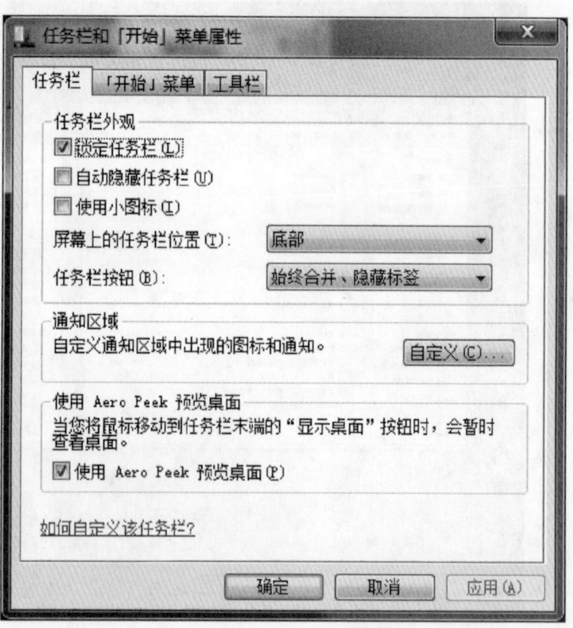

图 2-11　“任务栏和「开始」菜单属性”对话框

即可将其移动到相应位置。

- 设置任务栏外观

在图 2-11 所示的“任务栏和「开始」菜单属性”对话框中，可以设置是否锁定任务栏、是否自动隐藏任务栏、是否使用小图标以及任务栏按钮显示方式等设置。

- 设置任务栏通知区

任务栏的“系统通知区”用于显示应用程序的图标。这些图标提供有关接收电子邮件更新、网络连接等事项的状态和通知。初始时“系统通知区”已经有一些图标，安装新程序时有时会自动将此程序的图标添加到通知区域，用户可以根据自己的需要决定哪些图标可见、哪些图标隐藏等。

操作方法：在图 2-11 所示的“任务栏和「开始」菜单属性”对话框的“通知区域”单击“自定义”按钮，打开如图 2-12 所示的“自定义通知图标”窗口，在窗口中部的列表框中，可以设置图标的显示及隐藏方式。在窗口左下角单击“打开或关闭系统图标”链接，可以打开“系统图标”窗口，在此窗口中可以设置“时钟”、“音量”等系统图标是打开还是关闭，如图 2-13 所示。也可以使用鼠标拖曳的方法显示或隐藏图标，方法是：单击通知区域旁边的箭头，然后将要隐藏的图标拖到如图 2-14 所示的溢出区；也可以将任意多个隐藏图标从溢出区拖到通知区。

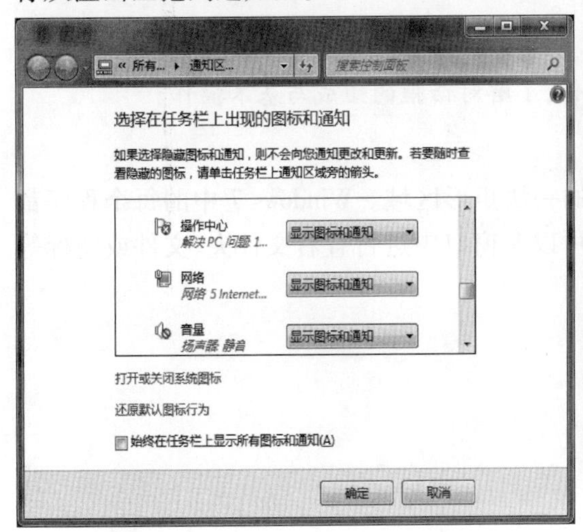

图 2-12 “自定义通知图标”窗口

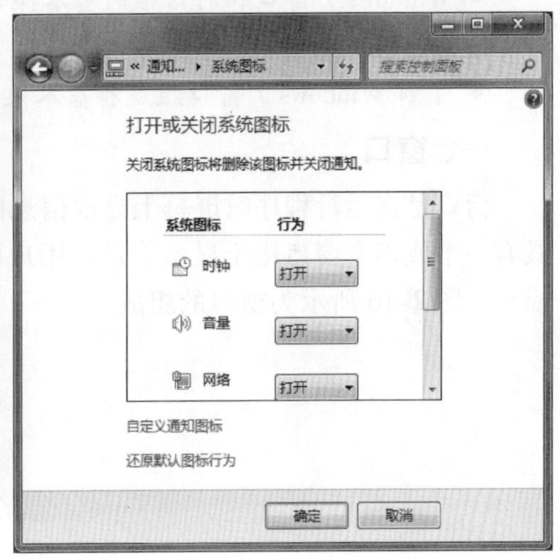

图 2-13 设置系统图标的显示或隐藏

- 添加显示工具栏

任务栏中还可以添加显示其他的工具栏。右击任务栏的空白区，弹出如图 2-15 所示的快捷菜单，从工具栏的下一级菜单中选择，可决定任务栏中是否显示地址工具栏、链接工具栏、桌面工具栏或语言栏等。

提示 当选择了"锁定任务栏"时，则无法改变任务栏的大小和位置。

图 2-14 "溢出区"

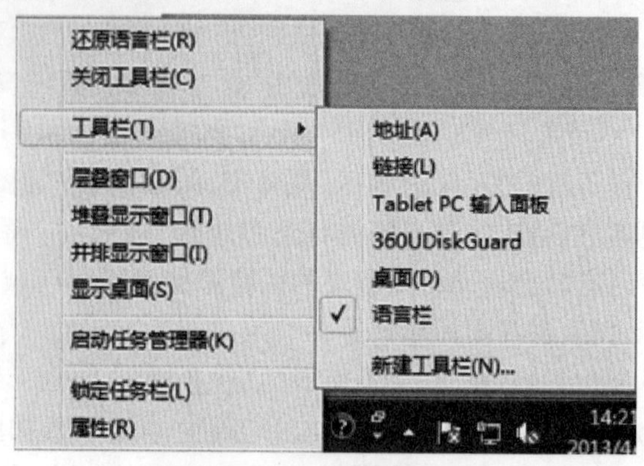

图 2-15 "任务栏"快捷菜单

任务三 Windows 7 窗口与对话框

任务内容

- Windows 7 窗口和对话框的基本操作。

任务要求

- 了解 Windows 7 窗口组成和基本操作，了解对话框的组成与基本操作。

一、窗口

窗口是在运行程序时屏幕上显示信息的一块矩形区域。Windows 7 中的每个程序都具有一个或多个窗口用于显示信息。用户可以在窗口中进行查看文件夹、文件或图标等操作。图 2-16 所示为窗口的组成。

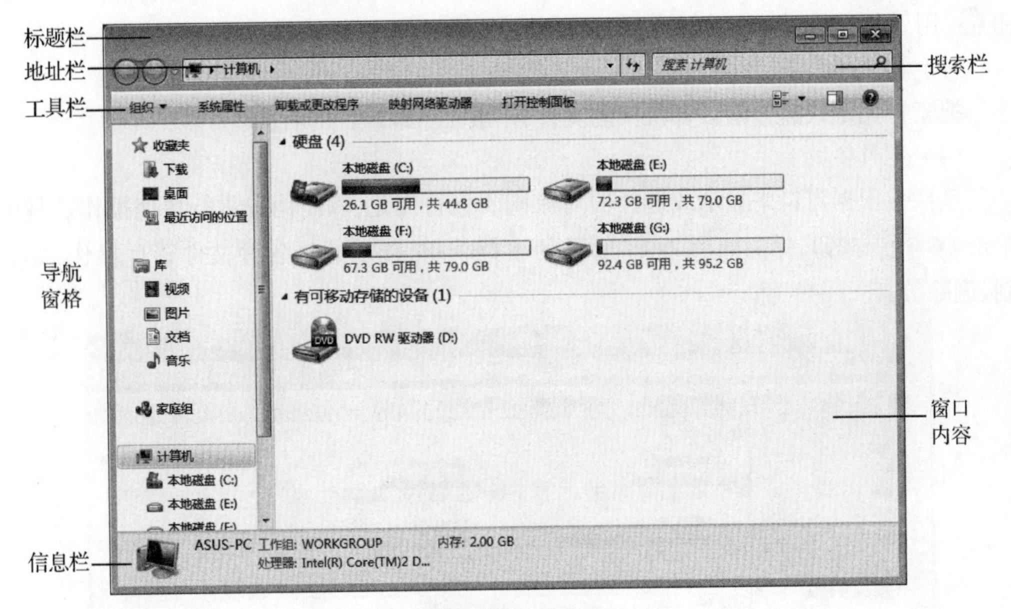

图 2-16　窗口的组成

1. 窗口的组成

(1) 标题栏

标题栏位于窗口顶部，用于显示窗口标题，拖动标题栏可以改变窗口位置。

在标题栏的右侧有三个按钮，即"最小化"按钮、"最大化"（或"还原"）按钮和"关闭"按钮。最大化状态可以使一个窗口占据整个屏幕，窗口处于这种状态时不显示窗口边框；最小化状态以 Windows 图标按钮的形式出现在任务栏上；单击"关闭"按钮可关闭整个窗口。在最大化状态下，中间的按钮为"还原"按钮；在还原状态（既不是最大化也不是最小化的状态，该状态中间的按钮为"最大化"按钮）下使用鼠标可以调节窗口的大小。

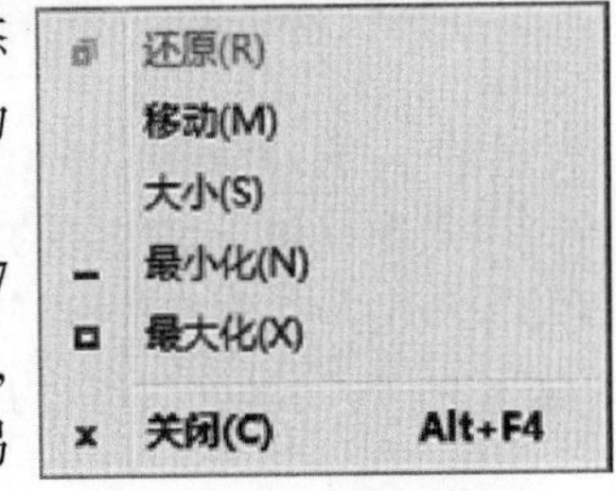

图 2-17　窗口控制菜单

单击窗口左上角或按下〈Alt〉+空格键，将显示如图 2-17 所示的窗口控制菜单。在系统菜单中通过选择相应的选项，可以使窗口处于恢复状态、最大化、最小化或关闭状态。另外，选择"移动"选项，可以使用键盘的方向键在屏幕上移动窗口，窗口移动到适当的位置后按下"回车键"完成操作；选择"大小"选项，可以使用键盘的方向键来调节窗口的大小。

(2) 地址栏

地址栏显示当前窗口文件在系统中的位置。其左侧包括"返回"按钮和"前进"按

钮 ,用于打开最近浏览过的窗口。

(3) 搜索栏

搜索栏用于快速搜索计算机中的文件,一般位于地址栏的右侧。

(4) 工具栏

该栏会根据窗口中显示或选择的对象同步进行变化,以便用户进行快速操作。其中单击 组织 ▾ 按钮,弹出如图 2-18 所示的下拉菜单,可以选择各种文件管理操作,如复制、删除等。

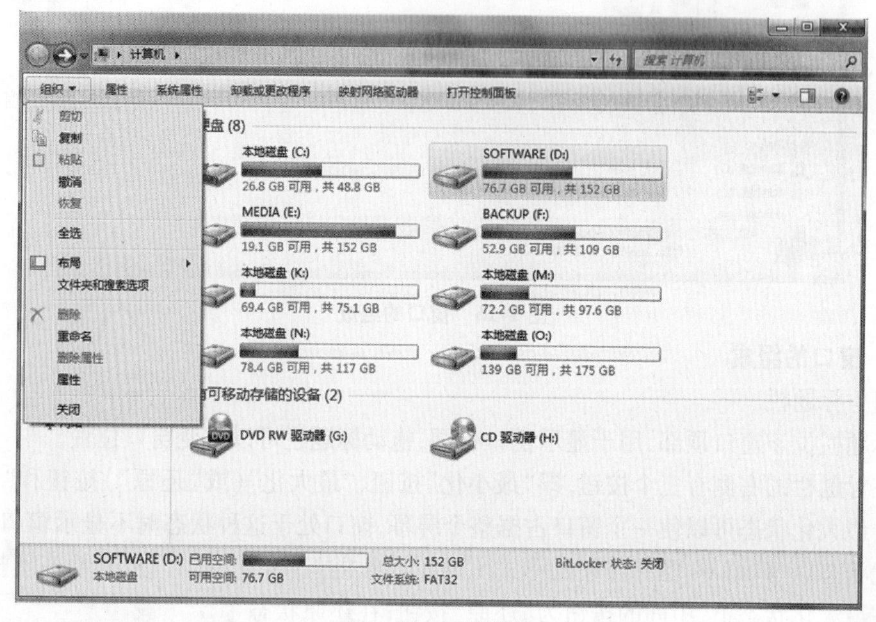

图 2-18　下拉菜单

(5) 导航窗格

导航窗格位于工作区的左边区域,与以往的 Windows 系统版本不同的是,Windows 7 操作系统的导航窗格包括“收藏夹”、“库”、“计算机”和“网络”4 个部分。单击其前面的“◢”(“扩展”)按钮可以打开相应的列表,如图 2-19 所示。

图 2-19　导航窗口

(6) 滚动条

Windows 7 窗口中一般提供垂直和水平两种滚动条。使用鼠标拖动水平方向上的滚动滑块,可以在水平方向上移动窗口,以便显示窗口水平方向上容纳不下的部分;使用鼠标拖动竖直方向上的滚动滑块,可以在竖直方向上移动窗口,以便显示窗口竖直方向上容纳不下的部分。

(7) 窗口工作区

用于显示当前窗口中存放的文件和文件夹内容。

(8) 状态栏

用于显示计算机的配置信息或当前窗口中选择对象的信息。

2. 窗口操作

(1) 打开窗口

在 Windows 7 中,用户启动一个程序、打开一个文件或文件夹时都将打开一个窗口,打开对象窗口的具体方法有如下几种:

- 双击一个对象,将打开对象窗口。
- 选中对象后按〈Enter〉键即可打开该对象窗口。
- 在对象图标上单击鼠标右键,在弹出的快捷菜单中选择“打开”命令。

（2）移动窗口

移动窗口的方法是在窗口标题栏上按住鼠标左键不放，直到拖动到适当的位置再释放鼠标。其中，将窗口向屏幕最上方拖动到顶部时，窗口会最大化显示；向屏幕最左侧拖动时，窗口会半屏显示在桌面左侧；向屏幕最右侧拖动时，窗口会半屏显示在桌面右侧。

（3）改变窗口大小

除了可以通过“最大化”、“最小化”和“还原”按钮来改变窗口大小外，还可以随意改变窗口大小。当窗口没有处于最大化状态时，改变窗口大小的方法是：将鼠标光标移至窗口的外边框或四个角上，当光标变为↕、↔、↘或↗形状时，按住鼠标不放拖动到窗口变为需要的大小时释放鼠标即可。

（4）排列窗口

当打开多个窗口后，为了使桌面更加整洁，可以将打开的窗口进行层叠、横向和纵向等排列操作。排列窗口的方法是在任务栏空白处单击鼠标右键，弹出如图2-20所示的快捷菜单，其中用于排列窗口的命令有层叠窗口、堆叠显示窗口和并排显示窗口。

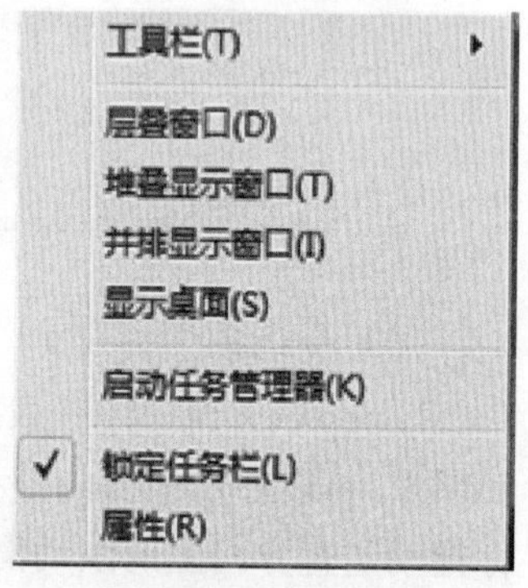

图2-20　快捷菜单

层叠窗口：可以以层叠的方式排列窗口，单击某一个窗口的标题栏即可将该窗口切换为当前窗口。

堆叠显示窗口：可以以横向的方式同时在屏幕上显示几个窗口。

并排显示窗口：可以以垂直的方式同时在屏幕上显示几个窗口。

二、对话框

在执行Windows 7的许多命令时，会打开一个用于对该命令或操作进行下一步设置的对话框，可以通过选择选项或输入数据来进行设置。选择不同的命令，打开的对话框内容也不同，但其中包含的设置参数类型是类似的。如图2-21和图2-22所示都是Windows 7的对话框。对话框中的基本构成元素有：

① 复选框：复选框一般是使用一个空心的方框表示单一选项或一组相关选项。它有两种状态：处于非选中状态时为“☐”；处于选中状态时为“☑”。复选框可以一次选择一项、多项或一组全部选中，也可不选，如图2-21中的“隐私”部分。

② 单选项：单选项是用一个圆圈表示的，它同样有两种状态，处于选中状态时为“⊙”，处于非选中状态时为“○”。在单选项组中只能选择其中的一个选项，也就是说，

当有个单选项处于选中状态时，其他同组单选项都处于非选中状态，如图 2-22 中的选项。

③ 微调按钮：微调按钮是用户设置某些项目参数的地方，可以直接输入参数，也可以通过微调按钮改变参数大小，如图 2-22 中的“「开始」菜单大小”部分。

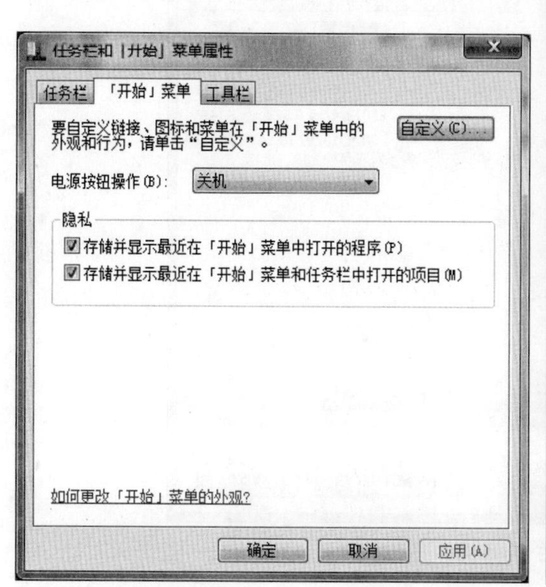

图 2-21 “任务栏和「开始」菜单属性”对话框

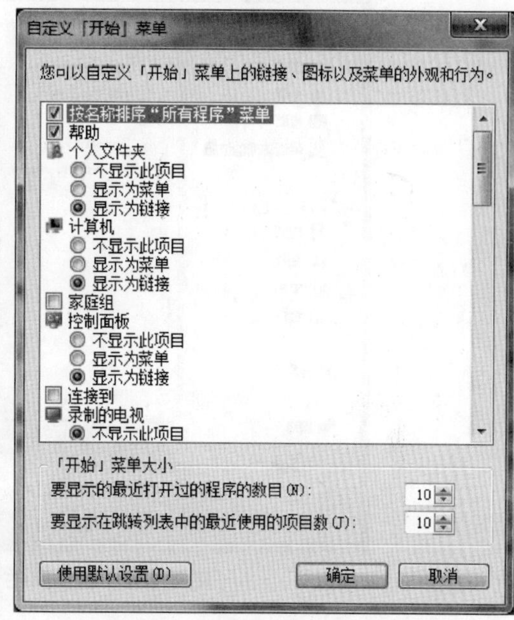

图 2-22 “自定义「开始」菜单”对话框

④ 列表框：在一个区域中显示多个选项，可以根据需要选择其中的一项，如图 2-22 中的“您可以定义「开始」菜单上的链接、图标以及菜单的外观和行为”部分。

⑤ 下拉式列表：下拉式列表由一个列表框和一个向下箭头按钮组成。单击向下箭头按钮，将打开显示多个选项的列表框，如图 2-21 中的“电源按钮操作”部分。

⑥ 命令按钮：单击命令按钮，可以直接执行命令按钮上显示的命令，如图 2-21 中的“确定”和“取消”按钮。

⑦ 选项卡：有些更为复杂的对话框，在有限的空间内不能显示所有的内容，这时就做成了多个选项卡，每个选项卡代表一个主题，不同的主题设置可以在不同的选项卡中来完成，如图 2-21 中的“任务栏”、“「开始」菜单”、“工具栏”选项卡。

⑧ 文本框：文本框是对话框给用户输入信息所提供的位置。如在任务栏上单击鼠标右键，在弹出的快捷菜单中选择“工具栏”→“新建工具栏”命令，弹出如图 2-23 所示的“新工具栏-选择文件夹”对话框，其中的“文件夹”部分即为文本框。

对话框是一种特殊的窗口，它与普通的 Windows 窗口有相似之处，但是它比一般的窗口更加简洁、直观。对话框的大小不可以改变，但同一般窗口一样可以通过拖动标题栏来改变对话框的位置。

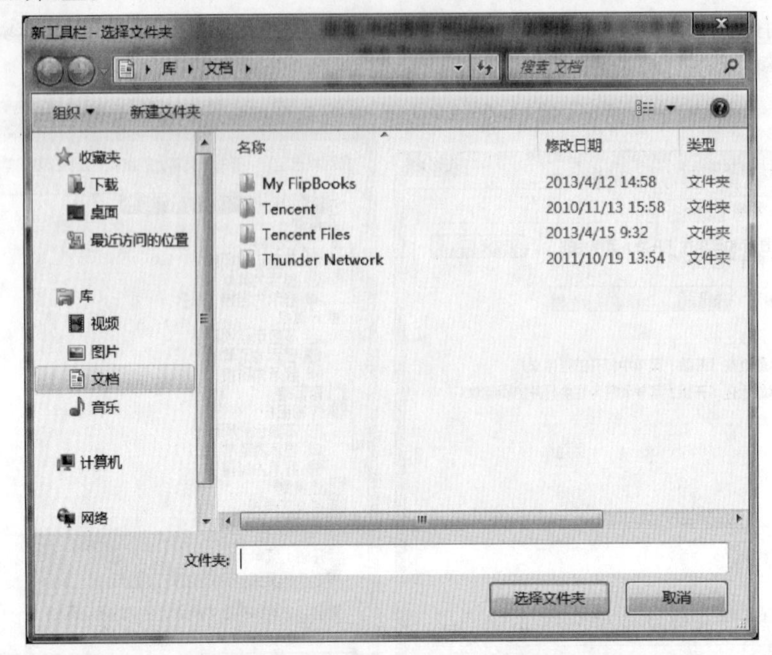

图 2-23 “新工具栏-选择文件夹”对话框

▶▶ 任务四　Windows 7 菜单与帮助系统

任务内容

- Windows 7 菜单和帮助系统的使用方法。

任务要求

- 了解 Windows 7 菜单的表式意义和基本操作，了解帮助系统的使用方法。

一、菜单

菜单主要用于存放各种操作命令，要执行菜单上的命令，只需单击菜单项，然后在弹出的菜单中单击某个命令即可执行。在 Windows 7 中，常用的菜单类型主要有子菜单、下拉菜单和快捷菜单，如图 2-24 所示，其中“快捷菜单”是右击一个项目或一个区域时弹出的菜单列表，图 2-24(b)所示为右击 D 盘的快捷菜单。使用鼠标选择快捷菜单中的相应选项，即可对所选对象实现“打开”、“删除”、“复制”、“发送”、“创建快捷方式”等操作。文件夹窗口菜单栏在 Windows 7 环境下默认不显示，为操作方便，用户可设置显示文件夹窗口的菜单栏，方法是：单击“开始”→“计算机”命令，在弹出的窗口中选择“组织”→“布局”→“菜单栏”选项，即可添加菜单栏。操作完成后，此后任何新打开的文件夹窗口都会包含“菜单栏”。

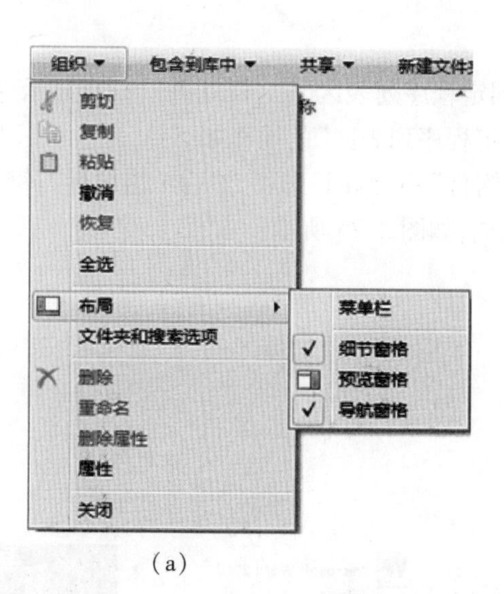

(a)

(b)

图 2-24 Windows 7 中的菜单

1. 菜单中常见的符号标记

在菜单中有一些常见的符号标记，它们分别代表的含义如下：

① 字母标记：表示菜单命令的快捷键。

② ☑ 标记：当选择的某个菜单命令前出现该标记时，表示已将该菜单命令选中并应用了效果。

③ ⊙ 标记：当选择某个菜单命令后，其名称左侧出现该图标，表示已将该菜单命令选中。选择该命令后，其他相关的命令不再起作用。

④ ▶标记：如果菜单命令后有该标记，表示选择该菜单命令将弹出相应的子菜单。在弹出的子菜单中即可选择所需的菜单命令。

⑤ …标记：表示执行该菜单命令后，将打开一个对话框，在其中可进行相关的设置。

2. “开始”菜单的使用

(1) 自定义“开始”菜单

Windows 7 提供了大量有关“开始”菜单的选项，可以选择将那些命令显示在“开始”

菜单上以及如何排列它们。另外,还可以添加针对控制面板、设备和打印机、网络连接以及其他重要工具的选项,同时还可针对所有程序菜单启用或禁用个性化菜单。操作如下:

• 在任务栏和"开始"按钮上单击鼠标右键,在弹出的快捷菜单中选择"属性"命令,打开"任务栏和「开始」菜单属性"对话框,选择"「开始」菜单"选项卡,如图2-21所示。

• 单击"自定义"按钮,打开如图2-22所示的"自定义「开始」菜单"对话框,其中的选项可控制"开始"菜单的常规外观。

(2) 向"固定程序列表区"添加项目

将项目拖放到"开始"菜单的左上角的"固定程序列表区",这样就可以一直显示这些内容,方便操作。如将"画图"程序添加到"固定程序列表区"的操作如下:

① 将鼠标指向"开始"→"所有程序"→"附件"→"画图"选项,然后单击鼠标右键,从弹出的快捷菜单中选择"附到「开始」菜单"选项,如图2-25所示。

图2-25 "附到「开始」菜单"命令

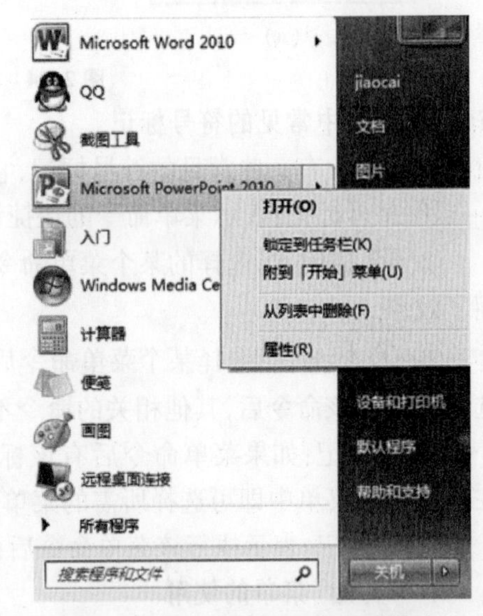

图2-26 "从「开始」菜单解锁"命令

② 单击"所有程序"菜单中的"返回"按钮。返回"开始"菜单,可以看到"画图"已经

添加到“固定程序列表区”中了。

③ 当用户不再使用“固定程序列表区”中的程序时，可以将其删除。如删除刚刚添加的“画图”程序：在“固定程序列表区”中选择“画图”选项，单击鼠标右键，在弹出的快捷菜单中选择“从列表中删除”命令即可，如图 2-26 所示。

(3) 在“开始”菜单中添加和删除菜单

添加：将一个快捷方式直接放到“开始”按钮，即可快速地在“开始”菜单中的“固定程序列表区”中添加项目；也可以将该快捷方式从“固定程序列表区”中拖放到“所有程序”的子菜单中。

删除：在待删除项上右击，从弹出的快捷菜单中选择“从列表中删除”或“删除”命令（如果项目的快捷菜单中有此命令的话）即可。

二、Windows 7 的帮助系统

如果用户在 Windows 7 的操作过程中遇到一些无法处理的问题，可以使用 Windows 7 的帮助系统。在 Windows 7 中可以通过存储在计算机中的帮助系统提供十分全面的帮助信息，学会使用 Windows 7 的帮助，是学习和掌握 Windows 7 的一种捷径。

单击 Windows 7 任务栏上的“开始”按钮，在显示的“开始”菜单中选择“帮助和支持”选项，打开如图 2-27 所示的帮助窗口。

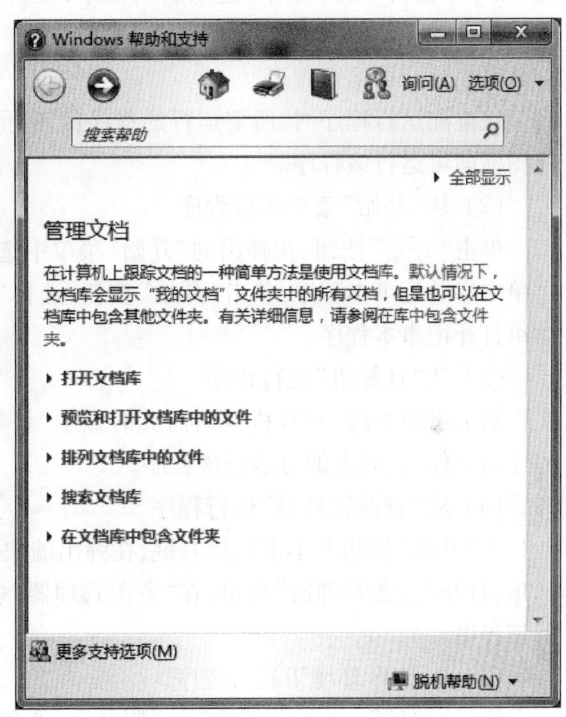

图 2-27　Windows 7 帮助窗口

Windows 7 的帮助窗口打开后，可使用索引和搜索功能得到用户所需要的帮助主题，方法较为简单，在搜索框中输入所需查找内容即可。

许多 Windows 7 对话框窗口右上角有一个带有小问号的按钮，在对话框窗口中单击该小问号按钮，使之处于凹下状态，此时鼠标指针将变为 状态，将鼠标指针移动到一个项目上（可以是图标、按钮、标签或输入框等），然后单击该项目即可得到相应的帮助信息。

▶▶ 任务五　Windows 7 程序管理

任务内容

- Windows 7 的程序管理操作。

任务要求

- 了解 Windows 7 的程序运行方法、切换方法和添加删除程序方法。

管理程序的启动、运行和退出是操作系统的主要功能之一。程序通常是以文件的形式存储在外存储器上。

1. 运行程序

Windows 7 提供了多种运行程序的方法,最常用的有:双击桌面上的程序图标;从“开始”菜单中选择“程序命令”选项启动程序;在资源管理器中双击要运行的程序的文件名启动程序等。

(1) 从桌面运行程序

从桌面运行程序时,所要运行的程序的图标必须显示在桌面上。双击所要运行的程序图标即可运行该程序。

(2) 从“开始”菜单运行程序

单击“开始”按钮,在弹出的“开始”菜单中选择所运行程序的选项即可。如在“开始”菜单中启动记事本程序:单击“开始”按钮,选择“所有程序”→“附件”→“记事本”选项,即可打开记事本程序。

(3) 从“计算机”运行程序

双击桌面上的“计算机”图标,此时显示“计算机”窗口,在打开的窗口中找到待运行程序的文件名,双击即可运行该程序。

(4) 从“资源管理器”运行程序

在“开始”按钮上单击鼠标右键,在弹出的快捷菜单选择“打开 Windows 资源管理器”选项,打开“资源管理器”窗口,在“资源管理器”中找到待运行程序的文件名,双击即可运行该程序。

(5) 在 DOS 环境下运行程序

执行“开始”→“所有程序”→“附件”→“命令提示符”命令,显示如图 2-28 所示的 MS-DOS 方式命令提示符窗口。在 DOS 的提示符下面输入需要运行的程序名,按下回车键即可运行所选程序。DOS 窗口使用完毕后,单击窗口右上角的“关闭”按钮,或在 DOS 提示符下面输入“EXIT”(退出命令)都可以退出 MS-DOS。

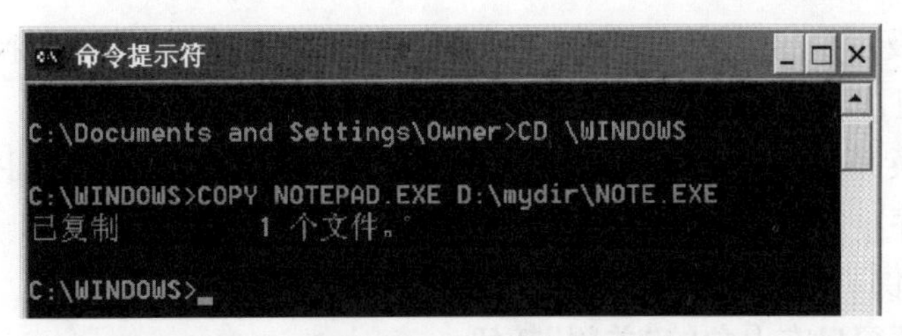

图 2-28 MS-DOS 方式命令提示符窗口

Windows 7 还提供了适用于 IT 专业人员、程序员和高级用户的一种命令行外壳程序和脚本环境 Windows PowerShell：执行“开始”→“所有程序”→“附件”→Windows PowerShell→Windows PowerShell 命令，即可打开该窗口。Windows PowerShell 引入了许多非常有用的新概念，从而进一步扩展了在 Windows 命令提示符中获得的知识和创建的脚本，并使命令行用户和脚本编写者可以利用.NET 的强大功能。也可以理解为 Windows PowerShell 是 Windows 命令提示符的扩展。

2. **切换程序**

在 Windows 7 下可以同时运行多个程序，每个程序都有自己单独的窗口。但只有一个窗口是活动窗口，可以接受用户的各种操作。用户可以在多个程序间进行切换，选择另一个窗口为活动窗口。

① 任务栏切换：所有打开的窗口都会以按钮的形式显示在任务栏上，单击任务栏上所需切换的程序窗口按钮，可以从当前程序切换到所选程序。

② 键盘切换：

• 〈Alt〉+〈Tab〉键：按住〈Alt〉键不放，再按〈Tab〉键即可实现各窗口间的切换。

• 〈Alt〉+〈Esc〉键：按住〈Alt〉键不放，再按〈Esc〉键也可实现各窗口间的切换。

③ 使用任务管理器切换，按下键盘组合键〈Ctrl〉+〈Alt〉+〈Delete〉，或在任务栏上单击鼠标右键，在弹出的快捷菜单上单击“启动任务管理器”，打开如图 2-29 所示的“Windows 任务管理器”窗口，在“Windows 任务管理器”中，可以管理当前正在运行的应用程序和进程，并能查看有关计

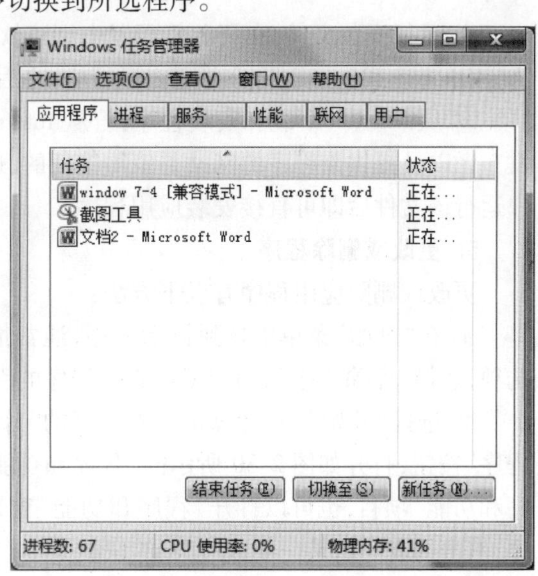

图 2-29 “Windows 任务管理器”窗口

算机性能、联网及用户的信息。在"应用程序"选项卡窗口中单击欲切换的应用程序,单击"切换至"按钮,即可切换到此应用程序。

④ 鼠标切换:鼠标单击后面窗口露出来的一部分也可以实现窗口切换。

3. 退出程序

Windows 提供了以下多种退出程序的方法:

① 单击程序窗口右上角的"关闭"按钮。

② 使用鼠标选择"文件"菜单下的"退出"命令。

③ 使用鼠标选择控制菜单下的"关闭"命令。

④ 双击"控制菜单"按钮。

⑤ 使用鼠标右键单击任务栏上的程序按钮,然后选择快捷菜单中的"关闭窗口"命令。

⑥ 按键盘组合键〈Alt〉+〈F4〉。

⑦ 通过结束程序任务退出程序,在图 2-29 所示窗口中选择待退出的程序,单击"结束任务"按钮,即可退出所选程序。

4. 安装程序

安装应用程序有以下方法:

① 自动执行安装:对于有自动安装程序的软件而言,用户只要单击其中"安装"按钮即可。

② 运行安装文件:在资源管理器中浏览软件所在的软盘或光盘,找到安装程序(通常为 setup. exe 或 install. exe)并双击运行它,之后按提示一步步进行即可。

③ 从 Internet 下载和安装程序:若从 Internet 下载和安装程序,应首先确保该程序的发布者以及提供该程序的网站是值得信任的,通常整套软件会被绑定成一个 exe 文件,用户运行该文件后即可直接安装应用程序。

5. 更改或删除程序

更改或删除应用程序有以下方法:

① 在"开始"菜单中找到目标程序,通常情况下每个程序都会对应一个"删除程序"选项,选择"删除程序",用户根据删除程序的引导就可以完成删除任务。

② 选择"开始"→"计算机",在打开的"计算机"窗口中选择工具栏中的"卸载或更改程序"按钮,打开如图 2-30 所示的"程序和功能"窗口(或者在"控制面板"窗口中单击"程序和功能"项目,也可以打开"程序和功能"窗口)。在该窗口中,列表给出了已安装的程序,右击列表中的某一项,在弹出的快捷菜单中选择"更改"或"卸载"命令。

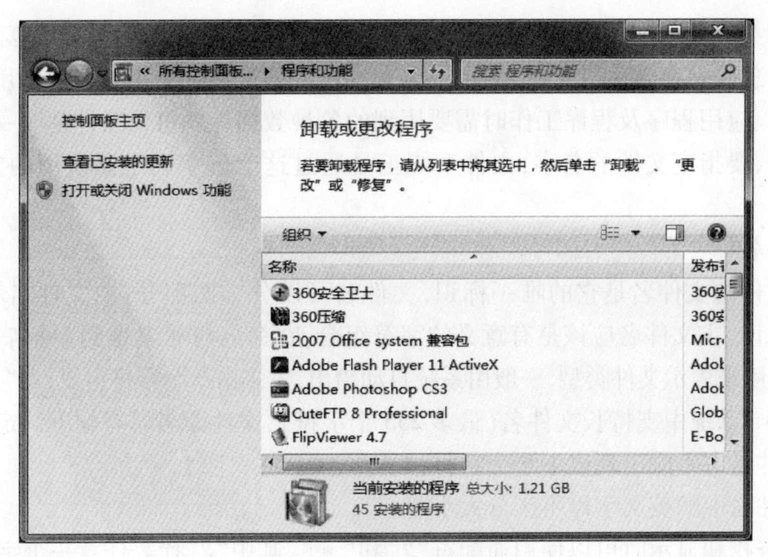

图 2-30 "程序和功能"窗口

提示 删除应用程序最好不要直接从文件夹中删除，因为一方面可能无法删除干净，另一方面可能会导致其他程序无法执行。

2.2 Windows 7 的文件和文件夹管理

在使用计算机的过程中，文件与文件的管理是非常重要的操作，其中主要包括创建、选定、移动、复制、重命名、压缩、删除等。

▶▶ 任务一 文件与文件管理工具

任务内容

- Windows 7 的文件管理方法。

任务要求

- 了解文件和文件夹的规范，了解文件的类型。
- 了解树状目录结构。
- 掌握资源管理器的使用。

一、文件与文件目录概念

一个文件的内容可以是一个可运行的应用程序、文章、图形、一段数字化的声音信号或者任何相关的一批数据等。文件的大小用该文件所包含信息的字节数计算。

外存中总是保存着大量文件,其中很多文件是计算机系统工作时必须使用的,包括各种系统程序、应用程序及程序工作时需要用到的各种数据等。每个文件都有一个名字,用户在使用时,要指定文件的名字,文件系统正是通过这个名字确定要使用的文件保存在何处。

1. 文件名

一个文件的文件名是它的唯一标识,文件名可以分为两部分:主文件名和扩展文件名。一般来说,主文件名应该是有意义的字符组合,在命名时尽量做到“见名知意”;扩展文件名经常用来表示文件类型,一般由系统自动给出,大多由3个字符组成,可“见名知类”。

Windows 系统中支持长文件名(最多255个字符),文件命名时有如下约定:

① 文件名中不能出现以下9个字符:\、|、/、<、>、:、”、?、*。

② 文件名中的英文字母不区分大小写。

③ 在查找和显示时可以使用通配符“?”和“*”,其中“?”代表任意一个字符,“*”代表任意多个字符,如“*.*”代表任意文件,“?a*.txt”代表文件名的第2个字符是字母a且扩展名是txt的一类文件。

文件的扩展名表示文件的类型,不同类型文件的处理是不同的,常见的文件扩展名及其含义如表2-2所示。

表2-2 常用文件扩展名及其含义

文件类型	扩展名	含 义
MS Office 文件	DOC(或 DOCX)、XLS(或 XLSX)、PPT(或 PPTX)	Word、Excel、PowerPoint 文档
音频文件	WAV、MID、MP3	不同格式的音频文件
图像文件	PG、PNG、BMP、JGIF	不同格式的图像文件
流媒体文件	WMV、RMVB、QT	能通过 Internet 访问的流式媒体文件,支持边下载边播放,不必下载完再播放
网页文件	HTM、HTML	网页文件
压缩文件	RAR、ZIP	压缩文件
可执行文件	EXE、COM	可执行程序文件
源程序文件	C、BAS、CPP	程序设计语言的源程序文件
动画文件	SWF	Flash 动画发布文件
文本文件	TXT	纯文本文件
帮助文件	HLP	帮助文件

2. 文件目录结构

操作系统的文件系统采用了树形(分层)目录结构,每个磁盘分区可建立一个树形文件目录。磁盘依次命名为 A、B、C、D 等,其中 A 和 B 指定为软盘驱动器。C 及排在它后面的盘符用于指定硬盘,或用于指定其他性质的逻辑盘,或微机的光盘,连接在网络上或网络服务器上的文件系统或其中某些部分等。

在树形目录结构中,每个磁盘分区上有一个唯一的最基础的目录,称为根目录,其中可以存放一般的文件,也可以存放另一个目录(称为当前目录的子目录)。子目录中存放文件,还可以包含下一级的子目录。根目录以外的所有子目录都有各自的名字,以便在进行与目录和文件相关的操作时使用。而各个外存储器的根目录可以通过盘的名字(盘符)直接指明。

树形目录结构中的文件可以按照相互之间的关联程度存放在同一子目录里,或者存放到不同的子目录里。一般原则是:与某个系统软件或者某个应用工作相关的一批文件存放在同一个子目录里,不同的软件存放于不同的子目录。如果一个软件系统(或一项工作)的有关文件很多,还可能在它的子目录中建立进一步的子目录。用户也可以根据需要为自己的各种文件分门别类建立子目录。如图 2-31 给出了一个目录结构的示例。

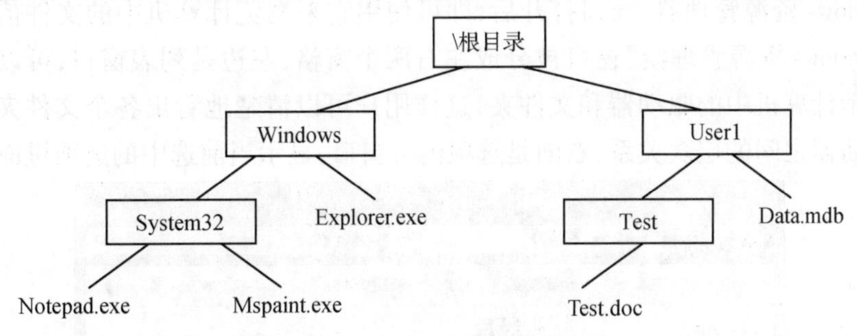

图 2-31　树形目录结构

3. 树形目录结构中的文件访问

采用树形目录结构,计算机中信息的安全性可以得到进一步的保护,由于名字冲突而引起问题的可能性也因此大大降低。例如,两个不同的子目录里可以存放名字相同而内容完全不同的两个文件。

用户要调用某个文件时,除了给出文件的名字外,还要指明该文件的路径名。文件的路径名从根目录开始,描述了用于确定一个文件要经过的一系列中间目录,形成了一条找到该文件的路径。

文件路径在形式上由一串目录名拼接而成,各目录名之间用反斜杠(\)符号隔离。文件路径分为两种:

① 绝对路径:从根目录开始,依次到该文件之前的名称。

② 相对路径:从当前目录开始到某个文件之前的名称。

例如,在图2-31中,文件Mspaint.exe的绝对路径是:C:\Windows\System32。若当前目录为Windows,则文件Mspaint.exe的相对路径为:..\System32(..表示上一级目录)。

二、使用资源管理器

Windows 7中"计算机"与"Windows资源管理器"都是Windows提供的用于管理文件和文件夹的工具,两者的功能类似,其原因是它们调用的都是同一个应用程序Explorer.exe。这里以"Windows资源管理器"为例介绍。

1. 资源管理器窗口

(1) 启动资源管理器

启动资源管理器可以有多种方法:如执行Windows 7的"开始"→"所有程序"→"附件"→"Windows资源管理器"命令;或是右键单击任务栏上的"开始"按钮,在弹出的快捷键菜单中选择"打开Windows资源管理器"命令,都可打开如图2-32所示的"资源管理器"窗口。

"Windows资源管理器"窗口打开后,即可使用它来浏览计算机中的文件信息和硬件信息,"Windows资源管理器"窗口被分成左右两个窗格,左边是列表窗口,可以以目录树的形式显示计算机中的驱动器和文件夹,这样用户可以清楚地看出各个文件夹之间或文件夹和驱动器之间的层次关系:右面是选项内容窗口,显示当前选中的选项里面的内容。

图2-32 "Windows资源管理器"窗口

(2) 收藏夹

收藏夹收录了用户可能要经常访问的位置。默认情况下,收藏夹中建立了三个快捷方式,"下载"、"桌面"和"最近访问的位置"。其中:"下载"指向的是从因特网下载时默认存档的位置;"桌面"指向桌面快捷方式;"最近访问的位置"中记录了用户最近访问过的文件或文件夹所在的位置。当用户拖动一个文件夹到收藏夹时,表示在收藏夹中建立起快捷方式。

(3) 库

库是 Windows 7 引入的一项新功能,其目的是快速地访问用户重要的资源,其实现方式有点类似于应用程序或文件夹的"快捷方式"。默认情况下,库中存在 4 个子库,分别是:视频库、图片库、文档库和音乐库,其分别链向当前用户下的"我的视频"、"我的图片"、"我的文档"和"我的音乐"文件夹。当用户在 Windows 提供的应用程序中保存创建的文件时,默认的位置是"文档库"所对应的文件夹,从 Internet 下载的视频、图片、网页、歌曲等也会默认分别存放到相应的这 4 个子库中。用户也可以在库中建立"链接"链向磁盘上的文件夹,具体做法是:在目标文件夹上单击鼠标右键,在弹出的快捷菜单中选择"包含到库中"命令,在其子菜单中选择希望加到哪个子库中即可。通过访问这个库,用户可以快捷地找到其所需的文件或文件夹。

(4) 文件夹标识

如果需要使用的文件或文件夹包含在一个主文件夹中,那么必须将其主文件夹打开,然后将所要的文件夹打开。文件夹图标前面有"▷"标记,则表示该文件夹下面还包含子文件夹,可以直接通过单击这一标记来展开这一文件夹;如果文件夹图标前面有"◢"标记,则表示该文件下面的子文件夹已经展开。如果一次打开的文件夹太多,资源管理器窗口中显得特别杂乱,所以使用后的文件夹,可单击文件夹前面或上面的"◢"标记将其折叠。

(5) 快捷方式

在图 2-32 所示的窗口中,可以看到有些图标的左下角有一个小箭头,这样的图标代表快捷方式,通过它可以快速启动所对应的应用程序。

注意 快捷方式图标被删除并不表示删除它所对应的应用程序,只是无法用此方式启动该应用程序而已。

2. 查看显示方式

选择"Windows 资源管理器"窗口中"查看"菜单选项,可以更改文件窗口和文件夹内容窗口(文件列表窗口)中项目图标的显示方式和排列方式。

(1) 查看显示方式

在“Windows资源管理器”中，可以使用两种方法重新选择文件窗口中的项目图标的显示方式：

• 从“查看”菜单中改变文件窗口中项目图标的显示方式。

选择“资源管理器”窗口菜单栏上的“查看”菜单，显示查看下拉菜单。根据个人的习惯和需要，在“查看”菜单中可以将项目图标的排列方式选择为：超大图标、大图标、中等图标、小图标、列表、详细信息、平铺和内容八种方式之一。

• 使用“查看”选项按钮，选择文件列表窗口中的项目图标显示方式。

单击工具栏中的“查看”按钮，显示列表菜单。在显示的查看方式列表菜单中，可以根据需要选择项目图标的显示方式。

(2) 排列图标文件列表窗口中的文件图标

同“计算机”窗口一样，在“Windows资源管理器”窗口中，执行“查看”→“排列方式”命令，显示“排列图标”选项的级联菜单，可以根据需要改变图标的排列方式。

▶▶ 任务二　管理文件和文件夹

任务内容

• 文件和文件夹的基本操作。

任务要求

• 熟练掌握文件和文件夹的基本操作，包括文件和文件夹的选定、创建、复制、移动、删除、搜索、重命名、属性设置、创建快捷方式等。

• 了解文件和文件夹的压缩和解压缩操作。

一、选择文件或文件夹

选择操作是移动、复制、删除等操作的前提，下面介绍文件或文件夹选定的方法。

1. 选择一个文件或文件夹

用鼠标单击该文件或文件夹。

2. 选择多个连续文件或文件夹

在“Windows资源管理器”文件列表或“计算机”窗口中选择多个连续排列的文件或文件夹，方法有两种：

(1) 按住〈Shift〉键选择多个连续文件

单击第一个要选择的文件或文件夹图标，使其处于高亮选中状态，按住〈Shift〉键不放，单击最后一个要选择的文件或文件夹，即可将多个连续的对象一起选中，如图2-33所示。松开〈Shift〉键，即可对所选文件进行操作。

图 2-33　选择多个连续文件

（2）使用鼠标框选择多个连续的文件

在第一个或最后一个要选择的文件外侧按住鼠标左键，然后拖动出一个虚线框将所要选择的文件或文件夹框住，松开鼠标，文件或文件夹将被高亮选中。

（3）选择多个不连续文件或文件夹

按住〈Ctrl〉键不放，依次单击要选择的其他文件或文件夹。将需要选择的文件全部选中后，松开〈Ctrl〉键即可进行操作。如图 2-34 所示为选中多个不连续文件。

图 2-34　选择多个不连续文件

二、创建文件夹

在 Windows 中，有些文件夹是

在安装时系统自动创建的,不能随意地向这些文件夹中放入其他文件夹或文件,当用户要存入自己的文件时,可以创建自己的文件夹,创建文件夹的方法有很多种。

1. 在桌面创建文件夹

在桌面空白处单击鼠标右键,在弹出的快捷菜单中执行“新建”→“文件夹”命令,将新建一个名为“新建文件夹”的文件夹于桌面上。此时新建文件夹的名字为“新建文件夹”,其文字处于选中状态,可以根据需要输入新的文件夹名,输入后按键盘上的〈Enter〉键,或单击鼠标,则文件夹创建并命名完成。

2. 通过“计算机”或“Windows 资源管理器”创建文件夹

打开“计算机”(或“Windows 资源管理器”)窗口,选择创建文件夹的位置。例如,要在D盘上新建一文件夹,双击D盘将其打开,然后执行“文件”→“新建”命令;或在D盘文件列表的空白处单击鼠标右键,在弹出的快捷菜单中执行“新建”→“文件夹”命令,创建并命名文件夹。

三、移动、复制、删除文件或文件夹

1. 移动文件或文件夹

为了更好地管理计算机中的文件,经常需要调整一些文件或文件夹的位置,将其从一个磁盘(或文件夹)移动到另一个磁盘(或文件夹)。移动文件或文件夹的方法相同,都有很多种,以下是几种常用的移动方法:

(1) “剪切”和“粘贴”的配合使用

选中需要移动的文件或文件夹,执行菜单栏上的“编辑”→“剪切”命令,将选中的文件或文件夹剪切到剪贴板上,然后将目标文件夹打开,执行菜单栏上的“编辑”→“粘贴”命令,将所剪切的文件或文件夹移动到打开的文件中。

提示 该方法还可以通过快捷菜单的“剪切”和“粘贴”的快捷键〈Ctrl〉+〈X〉和〈Ctrl〉+〈V〉来实现。

(2) 用鼠标左键拖动要移动的文件或文件夹

按下〈Shift〉键的同时按住鼠标左键拖动所要移动的文件或文件夹到要移动的目标处,松开鼠标,即可将所选文件或文件夹移动到目标处。

(3) 用鼠标右键拖动要移动的文件或文件夹

按住鼠标右键拖动所要移动的文件或文件夹到要移动到的目标处(此时目标处的文件夹的文件名将被高亮选中),松开鼠标,显示如图2-35所示的快捷菜单,选择快捷菜单中的“移动到当前位置”命令,即可将所选文件或文件夹移动到目标处。

(4) 使用菜单选项移动文件和文件夹

选择欲移动的文件或文件夹。执行菜单栏上的“编辑”→“移动到文件夹”命令,弹出如图2-36所示的“移动项目”对话框,在该对话框中,打开目标文件夹,单击“移动”按钮即可。

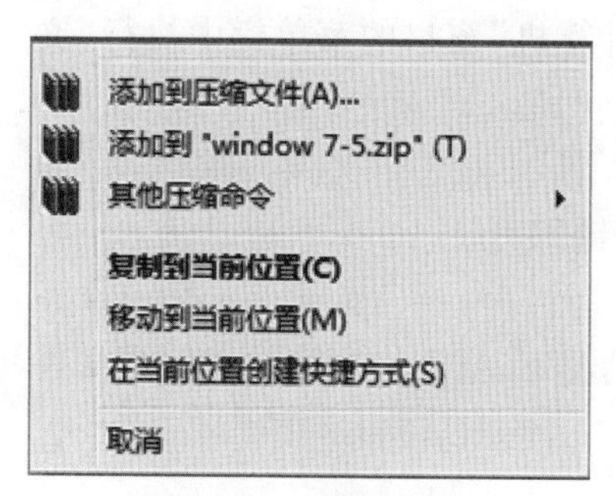

图2-35　快捷菜单

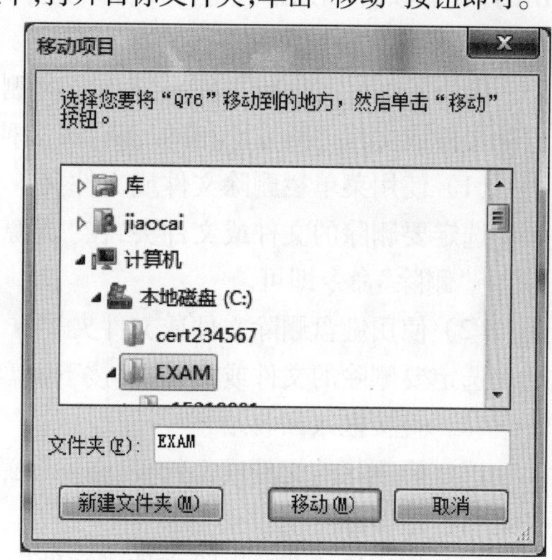

图2-36　“移动项目”对话框

2. 复制文件或文件夹

有时为了避免数据丢失,要将一个文件从一个磁盘(或文件夹)复制到另一个磁盘(或文件夹)中,以作备份。同移动文件一样,复制文件或文件夹的方法相同,都有很多种,以下是几种常用的复制方法:

(1)“复制”和“粘贴”的配合使用

选中需要复制的文件或文件夹,执行菜单栏上的“编辑”→“复制”命令,将选中的文件或文件夹复制到剪贴板上,然后将其目标文件夹打开,执行菜单栏上的“编辑”→“粘贴”命令,将所复制的文件或文件夹复制到打开的文件夹中。

提示　该方法还可以通过快捷菜单中的“复制”和“粘贴”命令或快捷键〈Ctrl〉+〈C〉和〈Ctrl〉+〈V〉来实现。

(2)用鼠标左键拖动要复制的文件或文件夹

按下〈Ctrl〉的同时按住鼠标左键拖动所要复制的文件或文件夹到目标位置,松开鼠标,即可将所选文件或文件夹复制到目标处。

(3)用鼠标右键拖动要复制的文件或文件夹

按住鼠标右键拖动所要复制的文件或文件夹到目标位置(此时目标处的文件夹的文件名将被高亮选中),松开鼠标,显示如图2-35所示的快捷菜单,选择快捷菜单中的“复制到当前位置”命令,即可将所选文件或文件夹复制到目标处。

(4)使用菜单选项复制文件和文件夹

选择要复制的文件或文件夹。执行菜单栏上的“编辑”→“复制到文件夹”命令,在弹出的“复制项目”对话框中，打开目标文件夹，单击“复制”按钮即可。

3. 删除文件或文件夹

无用的一些文件或文件夹应该及时删除，以腾出足够的磁盘空间供其他工作使用。删除文件或文件夹的方法相同，都有很多种。

(1) 使用菜单栏删除文件或文件夹

选定要删除的文件或文件夹，在“资源管理器”或“计算机”窗口的菜单栏中执行“文件”→“删除”命令即可。

(2) 使用键盘删除文件或文件夹

选定要删除的文件或文件夹，按下键盘上的〈Delete〉键即可。

(3) 直接拖入回收站

选定要删除的文件或文件夹，在回收站图标可见的情况下，拖动待删除的文件或文件夹到回收站即可。

(4) 使用快捷菜单删除文件或文件夹

选定要删除的文件或文件夹，在其上单击鼠标右键，在弹出的快捷菜单中选择“删除”命令即可。

(5) 彻底删除文件或文件夹

以上删除方式都是将被删除的对象放入回收站，需要时还可以还原。而彻底删除是将被删除的对象直接删除而不放入回收站，因此无法还原。其方法是：选中将要删除的文件或文件夹，按下键盘组合键〈Shift〉+〈Delete〉，显示如图 2-37 所示的提示信息，单击“是”按钮，即可将所选文件或文件夹彻底删除。

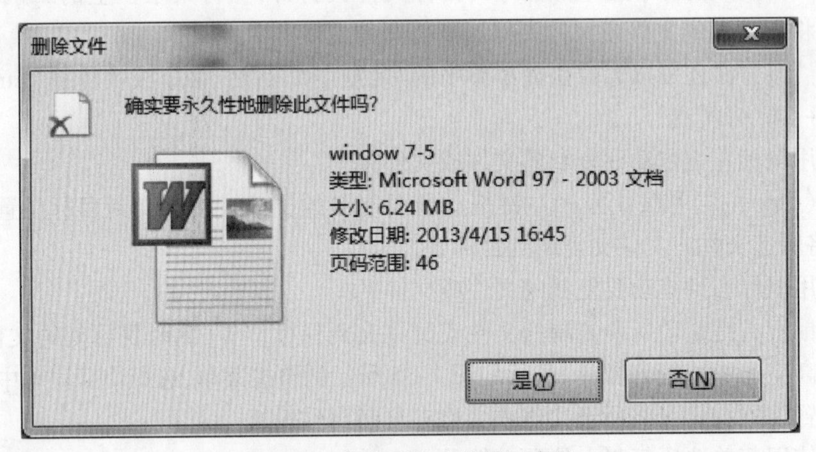

图 2-37 彻底删除文件提示窗口

四、搜索和重命名文件或文件夹

1. 搜索文件或文件夹

如果计算机中的文件或文件夹过多，当用户在使用其中某些文件时，短时间内有可能找不到，这时可以使用 Windows 7 的搜索功能，帮助用户快速搜索到要使用的文件或文件夹。

（1）使用“开始”菜单上的搜索框

用户可以使用“开始”菜单上的搜索框来查找存储在计算机上的文件、文件夹、程序和电子邮件等。

单击“开始”按钮，在“开始”菜单中的“搜索程序和文件”文本框中输入想要查找的信息。例如，想要查找计算机中所有图标信息，在文本框中输入“图标”后，与所输入文本相匹配的项都会显示在“开始”菜单上，如图 2-38 所示。

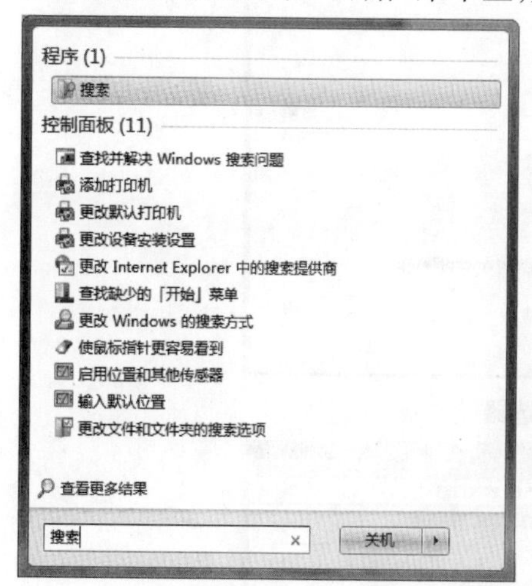

图 2-38 “开始”菜单上的搜索结果

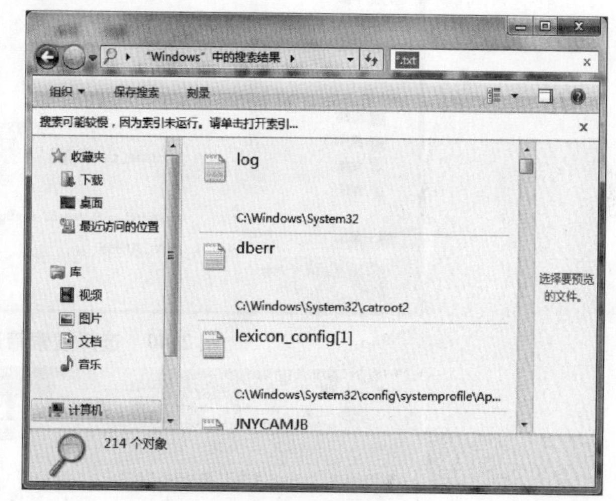

图 2-39 搜索结果

提示 从“开始”菜单进行搜索时，搜索结果中仅显示已建立索引的文件。计算机上的大多数文件会自动建立索引。例如，包含在库中的所有内容都会自动建立索引。索引就是一个有关计算机中的文件的详细信息的集合，通过索引，可以使用文件的相关信息快速准确地搜索想要的文件。

（2）使用文件夹或库中的搜索框

若已知所需文件或文件夹位于某个特定的文件夹或库中，可使用位于每个文件夹或库窗口的顶部的“搜索”文本框进行搜索。

例如，要在 C 盘“Windows”文件夹中查找所有的文本文件，则需首先打开 C 盘上的“Windows”文件夹窗口，在其窗口的顶部“搜索”文本框中输入“ *. txt”，则开始搜索，搜索结果如图 2-39 所示。

如果用户想要基于一个或多个属性来搜索文件，则搜索时可以在文件夹或库的“搜索”文本框中使用搜索筛选器指定属性，从而更加快速地查找指定的文件或文件夹。

例如，在上例中按照“修改日期”来查找符合条件的文件，则需单击图 2-39 所示窗口中的“搜索”文本框，弹出如图 2-40 所示的搜索筛选器，选择“修改日期”，如图 2-41 所示，进行关于日期的设置。

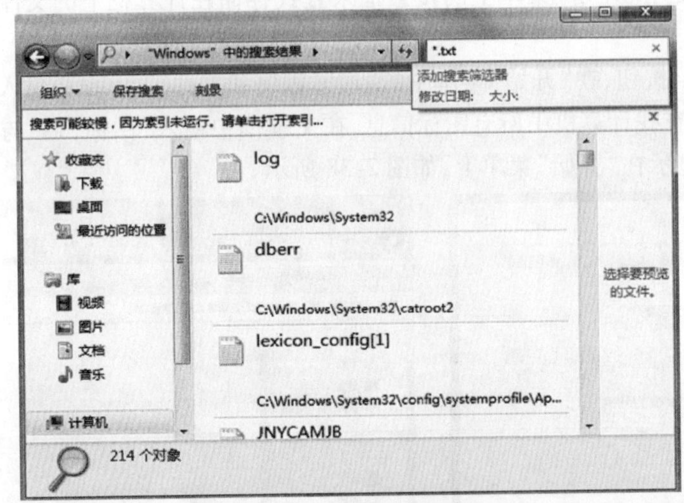

图 2-40　选择搜索筛选器

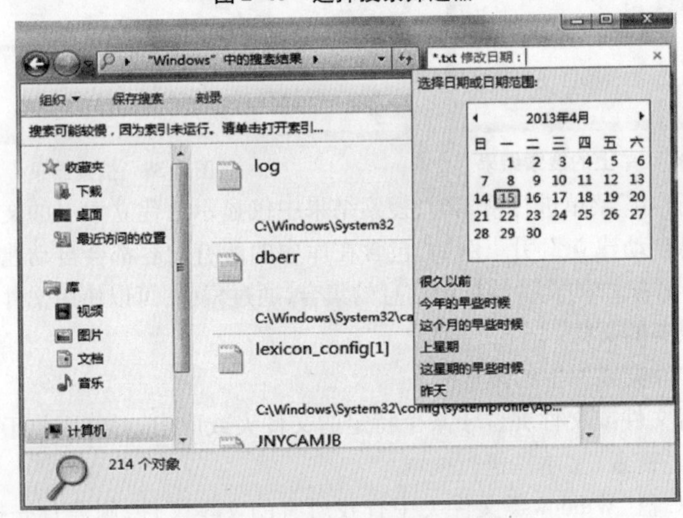

图 2-41　“修改日期”搜索筛选器

提示　搜索时可以使用通配符“ * ”和“?”，搜索筛选器的内容将会随着搜索内容的不同而有所不同，搜索条件可以按组合条件进行。

2. **文件和文件夹的重命名**

在对文件或文件夹的管理中，常常需要对文件或文件夹进行重命名。对文件或文件夹进行重命名可以有很多方法。

(1) 使用"文件"菜单重命名

选择欲重命名的文件或文件夹，执行"文件"→"重命名"命令，所选文件或文件夹的名字将被高亮选中在一个文本框中，如图 2-42 所示。在文本框中输入文件或文件夹的新名称，按下回车键或单击文件列表的其他位置，即可完成对文件或文件夹的重命名。

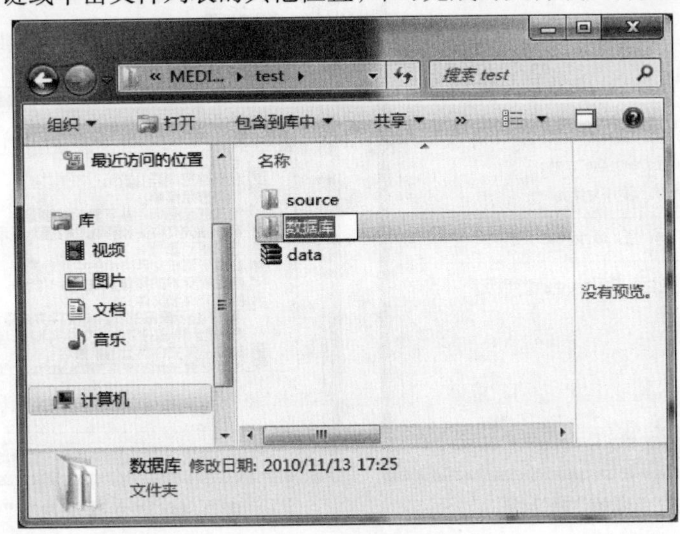

图 2-42 重命名文件夹

(2) 使用快捷菜单重命名

在需要重命名的文件或文件夹上单击鼠标右键，在弹出的快捷菜单中选择"重命名"命令，此时所选文件或文件夹的名字将被高亮选中在一个文本框中，输入新名称，然后按下回车键即可。

(3) 两次单击鼠标重命名

单击需要重命名的文件或文件夹，然后再次单击此文件或文件夹的名称，此时所选文件或文件夹的名字将被高亮选中在一个文本框中，输入新名称，然后按下回车键即可。

五、更改文件或文件夹的属性

在某个文件或文件夹上单击鼠标右键，在弹出的快捷菜单中选择"属性"命令，弹出如图 2-43 所示的该对象的"属性"对话框。该对话框提供了该对象的有关信息，如文件类型、大小、创建时间、文件的属性等。

①“只读”属性:设置为只读属性的文件只能允许读操作,即只能运行,不能被修改和删除。将文件设置为“只读”属性后,可以保护文件不被修改和破坏。

②“隐藏”属性:设置为隐藏属性的文件名不能在窗口中显示。对隐藏属性的文件,如果不知道文件名,就不能删除该文件,也无法调用该文件。如果希望能够在“Window 资源管理器”或“计算机”窗口中看到隐藏文件,可以执行菜单栏上的“工具”→“文件夹选项”命令,在弹出的“文件夹选项”对话框中的“查看”选项卡中进行设置,如图 2-44 所示。

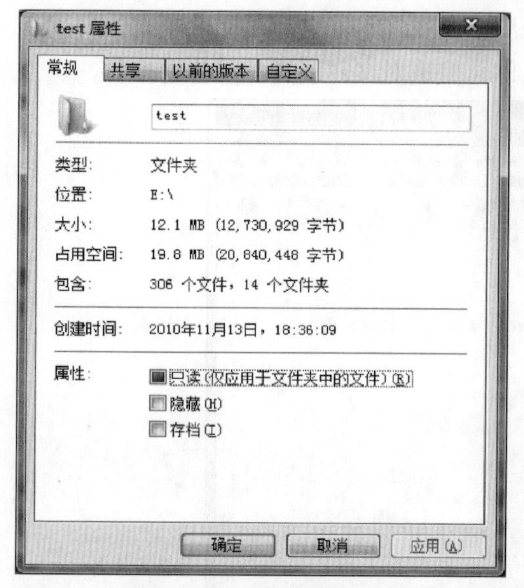

图 2-43 “属性”对话框

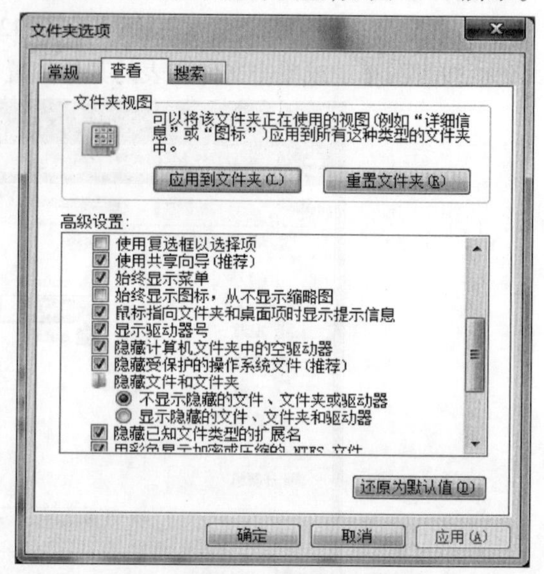

图 2-44 “文件夹选项”对话框

使用“属性”对话框还可以设置未知的类型和文件的打开方式。在选择的文件上单击鼠标右键,在弹出的快捷菜单中选择“属性”命令,单击“更改”按钮,在“打开方式”对话框中选择打开此文件的应用程序。

六、建立快捷方式

为经常使用的文件和文件夹创建快捷方式,可以快速地访问它们。快捷方式并不改变文件或文件夹的位置,只是记录文件或文件夹位置的一个指针,删除、移动或重命名快捷方式并不会影响它代表的文件或文件夹。

在桌面上为 Word 程序建立名为“Word 2010”的快捷方式,可采用以下方法:

(1) 利用创建快捷方式向导

在准备放置快捷方式的文件夹窗口中,选择“文件”菜单中的“新建快捷方式”命令,或在窗口的空白处右击鼠标,从弹出的快捷菜单中选择“新建”→“快捷方式”命令,调出“创建快捷方式”向导,可跟着向导完成创建操作。

操作步骤如下：

① 在桌面空白处右击鼠标，选择“新建”→“快捷方式”。

② 单击“浏览”按钮，在“浏览文件夹”对话框中依次打开 Word 程序所在的磁盘和文件夹，通常是“C:\Program Files\Microsoft Office\Office14”，查找并选定“WINWORD. EXE”文件，“确定”后返回。也可以直接在“请键入项目的位置”文本框中输入 Word 程序的地址和名称。

③ 单击“下一步”按钮，在“键入该快捷方式的名称”对话框中输入“Word 2010”。

④ 单击“完成”按钮，完成操作。

（2）在源文件夹中直接建立

打开对象所在的源文件夹，选中对象，通过“文件”菜单或快捷菜单中的“创建快捷方式”命令，可在本文件夹中建立该对象的快捷方式。需要时，可将该快捷方式复制或移动到其他文件夹中。

操作步骤如下：

① 打开 Word 程序所在的文件夹，查找 WINWORD.EXE 图标。

② 右击该图标，选择“创建快捷方式”命令，创建 Word 程序的快捷方式文件。

③ 选中新建的快捷方式文件，按 < F2 > 键，输入新文件名“Word 2010”。

④ 将该快捷方式文件“剪切”→“粘贴”到桌面。

（3）使用“发送到”命令

右击对象，从快捷菜单中选择“发送到”→“桌面快捷方式”选项，可以直接在桌面上建立该对象的快捷方式。

（4）用鼠标拖动的方法

用鼠标右键将对象拖到目标文件夹后，选择“在当前位置创建快捷方式”命令；用鼠标左键将应用程序图标拖向其他文件夹时，可直接在目标位置创建该程序的快捷方式。

七、压缩、解压缩文件或文件夹

为了节省磁盘空间，用户可以对一些文件或文件夹进行压缩，压缩文件占据的存储空间较少，而且压缩后可以更快速地传输到其他的计算机上，以实现不同用户之间的共享。解压缩的文件或文件夹就是从压缩文件中提取文件或文件夹。Windows 7 操作系统中置入了压缩文件程序。

1. 压缩文件或文件夹

（1）利用 Windows 7 的系统自带的压缩程序对文件或文件夹进行压缩

选择要压缩的文件或文件夹，在该文件或文件夹上单击鼠标右键，在弹出的快捷菜单中执行“发送到”→“压缩(zipped)文件夹”命令,如图 2-45 所示,之后弹出“正在压缩”对话框,进度条显示压缩进度。压缩完毕后对话框自动关闭,此时窗口中显示压缩好的压缩文件或文件夹。该压缩方式生成的压缩文件的扩展名为 ZIP。

(2) 利用 WinRAR 压缩程序对文件或文件夹进行压缩

如果系统安装了 WinRAR,则选择要压缩的文件或文件夹,如果选择“模板”文件夹,在该文件夹上单击鼠标右键,弹出如图 2-46 所示的快捷菜单,选择“添加到‘模板. rar’”命令,之后弹出“正在压缩”对话框,进度条显示压缩进度。压缩完毕后对话框自动关闭,此时窗口中显示压缩好的文件或文件夹。该压缩方式生成的压缩文件的扩展名为 RAR。

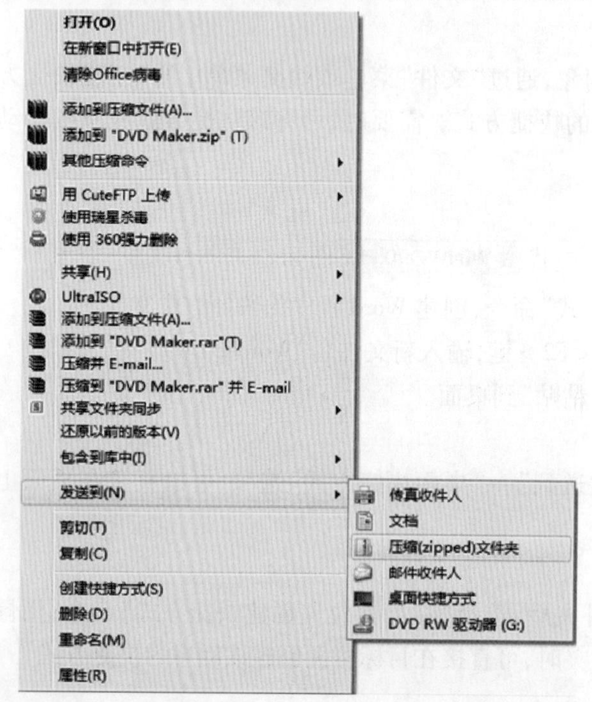

图 2-45 zipped 压缩方式

图 2-46 WinRAR 压缩方式

(3) 向压缩文件夹添加文件或文件夹

压缩文件创建完成后,还可以继续向其中添加新的文件或文件夹。其方法是:将要添加的文件或文件夹放到压缩文件夹所在的目录下,选择要添加的文件或文件夹,按住鼠标左键不放,将其拖至压缩文件,放开鼠标,弹出“正在压缩”对话框,压缩完毕后,需要添加的文件或文件夹就会成功地加入到压缩文件中,双击压缩文件可查看其中的内容。

2. 解压缩文件或文件夹

(1) 利用 Windows 7 的系统自带的压缩程序对文件或文件夹进行解压缩

在要解压的文件上单击鼠标右键，在弹出的快捷菜单中选择“全部提取”选项，弹出“提取压缩(zipped)文件夹”对话框，在该对话框的“选择一个目标并提取文件”部分设置解压缩后文件或文件夹的存放位置，单击“提取”即可。

(2) 利用 WinRAR 压缩程序对文件或文件夹进行解压缩

如果系统安装了 WinRAR，则选择要压缩的文件或文件夹，如果选择“模板. rar”，在该文件夹上单击鼠标右键，在弹出的快捷菜单中选择“解压到当前文件夹”选项即可。

2.3 系统设置

控制面板是用来进行系统设置和设备管理的工具集，使用控制面板可以控制Windows 7 的外观和工作方式。在一般情况下，用户不用调整这些设置选项，也可以根据自己的喜好，进行诸如改变桌面设置、调整系统时间、添加或删除程序、查看硬件设备等操作。

启动控制面板的方法有很多，最简单的是单击“开始”按钮，在弹出的“开始”菜单右侧的“跳转列表区”选择“控制面板”选项，打开如图 2-47 所示的“控制面板”窗口。控制面板中内容的查看方式有三种，分别为“类别”、“大图标”和“小图标”，可通过窗口右上角的下拉列表框来选择不同的显示方式。图 2-47 所示为类别视图显示形式，它把相关的项目和常用的任务组合在一起，以组的形式呈现出来。

图 2-47　控制面板

▶▶ 任务一　外观和个性化设置

任务内容

- Windows 7 的外观个性化设置。

任务要求

- 了解 Windows 7 的个性化设置，包括设置主题、桌面背景、颜色和外观、屏幕保护程序、桌面图标、显示属性等。
- 了解桌面小工具的使用方法。

1. 设置主题

主题决定着整个桌面的显示风格，Windows 7 为用户提供了多个主题选择。在如图 2-47所示的“控制面板”窗口单击“外观和个性化”组，在打开的“外观和个性化”窗口中选择“个性化”选项，打开如图 2-48 所示的“个性化”窗口。也可以在桌面空白处单击鼠标右键，在弹出的快捷菜单中选择“个性化”选项来打开该窗口。

图 2-48 “个性化”窗口

在图 2-48 所示的窗口中部主题区域提供了多个主题选择，如 Aero 主题提供了 7 个不同的主题(可通过移动滚动条来查看)，用户可以根据喜好选择喜欢的主题，选择一个主题后，其声音、背景、窗口颜色等都会随着改变。

主题是一整套显示方案，更改主题后，之前所有的设置，如桌面背景、窗口颜色、声音等元素都将改变。当然，在应用一个主题后也可以单独更改其他元素，如桌面背景、窗口颜色、声音和屏幕保护程序等，当这些元素更改设置完毕后，在图 2-48 所示的“我的主题”下的“未保存的主题”选项上单击鼠标右键，在弹出的快捷菜单中选择“保存主题”命令，打开“将主题另存为”对话框，输入主题的名称，再单击“确定”按钮，即可保存该主题。

2. 设置桌面背景

单击图 2-48 所示的"个性化"窗口下方的"桌面背景"选项,打开如图 2-49 所示的"桌面背景"设置窗口,选择想要作为背景的图案,单击"保存修改"按钮即可。如果不想选择 Windows 7 提供的背景图片,可单击"浏览"按钮,在文件系统或网络中搜索用户所需的图片文件作为背景。可以选择一个图片作为桌面背景,也可选择多个图片创建一个幻灯片作为背景。

图 2-49 "桌面背景"设置窗口

单击图 2-49 中的"图片位置"下拉列表项,可以为背景选择显示选项,其中:

"居中"是将图案显示在桌面背景的中央,图案无法覆盖到的区域将使用当前的桌面颜色;

"填充"是使用图案填满桌面背景,图案的边沿可能会被裁剪;

"适应"是让图案适应桌面背景,并保持当前比例。对于比较大的照片或图案,如果不想看到内容变形,通常可以使用该方式;

"拉伸"是拉伸图案以适应桌面背景,并尽量维持当前比例,不过图案高度可能会有变化,以填充空白区域;

"平铺"是对图案进行重复,以便填满整个屏幕,对于小图案或图标,可以考虑该方式。

Windows 7 提供大量的背景图案,并将这些图案进行了分组。背景图案保存在

Windows\Web\Wallpaper 目录的子文件夹中，每个文件夹对应一个集合。背景图案可以使用.BMP、.GIF、.JPG、.JPEG、.DIB 和.PNG 格式的文件。如果用户要创建新的集合，则只需在 Wallpaper 文件夹下创建子文件夹，并向其中添加文件即可。

3. 设置颜色和外观

Windows Aero 界面是一种增强界面，可提供很多新功能，例如，透明窗口边框、动态预览、更平滑的窗口拖曳、关闭和打开窗口的动态效果等。作为安装过程的一部分，Windows 7会进行性能测试，并检查计算机是否可以满足 Windows Aero 的基本要求，在兼容系统中，Windows 7 默认对窗口和对话框使用 Aero 界面。

单击图 2-48 所示的“个性化”窗口下方的“窗口颜色”选项，打开如图 2-50 所示的“窗口颜色和外观”设置窗口，可对 Aero“颜色方案”、“窗口透明度”和“颜色浓度”三个方面的外观选项进行优化配置。若单击 2-50 所示窗口下部的“高级外观设置”链接，则打开如图 2-51 所示的“窗口颜色和外观”对话框，在“项目”下拉列表框中，可以进一步对诸如桌面、菜单、标题按钮、滚动条等项进行设置。

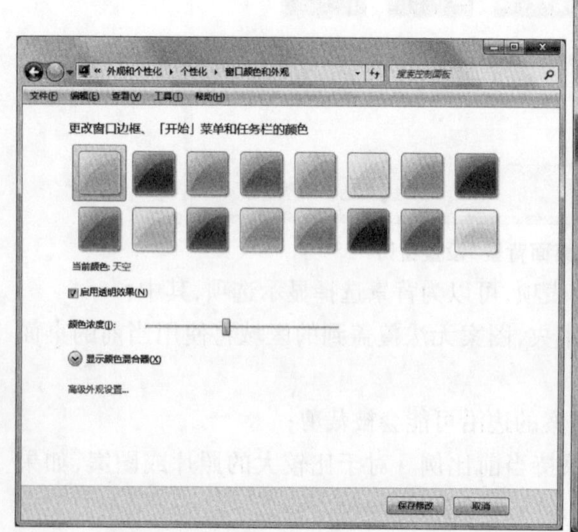

图 2-50 “窗口颜色和外观”窗口

图 2-51 “窗口颜色和外观”对话框

4. 设置屏幕保护

屏幕保护程序是指当用户在指定时间内没有使用计算机时，通过屏幕保护程序可以使屏幕暂停显示或以动画显示，让屏幕上的图像或字符不会长时间停留在某个固定位置上，从而可以减少屏幕的损耗、节省能源并保障系统安全。屏幕保护程序启动后，只需移动鼠标或按键盘上的任意键,即可退出屏幕保护程序。Windows 7 提供了气泡、彩带、三维文字等屏幕保护程序,还可以使用计算机内保存的照片作为屏幕保护程序。

单击图 2-48 所示的“个性化”窗口下方的“屏幕保护程序”链接,打开如图 2-52 所示的“屏幕保护程序设置”对话框,单击“屏幕保护程序”下拉列表框,在其中选择所需的选项,在“等待”数值框中输入启动屏幕保护程序的时间,单击“预览”按钮,可以预览设置后的效果。图 2-52 中的“设置”按钮可以对选择的屏幕保护程序进一步设置,但并不是每个屏幕保护程序都提供了可以设置的选项。若希望在退出屏幕保护程序时能够通过输入密码再恢复屏幕,则可选择“在恢复时显示登录屏幕”复选框,通过登录密码恢复屏幕。设置完相应选项后单击“确定”按钮,屏幕保护程序即可生效。

图 2-52 “屏幕保护程序”设置对话框

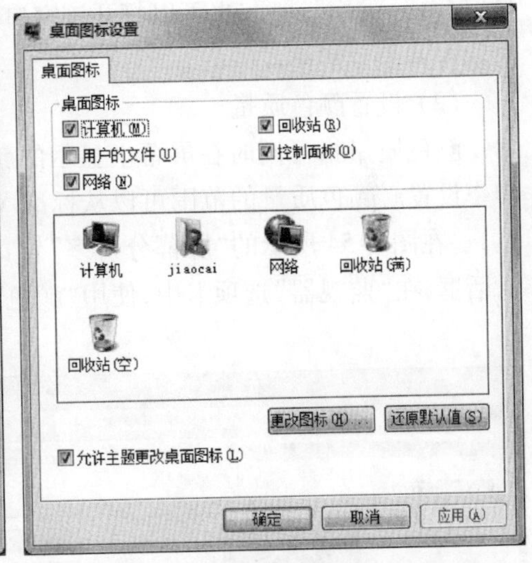

图 2-53 “桌面图标设置”对话框

5. 设置默认桌面图标

默认情况下,只有“回收站”图标会显示在桌面上。为了使用方便,用户往往需要添加一些其他常用图标到桌面上。

在图 2-48 所示的“个性化”窗口左上部选择“更改桌面图标”链接,弹出如图 2-53 所示的“桌面图标设置”对话框。该对话框中的每个默认图标都有复选框,选中复选框可以显示图标,取消复选框可以隐藏图标,选择后单击“确定”按钮即可将该图标显示在桌面或将桌面上的该图标隐藏起来。

提示 在桌面空白处单击鼠标右键,在弹出的快捷菜单中执行“查看”→“显示桌面图标”命令，可将桌面的图标全部隐藏；再次执行该命令，又可以将桌面图标全部显示出来。

个性化设置中还可以有一些其他的设置，如图 2-48 中的“更改鼠标指针”链接可以设置鼠标的指针方案；“更改帐户图片”链接可以设置显示在欢迎屏幕和“开始”菜单上的图片；“声音”链接可以设置声音方案和选择启动程序事件时的声音。

6. 显示设置

(1) 设置屏幕分辨率

屏幕分辨率指组成显示内容的像素总数，设置不同的分辨率，屏幕上的显示效果也不一样，一般分辨率越高，屏幕上显示的像素越多，相应的图标也就越大。在图 2-47 所示的“控制面板”窗口执行“外观和个性化”→“显示”→“调整屏幕分辨率”命令，打开如图 2-54所示的“屏幕分辨率”窗口（在桌面空白处单击鼠标右键，在弹出的快捷菜单中选择“屏幕分辨率”选项，也可以打开该窗口），在该窗口中通过拖动“分辨率”下拉列表中的滑块可调整分辨率。

(2) 设置颜色质量

颜色质量指可同时在屏幕上显示的颜色数量，颜色质量在很大程度上取决于屏幕分辨率设置。颜色质量的范围可以从标准 VGA 的 16 色，一直到高端显示器的 40 亿色（32 位）。在图 2-54 所示的“屏幕分辨率”窗口选择“高级设置”选项，打开如图 2-55 所示的对话框，在“监视器”选项卡中，使用“颜色”下拉列表可选择颜色质量。

图 2-54 “屏幕分辨率”窗口

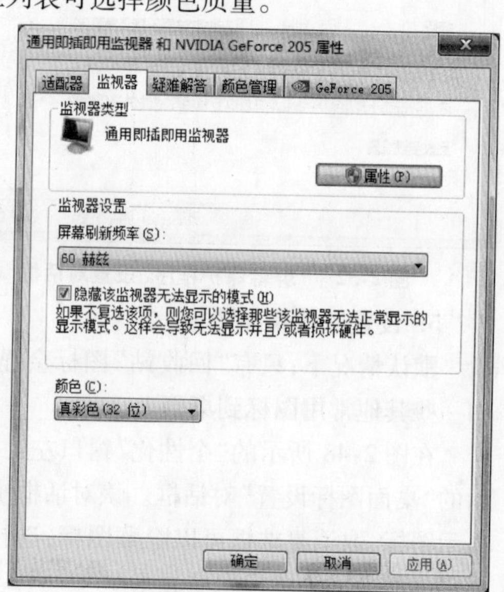

图 2-55 “监视器”选项卡

(3) 设置刷新频率

刷新频率是指屏幕上的内容重绘的速率。刷新频率越高,显示内容的闪烁感就越不明显。人眼对闪烁并不是非常敏感,但过低的刷新率(低于 72Hz)会导致长时间使用后眼睛疲劳的状况,因此选择合适的刷新频率就显得非常重要。在图 2-55 所示的对话框中,使用“屏幕刷新频率”下拉列表可选择所需的屏幕刷新频率。

7. 桌面小工具

Windows 7 为用户提供了一些桌面小工具程序,如“时钟”、“日历”、“天气”等,这些小工具显示在桌面上既美观又实用。在“控制面板”窗口中选择“外观和个性化”→“桌面小工具”组,打开如图 2-56 所示的“桌面小工具”窗口(通过在桌面快捷菜单或“开始”菜单中选择相应的选项,也可以打开该窗口),窗口中列出了一些实用的小工具,这些小工具可以卸载、还原,也可以联机获得更多小工具。

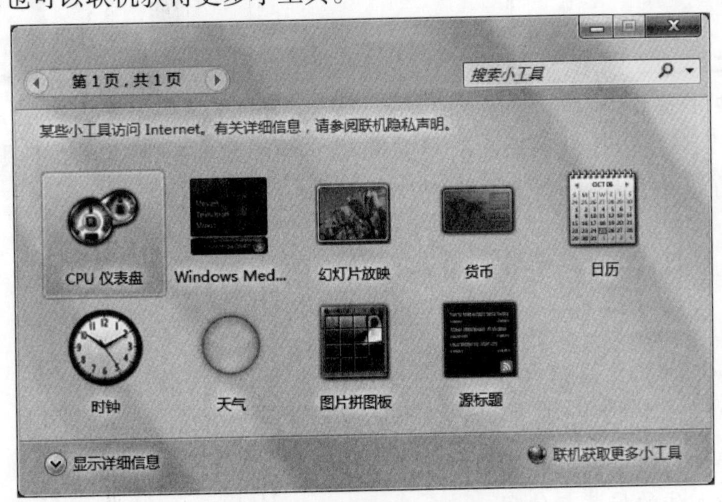

图 2-56 “桌面小工具”窗口

双击需要添加的小工具,即可将其添加到桌面。添加小工具后,还可以对其样式、显示效果等进行设置。例如,双击“时钟”,将其添加到桌面后,在“时钟”上单击鼠标右键,弹出如图 2-57 所示的快捷菜单,其中“前端显示”会使“时钟”显示在其他打开窗口的前端;“不透明度”可以对透明度进行选择;选择“选项”则打开如图 2-58 所示的“时钟”对话框。

单击该对话框中部的左、右箭头可以更改时钟的显示样式:在“时钟名称”文本框中可以输入显示在时钟上的名称;勾选“显示秒针”复选框,可以在时钟上显示秒针。设置完成后单击“确定”按钮,则显示如图 2-59 所示的显示效果。

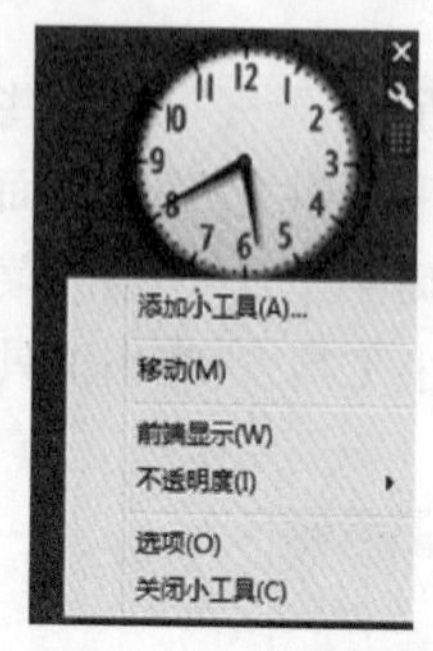
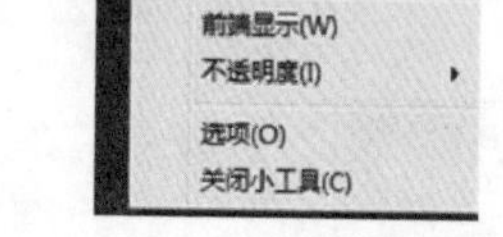

图 2-57 “时钟”快捷菜单

图 2-58 “时钟”对话框

图 2-59 “时钟”显示效果

添加的小工具可以拖放到桌面的任意位置,如果不再需要打开的小工具,可将光标移到小工具上,在该小工具的右侧出现的按钮上,单击按钮即可。

▶▶ 任务二 时钟、语言和区域

任务内容

- Windows 7 的时钟、语言和区域的设置。

任务要求

- 了解 Windows 7 的系统日期和时间的设置。
- 掌握输入法的安装与使用。

1. 设置系统日期和时间

在“控制面板”窗口中单击“时钟、语言和区域”组,在打开的“时钟、语言和区域”窗口中选择“日期和时间”选项,打开如图 2-60 所示的“日期和时间”对话框(或者单击任务栏右下角的时间图标,在弹出的界面中选择“更改日期和时间设置”选项,也可以打开该窗口)。在该窗口中单击“更改日期和时间”按钮,弹出如图 2-61 所示的“日期和时间设置”对话框,在该对话框中设置日期和时间后,单击“确定”按钮即可。

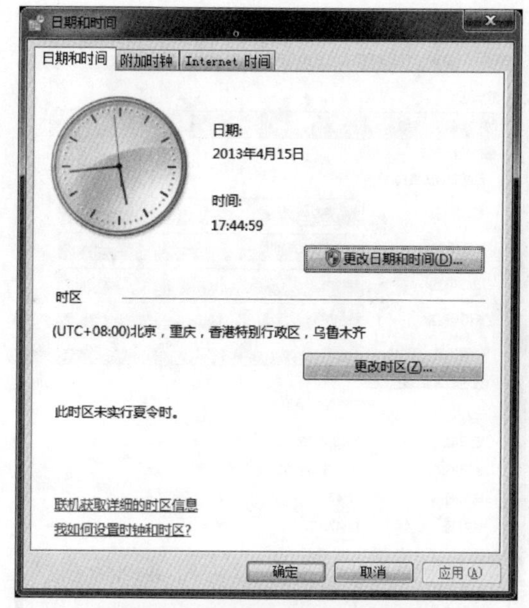

图 2-60 “日期和时间”对话框

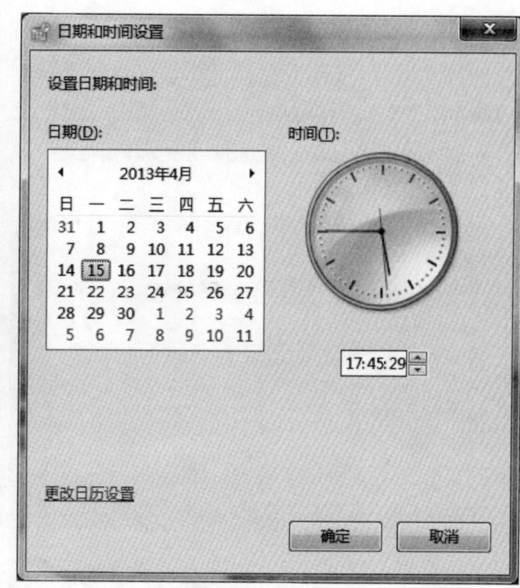

图 2-61 “日期和时间设置”对话框

如果用户需要添加一个或两个地区的时间，可单击“附加时钟”选项卡，弹出如图 2-62所示的对话框。在该对话框中选择“显示此时钟”复选框，然后再选择需要显示的时区，还可以在“输入显示名称”文本框中为该时钟设置名称。设置后，当鼠标单击任务栏的时间后将显示设置效果。

2. 设置时区

在图 2-60 所示的对话框中单击“时区”区域中的“更改时区”按钮，可以打开“时区设置”对话框，在“时区”下拉列表框中可以选择所需的时区。

3. 设置日期、时间或数字

在“控制面板”窗口中单击“时钟、语言和区域”组，在打开的“时钟、语言和区域”窗口中选择“区域和语言”选项，打开如图 2-63 所示的“区域和语言”对话框，在该对话框的“格式”选项卡中可以根据需要来更改日期和时间格式，单击“其他设置”按钮，将打开“自定义”对话框，可进一步对数字、货币、时间、日期等格式进行设置。

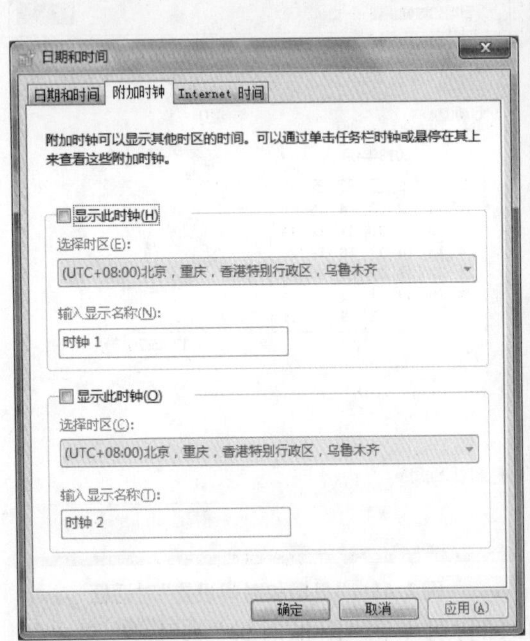

图 2-62 “附加时钟”选项卡

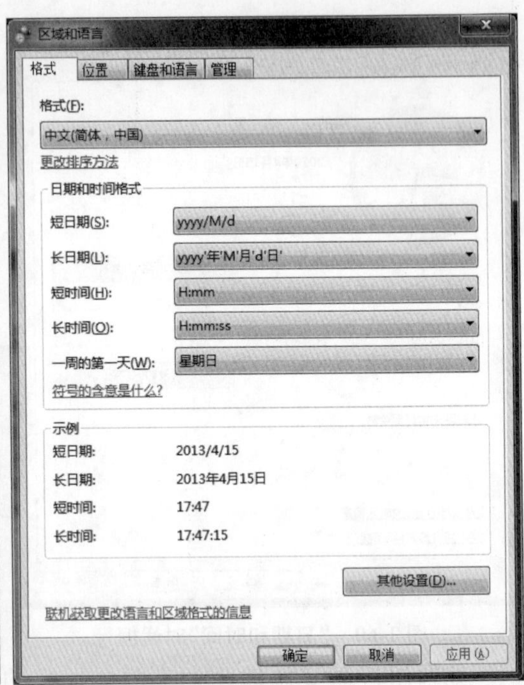

图 2-63 “区域和语言”对话框

4. 设置输入法

虽然 Windows 7 中自带了简体中文和微软拼音等多种汉字输入法，但不是所有的汉字输入法都显示在语言栏的输入法列表中，此时可以通过添加管理输入法将适合自己的输入法显示出来。

(1) 添加 Windows 7 自带的输入法

以添加简体中文全拼输入法为例，在图 2-63 所示的“区域和语言”对话框中选择“键盘和语言”选项卡，单击“更改键盘”按钮弹出如图 2-64 所示的“文本服务和输入语言”对话框，单击“添加”按钮，弹出如图 2-65 所示的“添加输入语言”对话框。在该对话框中选中“简体中文全拼(版本 6.0)”复选框，单击“确定”按钮，返回“文本服务和输入语言”对话框，在“已安装的服务”列表框中将显示已添加的输入法，如图 2-66 所示。

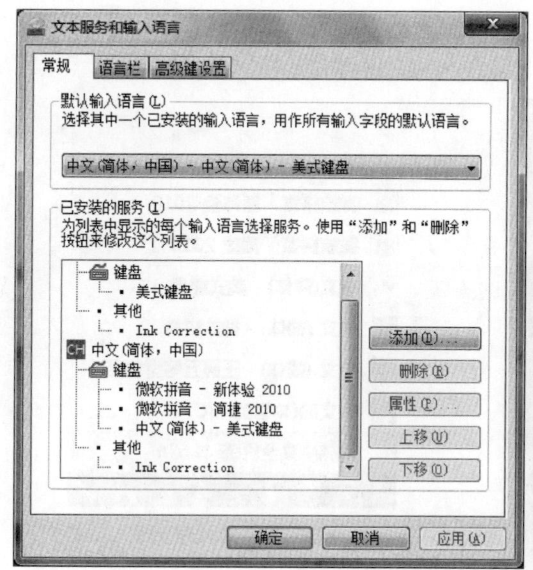

图 2-64 “文本服务和输入语言”对话框

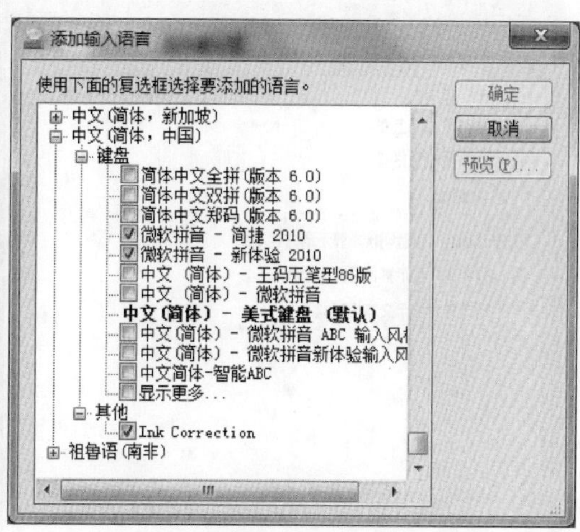

图 2-65 “添加输入语言”对话框

(2) 删除 Windows 7 自带的输入法

以删除简体中文全拼输入法为例，在图 2-66 中选择“已安装的服务”列表框中的“简体中文全拼(版本 6.0)”，单击右侧的“删除”按钮，然后单击“确定”按钮即可删除该输入法。

除了系统自带的汉字输入法外，用户还可以从网上下载一些使用比较广泛的汉字输入法安装到系统中。

(3) 语言栏设置

单击图 2-66 所示对话框中的“语言栏”选项卡，在图 2-67 所示的对话框中可以设置输入法状态栏。

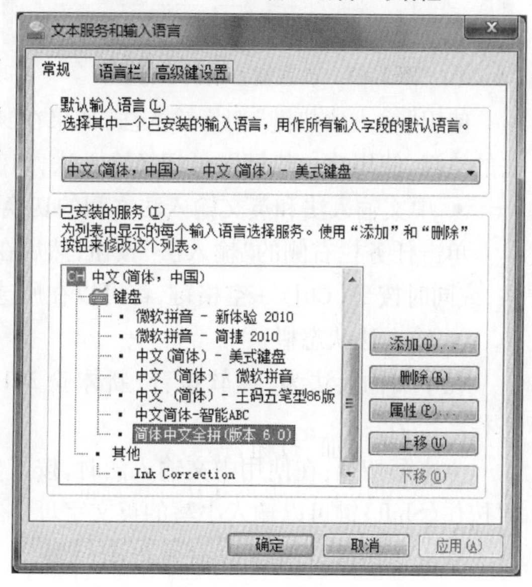

图 2-66 添加了全拼输入法的对话框

(4) 切换输入法

在将自己喜欢使用的中文输入法安装完毕后，用户就可以选择自己喜欢使用的输入法输入中文了。

- 各种输入法切换

使用“‘输入法列表’菜单”切换输入法：单击任务栏右侧的“输入法”按钮，将显示安装的所有“输入法列表”菜单，如图 2-68 所示，单击“输入法列表”菜单中需要切换到的输入法即可。

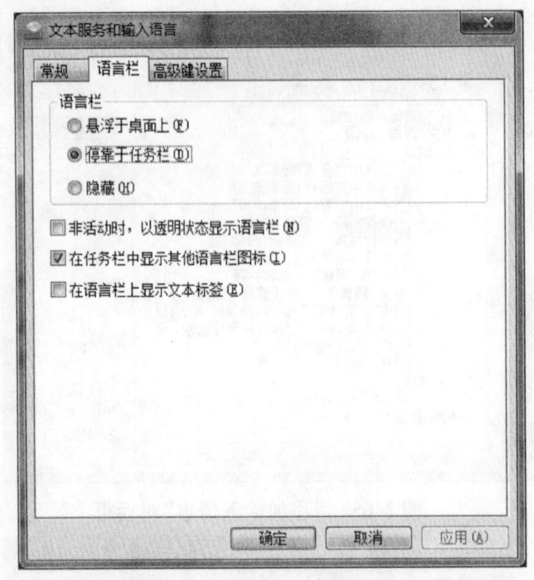

图 2-67　设置输入法的状态栏

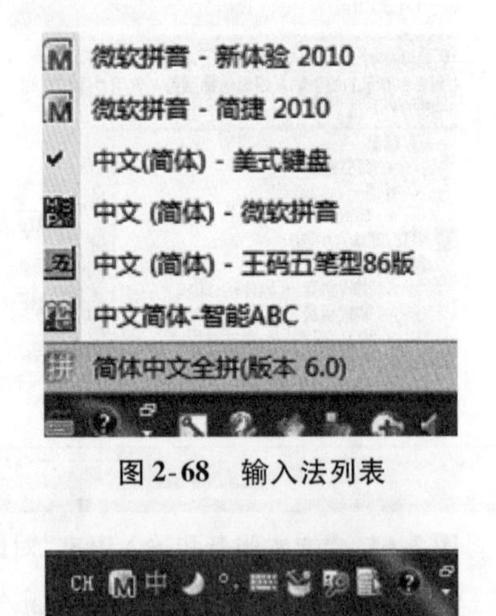

图 2-68　输入法列表

图 2-69　输入法状态栏

使用“输入法热键”切换输入法：如果在“输入法区域设置”对话框中设置了切换输入法的热键，使用这一热键即可切换输入法，如〈Ctrl〉+〈Shift〉。

- 中文输入法和英文输入法之间的切换

单击任务栏右侧的“输入法”按钮，然后在显示的“输入法列表”菜单中选择英文输入法，或同时按下〈Ctrl〉+空格键，都可以在所选的中文输入法和英文输入法之间切换。

- 输入法状态栏

在中文输入法为“微软拼音-新体验 2010”状态时，显示如图 2-69 所示的输入法状态栏。

大小写切换：在使用中文输入法时，按下〈Caps Lock〉键可以输入大写的英文字母，此时按住〈Shift〉键可以输入小写的英文字母。

全半角切换：在输入法状态栏中， 按钮用于切换全角和半角字符输入，该按钮显示为 状态时，可以输入半角字符，单击半角字符 按钮，此按钮将变化为全角字符 按钮，此时可以输入全角字符。

中文标点和英文标点之间的切换：单击输入法任务栏全角、半角切换按钮右侧的 按钮，可以切换中文标点和英文标点，当此时按钮显示为 状态时，可以输入英文标点符号,显示为 [icon] 状态时,可以输入中文标点符号。

▶▶ 任务三 硬件设置

任务内容

- Windows 7 的硬件设置方法。

任务要求

- 了解 Windows 7 的硬件安装与卸载(以鼠标和打印机为例)。

1. 硬件的安装与卸载

计算机硬件通常可分为即插即用型和非即插即用型两种。即插即用型硬件有移动磁盘、鼠标、键盘、摄像头等,都不需要安装驱动程序,直接连接即可使用。其卸载方法都很简单,一般情况下直接拔掉硬件即可(或者单击任务栏通知区域的 [icon] 图标,在弹出的菜单中选择“弹出设备”命令)。非即插即用硬件有打印机、扫描仪等,则需要安装相应的驱动程序,且这部分硬件最好是安装厂家提供的驱动程序,以降低故障发生的概率。

Windows 7 对设备的支持有了很大的改进。通常情况下,当连接设备到计算机时,Windows 会自动完成对驱动程序的安装,这时不需要人工干预,安装完成后,用户可以正常地使用设备,否则,需要手工安装驱动程序。手工安装驱动程序有两种方法:

① 如果硬件设备带安装光盘或可从网上下载到安装程序,然后按照向导来进行安装。

② 如果硬件设备未提供用来安装的可执行文件,但提供了设备的驱动程序(无法自动安装程序),则用户可手动安装驱动程序。方法是:在“控制面板”窗口中单击“硬件和声音”组,在打开的“硬件和声音”窗口中执行“设备和打印机”→“设备管理器”命令,打开如图 2-70 所示的“设备管理器”窗口;在计算机名称上单击鼠标右键,在弹出的快捷菜单中选择“添加过时硬件”选项,在弹出的“欢迎使用添加硬件向导”对话框中按向导引导完成设备的添加。

如果要卸载硬件,可在图 2-70 所示的“设备管理器”窗口中选择需要卸载的设备,在其上单击鼠标右键,在弹出的快捷菜单中选择“卸载”选项,即

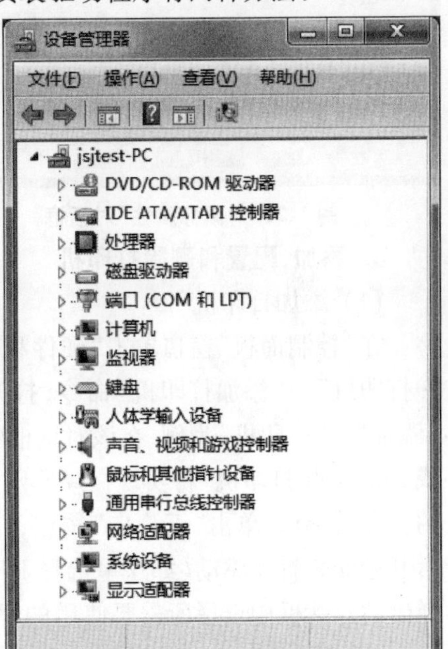

图 2-70 “设备管理器”窗口

可完成该设备的卸载。

2. 设置鼠标

在“控制面板”窗口中单击“硬件和声音”组，在打开的“硬件和声音”窗口中执行“设备和打印机”→“鼠标”命令，打开如图 2-71 所示的“鼠标属性”对话框。其中：“鼠标键”选项卡可以设置鼠标主要和次要按钮的切换（以选择符合左手或右手习惯），改变双击速度和设定单击锁定属性；“指针”选项卡可以为鼠标设置不同的指针方案；“指针选项”选项卡可以设置指针的移动速度、是否显示指针轨迹等属性；“滑轮”选项卡可以设置鼠标滑轮垂直滚动或水平滚动的距离。

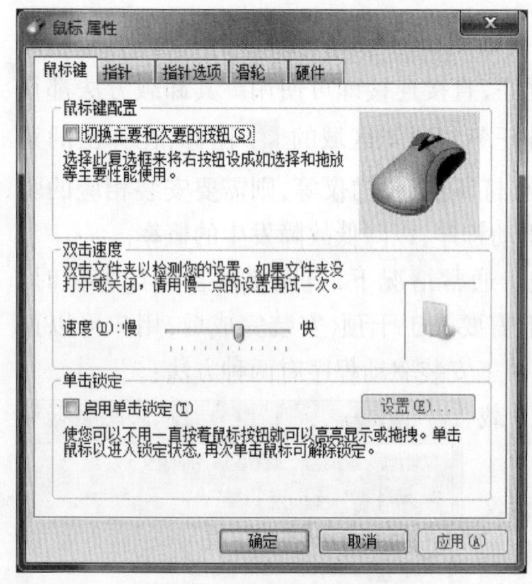

图 2-71 “鼠标属性”对话框

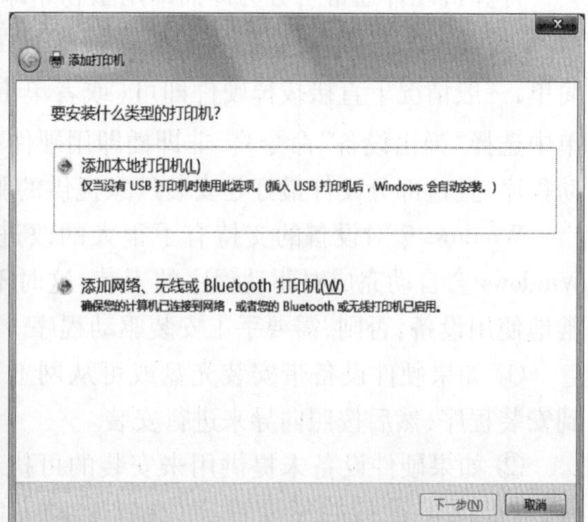

图 2-72 “添加打印机”对话框

3. 添加、配置和删除打印机

（1）添加打印机

在“控制面板”窗口单击“硬件和声音”组，在打开的“硬件和声音”窗口中执行“设备和打印机”→“添加打印机”命令，打开如图 2-72 所示的“添加打印机”对话框。这里以“添加本地打印机”为例，在该对话框中选择“添加本地打印机”（若选择“添加网络、无线或 Bluetooth 打印机”将实现在局域网中安装打印机），然后进入端口选择页面，选择所需的打印机端口，单击“下一步”按钮，在弹出的对话框中选择某一厂商的某一打印机型号后开始安装打印驱动（如这里选择 HP LaserJet 3390/3392 PCL5），单击“下一步”按钮，在弹出的对话框中选择所需要使用的驱动器程序版本（选择“使用当前已安装的驱动器程序（推荐）”），单击“下一步”按钮，输入打印机名后单击“下一步”开始安装，结果如图 2-

73 所示,单击“完成”即可。安装完成后,会在“设备和打印机”窗口中显示已安装好的打印机,如图 2-74 所示。

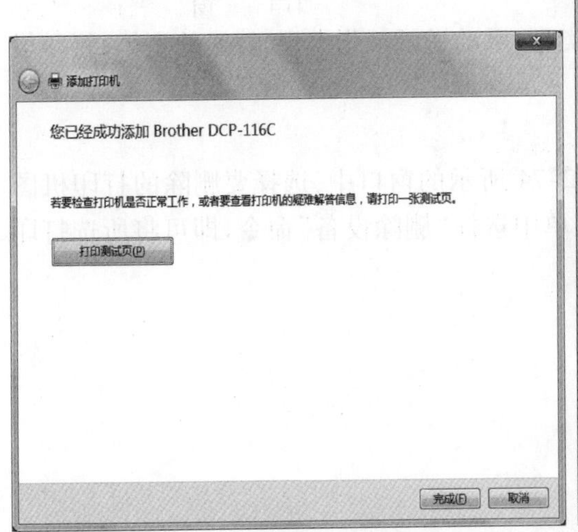

图 2-73 “添加打印机”界面

图 2-74 已安装好的打印机

(2) 配置打印机

在安装打印机之后,需要对所安装的打印机进行配置。简单的打印机只有很少的设置或根本没有设置,而激光打印机则有很多硬件和软件设置选项。

在“控制面板”窗口中选择要配置的打印机图标,在其上单击鼠标右键,在弹出的快捷菜单中选择“打印机属性”命令,弹出如图 2-75 所示的“打印机属性设置”对话框,如这里选择的是 HP LaserJet 3390/3392 PCL5。

常规:可以设置打印机的位置和打印测试页。

共享:可以设置当前打印机是否共享,也可以更改打印机的驱动程序。

端口:添加、配置和删除打印机的端口。

图 2-75 打印机属性设置对话框

高级:设置可使用此打印机的时间、优先级,更改驱动程序,设置后台打印以及管理器、分隔页等。

安全:可以设置各个用户的使用权限。

设备设置:可以设置纸张输入盒的纸张类型、手动送纸纸张类型、替换的字体、打印机内存等项。

(3) 删除打印机

删除一个已安装的打印机很简单,在图 2-74 所示的窗口中,选择要删除的打印机图标后,在其上单击鼠标右键,在弹出的快捷菜单中选择"删除设备"命令,即可将所选打印机删除。

▶▶ 任务四　磁盘管理

任务内容

- Windows 7 的磁盘管理方法。

任务要求

- 了解驱动器和磁盘属性。

单击"开始"→"计算机"选项,打开如图 2-76 所示的"计算机"窗口(在"Windows 资源管理器"窗口的左窗口中选择"计算机"也可以打开此窗口)。

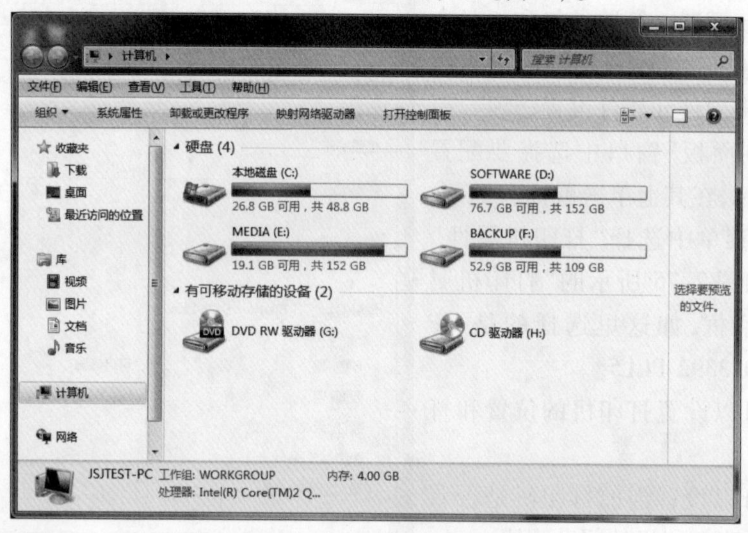

图 2-76　"计算机"窗口

1. 驱动器

驱动器就是读取、写入和寻找磁盘信息的硬件。在 Windows 系统中,每一个驱动器都使用一个特定的字母表示出来。一般情况下,驱动器 A、B 为软驱,使用它可以在插入的软盘中存储和读取数据,驱动器 C 通常是计算机中的硬盘,如果计算机中外挂了多个硬盘或一个硬盘划分出多个分区,那么系统将把它们标识为 D、E、F 等;如果计算机有光驱,一般最后一个驱动器标识就是光驱,如图 2-76 中 G、H 为光驱。

2. 查看磁盘信息

从"计算机"窗口可以看出,使用"计算机"窗口类似于使用"Windows 资源管理器",可以以图标的形式查看计算机中所有的文件、文件夹和驱动器等。

(1) 通过"计算机"窗口打开文件

单击"开始"→"计算机"项,打开"计算机"窗口,双击文件所在的驱动器或硬盘,如果所要浏览的文件存储在驱动器或硬盘的根目录下,双击文件图标即可;如果所要浏览的文件存储在驱动器或硬盘的根目录下的一个文件夹中,则先双击文件夹将文件夹打开,然后双击文件图标打开所要使用的文件。

(2) 排列"计算机"窗口中的图标的显示方式和排列顺序

在"计算机"窗口中,用户完全可以根据实际的需要来选择项目图标的显示和排列方式,方法同"Windows 资源管理器"一样,此处不再赘述。

3. 查看磁盘属性

在图 2-76 中的 D 盘上单击鼠标右键,在弹出的快捷菜单中选择"属性"项,打开"本地磁盘(D:)属性"对话框,如图 2-77 所示。在"属性"对话框的各个选项卡中,可以查看磁盘类型、文件系统、已用空间、可用空间和总容量,进行修改磁盘卷标、查错、碎片整理、设置共享和磁盘配额等操作。

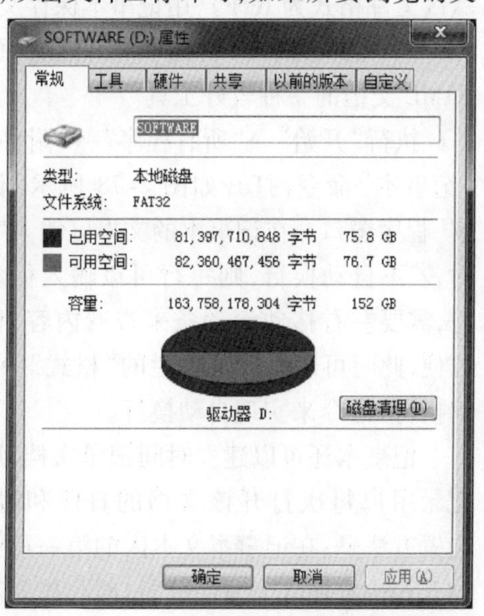

图 2-77 "本地磁盘(D:)属性"对话框

2.4 使用附件

Windows 7 的附件中自带了非常实用的工具软件,如记事本、写字板、画图、便笺、计算器、截图工具、照片查看器等。即便计算机中没有安装专用的应用程序,通过附件中的工具软件,也能够满足日常的文本编辑、绘图、计算、图片浏览等需求。

▶▶ 任务一 使用记事本、画图和计算器

任务内容

- Windows 7 的附件使用方法。

任务要求

- 了解 Windows 7 附件中记事本、画图和计算器的使用方法。

1. 记事本

记事本是一个基本的文本编辑器,用于纯文本文件的编辑,默认文件格式为 TXT。记事本编辑功能没有写字板强大(使用写字板输入和编辑文件的操作方法同 Word 类似,其默认文件格式为 RTF),用记事本保存文件不包含特殊格式代码或控制码,记事本可以被 Windows 的大部分应用程序调用,常被用于编辑各种高级语言程序文件,并成为创建网页 HTML 文档的一种较好工具。

执行"开始"→"所有程序"→"附件"→"记事本"命令,打开如图 2-78 所示"记事本"程序窗口。在记事本的文本区输入字符时,若不自动换行,则每行可以输入很多字符,需要左右移动滚动条来查看内容,很不方便,此时可以通过菜单栏的"格式"→"自动换行"命令来实现自动换行。

图 2-78 "记事本"程序窗口

记事本还可以建立时间记录文档,用于记录用户每次打开该文档的日期和时间。设置方法是:在记事本文本区的第一行第一列开始位置输入大写字母"LOG",按回车键即可。以后每次打开该文件时,系统会自动在上一次文件结尾的下一行显示打开该文件的系统日期和时间,达到跟踪文件编辑时间的目的。当然,也可以通过执行"编辑"→"时间/日期"命令,将每次打开该文件时的系统日期和时间插入文本中。

2. 画图

这是一款图形处理及绘图软件,利用该程序可以手工绘制图像,也可以对来自扫描仪或数码相机的图片进行编辑修改,并在编辑结束后用不同的图形文件格式保存。

执行"开始"→"所有程序"→"附件"→"画图"命令,打开如图 2-79 所示的"画图"程序窗口,该窗口的主要组成部分如下:

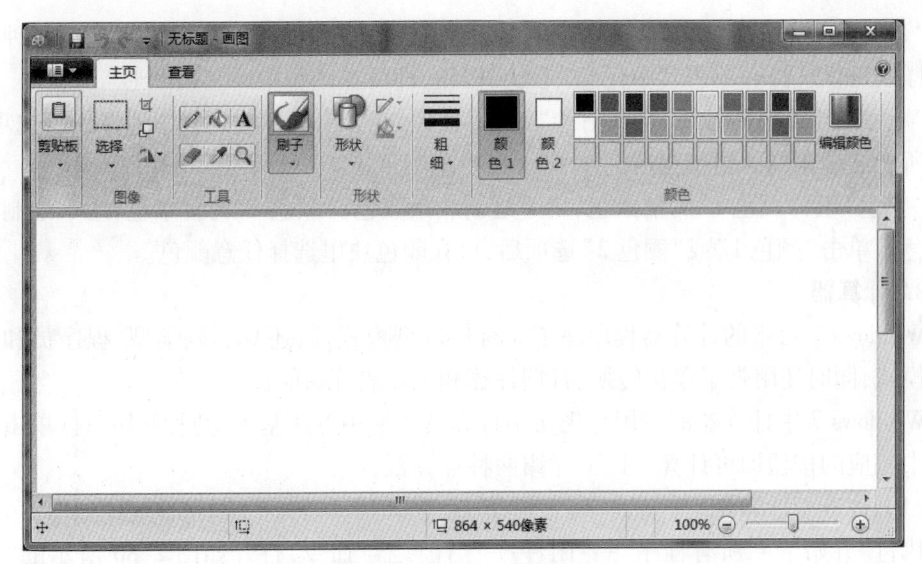

图 2-79 “画图”程序窗口

标题栏:位于窗口的最上方,显示标题名称,在标题栏上单击鼠标右键,可以打开“窗口控制”菜单。

“画图”按钮:提供了对文件进行操作的命令,如新建、打开、保存、打印等。

快速访问工具栏:提供了常用命令,如保存、撤销、重做等,还可以通过该工具栏右侧的“向下”按钮来自定义快速访问工具栏。

功能选项卡和功能区:功能选项卡位于标题栏的下方,将一类功能组织在一起,其中包含“主页”和“查看”两个选项卡,图 2-79 中显示的是“主页”选项卡中的功能。

绘图区:该区域是画图程序中最大的区域,用于显示和编辑当前图像效果。

状态栏:状态栏显示的是当前操作图像的相关信息,其左下角显示鼠标的当前坐标,中间部分显示当前图像的像素尺寸,右侧显示图像的显示比例,并可调整。

画图程序中所有绘制工具及编辑命令都集成在“主页”选项卡中,其按钮根据同类功能组织在一起形成组,各组功能如下:

“剪贴板”组:提供“剪切”、“复制”、“粘贴”命令,方便编辑。

“图像”组:根据选择物体的不同,提供“矩形”或“自由选择”等方式,还可以对图像进行剪裁、重新调整大小、旋转等操作。

“工具组”:提供各种常用的绘图工具,如铅笔、颜色填充、插入文字、橡皮擦、颜色吸取器、放大镜等,单击相应按钮即可使用相应的工具绘图。

“刷子”组:单击“刷子”选项下的“箭头”按钮,在弹出的下拉列表中,有 9 种刷子格式的刷子选择。单击其中任意的“刷子”按钮,即可使用刷子工具绘图。

“形状”组:单击“形状”选项卡下的“箭头”按钮,在弹出的下拉列表中,有 23 种基本图形样式可供选择。单击其中任意“形状”按钮,即可在画布中绘制该图形。

“粗细”组:单击“粗细”选项下的“箭头”按钮,在弹出的下拉列表中选择任意选项,可设置所有绘画工具的粗细程度。

“颜色”组:“颜色 1”为前景色,用于绘制线条颜色;“颜色 2”为背景色,用于绘制图像填充色。单击“颜色 1”或“颜色 2”选项后,可在颜色块里选择任意颜色。

3. **计算器**

Windows 7 自带的计算器程序除了具有标准型模式外,还具有科学型、程序员和统计信息模式,同时还附带了单位转换、日期计算和工作表等功能。

Windows 7 中计算器的使用与现实中计算器的使用方法基本相同,使用鼠标单击操作界面中相应的按钮即可计算。以下介绍两种计算器。

(1) 标准型计算器

执行“开始”→“所有程序”→“附件”→“计算器”命令,打开如图 2-80 所示的“计算器”程序窗口,计算器程序默认的打开模式为标准型,使用标准型模式可以进行加、减、乘、除等简单的四则混合运算。

图 2-80 标准型计算器

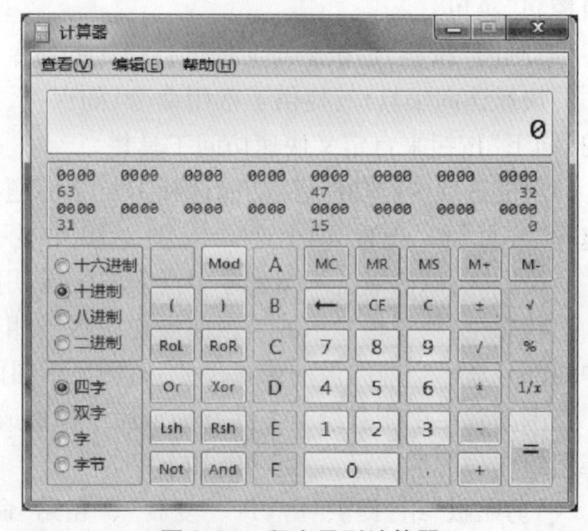

图 2-81 程序员型计算器

需要注意的是,标准型模式中的混合运算只能按照自左而右的优先级运算。例如,求(1 +1) * (5 +5)的值,在标准型模式中因没有括号,因此输入后只能按 1 +1 * 5 +5 的形式自左而右运算并得到运算结果 15,而不是需要的结果 20。

(2) 程序员型计算器

在图 2-80 所示的窗口中执行“查看”→“程序员”命令,打开如图 2-81 所示的程序员型计算器。使用程序员型计算器不仅可以实现进制之间的转换,而且可以进行与、或、非等逻辑运算。例如,将十进制数25转换为二进制,只需在图2-81所示窗口中输入“25”,然后单击单选按钮“二进制”,即可得转换结果11001。

4. **照片查看器**

Windows 照片查看器是 Windows 7 自带的看图工具,是一个集成于系统中的系统组件,不能单独运行,当双击 BMP、JPG、PNG 等图片文件时,系统默认情况下自动使用 Windows 照片查看器打开此图片。例如,打开“图片库”,双击其中的“绿叶白花”图片,打开如图2-82所示的“Windows 照片查看器”窗口。

Windows 照片查看器不具备编辑功能,只能用于浏览已经保存在计算机中的图片。若一个文件夹中存放了多张照片,则可以通过单击“下一个”按钮浏览此文件夹中的下一幅图片;单击“上一个”按钮浏览此文件夹中的上一幅图片;单击“放映幻灯片”按钮,可以放映幻灯片的形式全屏观看图片,并每隔一段时间自动切换到下一张图片。

图 2-82 “Windows 照片查看器”窗口

▶▶ 任务二 连接到投影仪、使用截图工具

任务内容

- Windows 7 的附件使用方法。

任务要求

- 了解连接到投影仪的操作方法,了解截图工具的使用方法。

1. 连接到投影仪

Window 7 为用户提供了简单便捷地将计算机连接到投影仪,以在大屏幕上进行演示的方法。

首先确保投影仪已打开,然后将显示器电缆从投影仪插入计算机上的视频端口,因投影仪使用 VGA 或 DVI 电缆,必须将该电缆插入计算机上的匹配视频端口。虽然某些计算机具有两种类型的视频端口,但大多数便携式计算机只有一种类型的视频端口。也可以使用 USB 电缆将某些投影仪连接到计算机上的 USB 端口。

执行“开始”→“所有程序”→“附件”→“连接到投影仪”命令,弹出如图 2-83 所示的用于选择桌面显示方式的四个选项(其中,“仅计算机”表示仅在计算机屏幕上显示桌面;“复制”表示在计算机屏幕和投影仪上均显示桌面;“扩展”表示将桌面从计算机屏幕扩展到投影仪;“仅投影仪”表示仅在投影仪上显示桌面),选择相应选项即可。

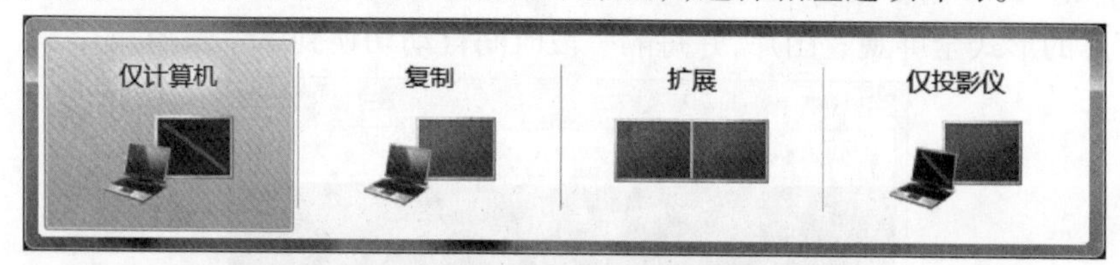

图 2-83　用于选择桌面显示方式的四个选项

也可以通过附件中的“连接到网络投影仪”来通过网络连接到某些投影仪,从而可以通过网络进行演示。当然,这需要投影仪具有该网络功能。

2. 截图工具

Windows 7 自带的截图工具用于帮助用户截取屏幕上的图像,并且可以对截取的图像进行编辑。

执行“开始”→“所有程序”→“附件”→“截图工具”命令,打开如图 2-84 所示的“截图工具”程序窗口,单击“新建”按钮右侧的向下“箭头”按钮,弹出如图 2-85 所示的“截图方式”菜单,截图工具提供了“矩形截图”、“窗口截图”、“任意格式截图”、“全屏幕截图”四种截图方式,可以截取屏幕上的任何对象,如图片、网页等。

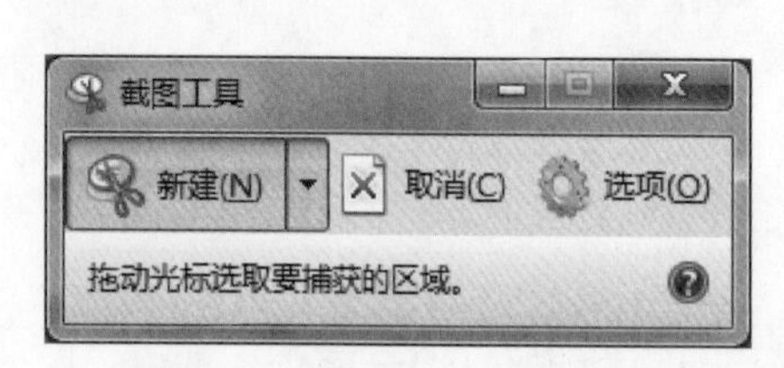

图 2-84　“截图工具”程序窗口

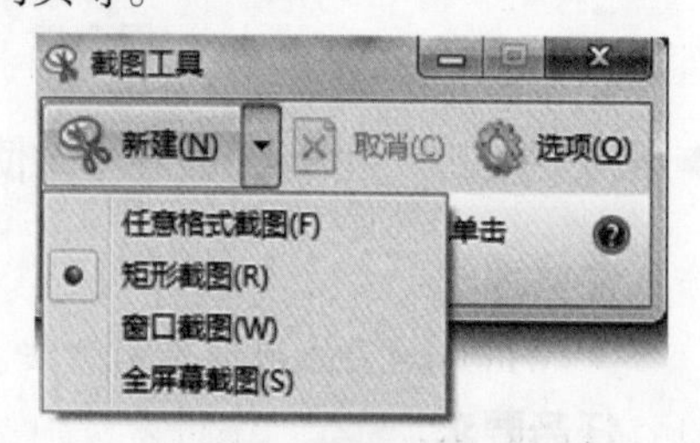

图 2-85　“截图方式”菜单

(1) 矩形截图

- 在图 2-85 所示的菜单中选择“矩形截图”选项,此时,除了截图工具窗口外,屏幕处于一种白色半透明状态。
- 当光标变成“十”字形状时,将光标移到所需截图的位置,按住鼠标左键不放,拖动鼠标,选中框成红色实线显示,被选中的区域变得清晰;释放鼠标左键,打开图 2-86 所示的“截图工具”编辑窗口(此处以截取桌面为例),被选中的区域截取到该窗口中。

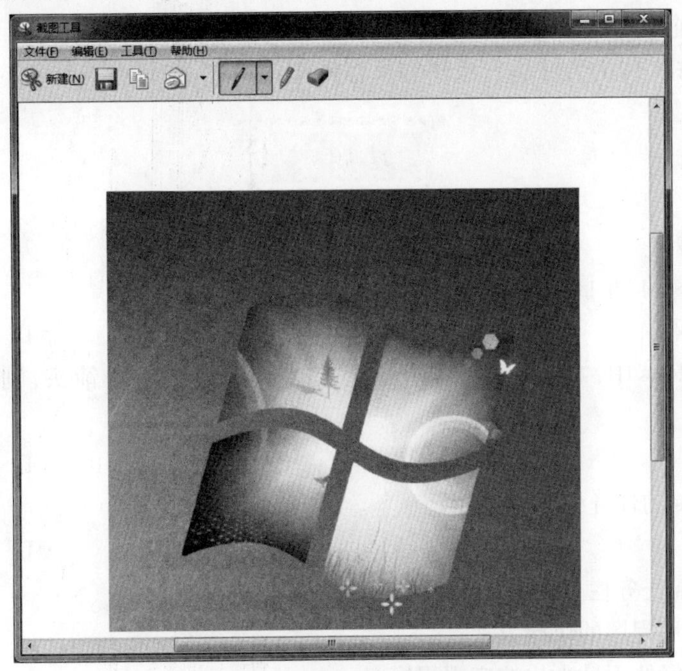

图 2-86 “截图工具”编辑窗口

- 在图 2-86 所示的窗口中可以通过菜单和工具栏,使用“笔”、“橡皮”等对图片勾画重点或添加备注,或将它通过电子邮件发送出去。
- 在图 2-86 所示的窗口中执行“文件”→“另存为”命令,可在打开的“另存为”对话框中对图片进行保存,保存的文件格式为 PNG 格式。

(2) 任意格式截图

在图 2-85 中选择“任意格式截图”选项,此时,除了截图工具窗口外,屏幕处于一种白色半透明状态,光标则变成剪刀形状,按住鼠标左键不放,拖动鼠标,选中的区域可以是任意形状,同样选中框成红色实线显示,被选中的区域变得清晰;释放鼠标左键,被选中的区域截取到“截图工具”编辑窗口中。编辑和保存操作与矩形截图方法一样。

(3) 窗口截图

• 在图2-85所示的菜单中选择“窗口截图”选项，此时，除了截图工具窗口外，屏幕处于一种白色半透明状态。

• 当光标变成小手的形状，将光标移到所需截图的窗口，此时该窗口周围将出现红色边框，单击鼠标左键，打开“截图工具”编辑窗口，被截取的窗口出现在该编辑窗口中。

• 编辑和保存操作与矩形截图方法一样。

（4）全屏幕截图

自动将当前桌面上的所有信息都作为截图内容，截取到“截图工具”编辑窗口，然后按照与矩形截图一样的方法进行编辑和保存操作。

习 题 二

一、选择题

1. Windows 的“桌面”指的是________。

A. 整个屏幕　　B. 全部窗口　　C. 某个窗口　　D. 活动窗口

2. 在 Windows 中，如果桌面上某个图标的左下角有一个小箭头，则通常它是一个________图标。

A. 程序项　　B. 快捷方式　　C. 程序组　　D. 文件夹

3. Windows 的任务栏不可以________。

A. 移动　　B. 隐藏　　C. 删除　　D. 改变大小

4. Windows 任务栏上的快速启动工具栏中列出了________。

A. 部分应用程序的快捷方式

B. 运行中但处于最小化的应用程序名

C. 所有可执行应用程序的快捷方式

D. 已经启动并处于前台运行的应用程序名

5. Windows 具有________功能，即可自动检测新硬件并安装相应的驱动程序。

A. 所见即所得　　B. 多任务　　C. 硬件匹配　　D. 即插即用

6. 在 Windows 中，根据________颜色的变化可区分活动窗口和非活动窗口。

A. 标题栏　　B. 信息栏　　C. 菜单栏　　D. 工具栏

7. 同时打开多个窗口时，当前正在使用的窗口称为________。

A. 有效窗口　　B. 目标窗口　　C. 活动窗口　　D. 运行窗口

8. 在 Windows 中，因窗口空间有限，文本仅显示部分内容，若想屏幕内容翻滚到文档尾部，应按________键。

A. 〈Home〉　　B. 〈Ctrl〉+〈Home〉

C. 〈End〉　　D. 〈Ctrl〉+〈End〉

9. 在 Windows 的菜单中,________菜单命令将引出一个对话框。

A. 菜单栏中的　　B. 有"?"标记的

C. 有"…"标记的　　D. 有"!"标记的

10. 在 Windows 的对话框中,复选框是指列出的多项选择中________。

A. 只可选择一个选项　　B. 可以选择一个或多个选项

C. 必须选择多个选项　　D. 必须选择全部选项

11. 通过剪贴板复制信息,点开"编辑"菜单发现"复制"命令灰化,说明________。

A. 剪贴板中已有其他信息　　B. 该信息没有选中

C. 该信息不能复制　　D. 剪贴板查看程序没有安装

12. 剪贴板是 Windows 在 ________中开辟的一个缓冲区,用来暂时存放处理中的数据。

A. 硬盘　　B. 软盘　　C. 外存　　D. 内存

13. 在 Windows 中,对选中的文本内容,可以利用组合键________将其剪切到剪贴板中。

A. 〈Ctrl〉+〈C〉　　B. 〈Ctrl〉+〈V〉　　C. 〈Ctrl〉+〈X〉　　D. 〈Ctrl〉+〈Z〉

14. 下列关于 Windows"回收站"的叙述错误的是________。

A. "回收站"可以暂时或永久存放硬盘上被删除的信息

B. 放入"回收站"的信息可以恢复

C. "回收站"所占据的空间是可以调整的

D. "回收站"可以存放软盘上被删除的信息

15. 在菜单命令右侧有一个"?"符号,表示该菜单命令________。

A. 可以立即执行　　B. 不可执行

C. 单击后会打开一个对话框　　D. 有下级菜单

16. 菜单命令前面带有符号"?",表示该命令________。

A. 处于有效状态　　B. 执行时有对话框

C. 有若干子命令　　D. 不能执行

17. 下列 Windows 文件名中________是错误的。

A. WindowsHELPfile. 1999. txt　　B. Windows 98\helpfile\1998. doc

C. Windows 98　helpfile. 1998　　D. Windows 98. helpfile. document

18. 运行磁盘碎片整理程序可以________。

A. 增加磁盘的存储空间　　B. 加快文件的读写速度

C. 找回丢失的文件碎片　　D. 整理破碎的磁盘片

19. 在资源管理器窗口中对文件(夹)操作时,下列描述正确的是________。

A. 同一时刻可以选择不同磁盘上的多个文件(夹)

B. 在不同磁盘之间拖放文件(夹)可以完成文件(夹)的移动操作

C. 拖放到回收站中的文件(夹)都可以还原

D. 可以创建任何类型的文件或文件夹的快捷方式

20. 在 Windows 操作系统中,________。

A. 同一文件夹中不允许建立两个同名的文件或文件夹

B. 同一文件夹中可以建立两个同名的文件或文件夹

C. 在不同的文件夹中不允许建立两个同名的文件或文件夹

D. 在根目录下允许建立多个同名的文件或文件夹

21. 在 Windows 资源管理器中,左窗格的某个文件夹图标的前端有"+"标记,则表示________。

A. 该文件夹中有文件但无子文件夹

B. 该文件夹中有子文件夹但无文件

C. 该文件夹中肯定有文件;可能有子文件夹,也可能没有子文件夹

D. 该文件夹中有子文件夹;可能有文件,也可能没有文件

22. 在 Windows 资源管理器中进行文件查找操作,________。

A. 只能对确定的文件名进行查找

B. 可以找到包含某段文字的文件

C. 必须输入所找文件的主文件名和扩展名

D. 只输入文件建立的时间范围是不能进行查找的

23. 在资源管理器中选定某一文件夹,选择"文件"菜单中的删除命令,则________。

A. 只删除文件夹而不删除其内的文件

B. 删除文件夹内的某一程序项

C. 删除文件夹内的所有文件而不删除文件夹

D. 删除文件夹及其所有内容

24. 不能打开控制面板窗口的操作是________。

A. 在桌面上右击"我的电脑"图标,选择"控制面板"

B. 在"开始"菜单的"运行"命令对话框中输入"control"并单击"确定"

C. 在"开始"菜单中选择"控制面板"

D. 在资源管理器窗口的左窗格中单击“控制面板”文件夹

25. 下列有关 Windows 屏幕保护程序的说法不正确的是________。

A. 当用户在指定的时间内没有使用计算机时,屏幕上将出现移动位图和图案

B. 它可以减少屏幕的损耗

C. 它将节省计算机内存

D. 它可以设置口令

26. 在画图程序中要绘制正方形,选用“矩形”工具在绘图区拖动鼠标时按住________。

A. 〈Alt〉　B. 〈Ctrl〉　C. 〈Shift〉　D. 〈Space〉

27. 利用键盘,按________可以实行中西文输入方式的切换。

A. 〈Alt〉+空格键　B. 〈Ctrl〉+空格键

C. 〈Alt〉+〈Esc〉　D. 〈Shift〉+空格键

28. Windows 提供“软键盘”的目的是________。

A. 通过键盘输入时可以省力　B. 采用鼠标输入字符,不再需要键盘

C. 方便输入特殊符号　D. 只是一种摆设

29. 要查找文件:T1. DOC、T2. TXT、TH98. XLS,在搜索时可以代表这些文件的是________。

A. T?. *　B. *. *　C. T*. *　D. T??. *

二、填空题

1. 在 Windows 中,要弹出某文件夹的快捷菜单,可以将鼠标指向该文件夹,然后按__________。

2. Windows 的“回收站”是__________中的一块区域。

3. 在 Windows 中,要想将当前选定的内容存入剪贴板中,可以按__________键。

4. 在 Windows 中,为弹出“显示属性”对话框,可用鼠标右键单击桌面空白处,然后在弹出的快捷菜单中选择__________项。

5. 在 Windows 的“资源管理器”窗口中,为了显示文件或文件夹的详细资料,应使用窗口菜单栏上的__________菜单。

6. 在 Windows 中,删除程序应该通过“控制面板”窗口中的__________选项。

7. 在 Windows 的窗口中,为了使具有系统和隐藏属性的文件或文件夹不显示出来,首先应进行的操作是选择__________菜单中的“文件夹选项”。

8. 在中文 Windows 系统中,为了添加某个中文输入法,应选择__________窗口中的“区域和语言选项”。

9. 添加打印机是通过__________窗口进行的。

10. Windows 中可以对系统设备进行设置管理维护的是__________和__________。

三、简答题

1. 简述剪贴板的用途和使用方法。
2. 简述 Windows 7 回收站的功能和操作。
3. 什么是快捷方式？说明程序的快捷方式与程序的区别。
4. 说明文件扩展名的作用。如果改变文件的扩展名会出现什么后果？
5. 什么是快捷键、快捷菜单？它们和程序菜单有什么关系？

第3章

Word 2010 应用

现在有很多办公自动化软件,国内有红旗公司的红旗 Office、金山公司的 WPS;国外有微软公司的 Office、Lotus1-2-3 软件,SUN 公司的 Star Office 6.0 等。这些办公自动化软件一般都具有数据库处理、文字处理、电子表格、文稿演示、邮件管理和日程管理等功能。

微软公司的 Office 是目前影响最大、使用最广泛的办公自动化软件,它的用途几乎涵盖了办公室工作的各个方面。Office 由多个不同办公信息处理应用程序组件组成,这些应用程序组件的用户界面统一,功能强大,使用方法一致,数据交换途径多,各个应用程序之间还可以协同工作,以实现单个应用程序所无法完成的工作,例如,可以将 Word 中的文档、Excel 中的电子表格,以及 Access 中的数据库合并成一篇演示文稿。利用 Office 及其所携带的工具,可以实现数据处理、文字处理和各种通信功能一体化,从而充分利用设备和人力,最大限度地提高办公效率。

虽然 Office 组件越来越趋向于集成化,但各个组件仍有着比较明确的分工。表 3-1 所示列出了 Office 几个组件的名称和主要用途。

表 3-1 Office 组件用途

组件名称	Office 组件用途
Word 2010	输入、编辑、排版、打印文字文档,进行文字(或文档)的处理,如公函、通知、报告等
Excel 2010	可以进行各种数据的处理、统计分析和辅助决策操作,处理需要计算的数据文档,如成绩表、财务预算表、数据统计报表等,广泛地应用于管理、统计、金融等领域
PowerPoint 2010	制作、编辑演示文稿,常用于讲座、产品展示等幻灯片制作,可有效地帮助用户演讲、教学和产品演示等,更多地应用于企业和学校等单位
Access 2010	进行数据的收集、存储、处理等,实现数据管理
Outlook 2010	进行桌面信息管理,用来收发邮件、个人信息(管理联系人、记日记、安排日程、分配任务、备忘录)等
Sharepoint Designer 2010	用于构建和自定义在 Microsoft SharePoint Foundation 2010 和 Microsoft SharePoint Server 2010 上运行的网站。用户可以创建数据丰富的网页,构建支持工作流的强大解决方案,以及设计网站的外观

Office 2010 是微软公司推出的最新版本的办公软件，它在 Office 2007 版本的基础上增强了部分功能，提供了一些更强大的新功能，改进了 Ribbon（功能区）界面，带来了基于浏览器的 Word、Excel、PowerPoint 作为 Office 网络的应用服务，可以轻松实现在线翻译、屏幕取词、抓图、背景处理等功能，让用户可以在办公室、家里或学校通过计算机、使用基于 Windows Mobile 的 Smartphone 或 Web 浏览器更高效地工作，让工作任务化繁为简，创造出高效率的工作成果。

本教材的第 3 章、第 4 章和第 5 章分别介绍了 Office 2010 的 3 个常用组件 Word 2010、Excel 2010 和 PowerPoint 2010 的使用方法。

文字处理是指利用计算机来编制各种文档，如文章、简历、信函、公文、报纸和书刊等，这是计算机在办公自动化方面一个重要的应用。要使计算机具有文字处理的能力，需要借助于一种专门的软件——文字处理软件，目前我国常用的文字处理软件有 Word、WPS、WordPerfect 等。

Word 2010（以下简称 Word）是微软公司推出的 Microsoft Office 套装软件中的一个组件。它利用 Windows 良好的图形用户界面，将文字处理和图表处理结合起来，实现了“所见即所得”（即在屏幕上见到的与用打印机输出的效果完全相同），易学易用，并设置 Web 工具等。Word 2010 与以往的老版本相比，文字和表格处理功能更强大，外观界面设计得更为美观，功能按钮的布局也更合理，还可以通过自定义外观界面、自定义默认模板、自定义保存格式等操作来进行更改。Word 2010 增添了不少新功能，如导航体验、为文本添加视觉效果，新增的 SmartArt 图形图片布局、新增的艺术效果、插入屏幕截图和利用增强的用户体验等能帮助用户完成更多的工作。

学习目标

- 了解 Word 窗口组成与基本功能。
- 掌握文档的常用编辑方法，如移动、复制、删除、查找与替换，特别是高级替换。
- 掌握文档的排版方法，包括字体、段落、首字下沉、分栏、项目符号、页面设置、边框和底纹、封面设计和打印等。
- 了解文档格式的复制和套用。
- 掌握图文混排方法，包括插入图片、插入艺术字、使用文本框、插入 SmartArt 图形等。
- 掌握表格的制作与编辑方法，包括创建新表格、调整表格的格式、对表格中的数据进行计算及排序操作等。

3.1 Word 基本操作与基本编辑

▶▶任务一　认识 Word

任务内容

- Word 的启动方法。
- Word 窗口的组成。
- Word 的退出方法。

任务要求

- 了解 Word 启动和退出的操作。
- 熟悉 Word 窗口中快速访问工具栏、菜单栏、工具栏的组成和基本操作方法。

一、Word 的启动

在安装了 Office 套装软件后,可通过如下步骤启动 Word:

单击“开始”按钮,从“开始”菜单中选择“所有程序”选项,再选择其级联菜单中的“Microsoft Word”选项,即可启动 Word。当然,还可以在桌面上建立 Word 的快捷方式,这样,就可以直接在桌面上双击 Word 图标来启动它。启动后,屏幕上显示 Word 窗口,如图 3-1 所示。

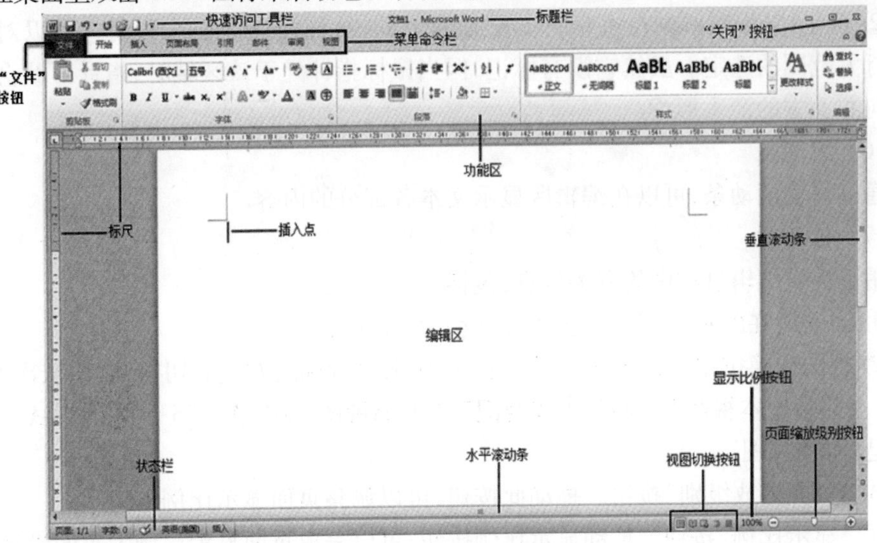

图 3-1　Word 2010 主窗口

二、Word 窗口

Word 窗口主要由以下几个部分组成:

(1) 快速访问工具栏

快速访问工具栏中包含部分按钮,代表 Word 最常用的一些命令。单击这些按钮可以快速执行该按钮命令。

(2) 标题栏

标题栏位于窗口的最上方中间,用来显示应用程序名“Microsoft Word”和正在被编辑的文档名称。

(3) 菜单命令栏

菜单命令栏位于快速访问工具栏的下方,其中包含 8 个菜单项,每个菜单项下对应一系列功能区按钮。

(4) 功能区

包含用于在文档中工作的命令集,取代了经典菜单栏和工具栏的位置。用图标按钮代替了以往的文字命令。

(5) 文档编辑区

这是 Word 窗口下半部分的一块区域,通常占据了窗口的绝大部分空间,主要用来放置 Word 文档。文档编辑区包括以下内容:

① 插入点:即当前光标位置,它是以一个闪烁的短竖线来表示的。插入点指示出文档中当前的字符插入位置。

② 选定栏:编辑区的左边有一个没有标记的栏,称为选定栏。利用它可以对文本内容进行大范围的选定。虽然它没有标记,但当鼠标指针处于该区域时,指针形状会由 I 形变成向右上方的箭头形⬀。

(6) 滚动条

通过移动滚动条,可以在编辑区显示文本各部分的内容。

(7) 状态栏

用于提供编辑过程中的有关信息,包括:

① 当前所在的页码、字数、语言和插入/改写方式。

② 视图切换按钮。位于状态栏右下方,用来进行视图方式的切换,它们依次为“页面视图”、“阅读版本视图”、“Web 版式视图”、“大纲视图”和“草稿”5 种视图方式。通常使用的是“页面视图”方式。

③ “页面缩放级别”按钮。拖动此按钮,可以调整页面显示比例的大小。

④ “显示比例”按钮。拖动显示比例按钮,可以完成页面显示比例大小的设置。

三、Word 退出

如果想退出 Word,可以选择“文件”→“退出”命令,或单击窗口右上角的“关闭”按钮。

在执行上述命令时,如果有关文档中的内容已经存盘,系统则立即退出 Word,并返回 Windows 操作状态;如果还有已被打开并作过修改的文档没有存盘,Word 就会弹出“是否保存”对话框,如果需要保存,则单击“是”按钮,否则单击“否”按钮。

▶▶任务二　文档的创建、保存和打开

任务内容

- 创建新文档,保存文档,关闭文档和打开文档。

任务要求

- 了解创建 Word 文档的多种方法。
- 熟悉文档中的文本输入操作。
- 熟悉保存文档、关闭文档和打开文档等基本操作。

一、创建新文档

创建新文档的方法有很多种,如可以通过访问桌面快捷图标、菜单命令、快速访问工具栏等。

1. 创建新文档

创建新文档的常用方式有如下三种:

① 运行 Word 软件,打开后即为一个新文档。鼠标左键选择“开始”→“所有程序”→“Microsoft Office”→“Microsoft Word 2010”选项,系统将自动打开一个名为“文档 1”的空白文档(见图 3-1),并为其提供一种称为“空白文档”的文档格式(又称模板),其中包括一些简单的文档排版格式,如五号字、宋体等。

② 打开 Word 文档,选择“文件”→“新建”命令,再在右边的“可用模板”框中选择“空白文档”,即可创建名为“文档 1”的空白文档。

③ 打开 Word 文档,单击“快速访问工具栏”中的“新建”按钮,可创建名为“文档 1”的空白文档。

2. 从模板创建文档

单击“文件”按钮,在展开的菜单中单击“新建”命令,再选择所需要的模板样式,然后再单击“创建”按钮即可。

此外,Office. com 中的模板网站为许多类型的文档提供了模板,如简历、求职信、商务

计划、名片和 APA 论文等,操作步骤如下:

① 单击“文件”选项卡。

② 单击“新建”选项。

③ 在“可用模板”下,执行下列操作之一:

- 单击“可用模板”以选择提供的可用模板;
- 单击 Office. com 下的链接之一,如图 3-2 所示。

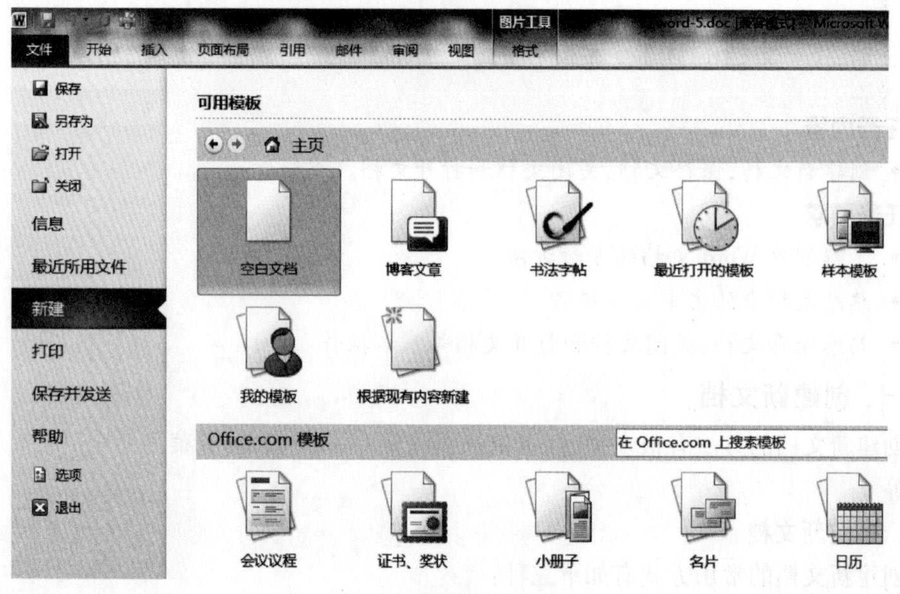

图 3-2 模板选项窗口

④ 双击所需模板。

二、输入文本

创建新文档或打开已有文档之后,就可以输入文本了。这里所指的文本是数字、字母、符号、汉字等的组合。

(1) 录入文本

在文档编辑窗口中有一个闪烁着的插入点,它表明可以由此开始插入文本。输入文本时,插入点从左向右移动,这样用户可以连续不断地输入文本。Word 会根据页面的大小自动换行,即当插入点移到行右边界时,再输入字符,插入点会移到下一行行首位置。

Word 还提供“即点即输”功能。在“页面视图”方式下,当把鼠标指针移到文档编辑区的任意位置上双击鼠标时,即可在该位置开始输入文本。

(2) 生成段落

录入文字时按回车键,系统就会在行尾插入一个"↵"符号,称为"段落标记"符或"硬回车",并将插入点移到新段落的首行处。

如果需要在同一段落内换行,可以按〈Shift〉+〈Enter〉键,系统就会在行尾插入一个"↓"符号,称为"人工分行"符或"软回车"。

要把"段落标记"符、"人工分行"符等显示出来,可单击"常用"工具栏上的"显示/隐藏编辑标记"按钮,或选择"视图"菜单中的"显示段落标记"命令。

(3) 中/英文输入

输入英文时,可以直接敲击键盘。输入汉字时,先要启用 Windows 7 提供的汉字输入法。

三、保存文档

文档录入或修改之后,屏幕上看到的内容只是保存在内存之中,一旦关机或关闭文档,都会使内存中的文档内容丢失。为了长期保存文档,需要把当前文档存盘。此外,为了防备在录入过程中突然断电、死锁等意外情况的发生而造成文档的丢失,还有必要在编辑过程中定时保存文档。

保存文档分为按原名保存(即"保存")和换名保存(即"另存为")两种方式,根据处理的对象,又有保存新文档和保存旧文档两种情况。

1. 保存新文档

要保存新文档,操作步骤如下:

① 单击"文件"按钮,在展开的菜单中单击"保存"或"另存为"命令,系统弹出如图 3-3所示的对话框。

② 在弹出的"另存为"对话框中,设置文件保存的位置,在"文件名"文本框中输入要保存的文件名。单击"保存类型"右侧三角形下拉箭头,在下拉列表中选择需要保存的文件类型。Word 文档的扩展名为. docx。

说明 在"保存类型"框中,Word 提供了多种文件格式,如. docm(启动宏的 Word 文档)、. doc(Word 97 ~ Word 2003 文档)、. dotx(Word 模板)、. txt(文本文档)、. rtf(Rich Text Format)、网页(. htm 或. html)等,当用户按不同格式保存文档时,就实现了对文档格式的转换。例如,采用. htm 格式保存,则把 Word 文档转换成网页格式。

③ 单击"保存"按钮。

图 3-3　“另存为”对话框

2. **保存旧文档**

要将已有文件名的文档(即通过“打开”命令打开的文档)存盘,有以下两种操作方法:

① 若采用原文件名保存,则单击“文件”按钮,在展开的菜单中单击“保存”命令(或按〈Ctrl〉+〈S〉键)。

② 若更换文件名保存,则单击“文件”按钮,在展开的菜单中单击“另存为”命令,系统右侧弹出“另存为”对话框,再按上述操作方法(要输入新文件名),即可改名保存当前文档内容。

3. **设置保存选项**

对于 Word 文档的保存,还可根据需要进行各种不同的特殊保存设置。设置方法:单击“文件”按钮,在展开的菜单中单击“选项”命令,打开“Word 选项”窗口,切换到“保存”选项卡,根据需要进行设置,如可以设置 Word 文件的保存格式,以及保存自动恢复信息时间间隔等,如图 3-4 所示。

图 3-4 “保存”选项对话框设置

四、关闭文档

在完成了一个 Word 文档的编辑工作后，即可关闭该文档。关闭文档有以下两种方法：

① 使用菜单命令关闭文档，可执行“文件”→“关闭”命令。

② 使用控制按钮关闭文档，可单击窗口右上角的“关闭”按钮。

如果用户对文档进行了修改，没有保存且直接关闭，则会弹出提示框，提示用户是否保存更改后的文档。单击“是”按钮，则对修改的内容进行保存并关闭该文档；如果单击“否”按钮，则不保存所做的修改并关闭该文档；如果单击“取消”按钮，则返回至文档中。

注意 Word 的退出与 Word 文档的关闭是两个不同的概念，“关闭”Word 文档指关闭已打开的文档，但不是退出 Word；而“退出”Word 则不仅关闭文档，还结束 Word 的运行。

五、打开文档

如果用户要对已保存在磁盘中的文档进行处理，那么就必须先打开这个文档。所谓打开文档，就是在 Word 编辑区中开辟一个文档窗口，把文档从磁盘读到内存，并显示在文档窗口中。

1. 使用“打开”命令打开文档

① 选择“文件”→“打开”命令（或单击快速访问工具栏中“打开”按钮），系统弹出如图 3-5所示的对话框。

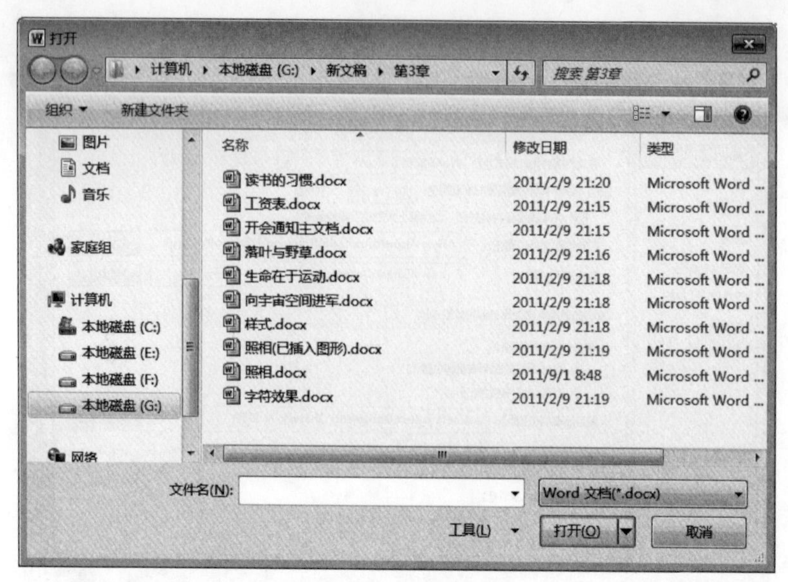

图 3-5 “打开”对话框

② 在“打开”对话框左侧窗格中指定要打开文档所在文件夹的位置，在“文件名”框中输入文件名，也可以直接在“文件名”框中输入要打开的文档的位置及文件名。文件类型可采用系统缺省的“所有 Word 文档”。若要打开其他类型文件，可单击“所有 Word 文档”右侧下拉箭头进行选择。

③ 单击“打开”按钮。在“打开”对话框中打开文档的一种快速方法是：先在“打开”对话框左侧窗格中指定要打开文档所在文件夹的位置，然后在文件列表框（中间部分）中查找所需的文件，找到后双击该文件图标即可。

2. 使用“文件”按钮中“最近所用文件”选项来打开最近使用过的文档

在“文件”菜单按钮下拉列表中的“最近所用文件”选项中，随时保存着最近使用过的若干个文档名称，如图 3-6 所示。用户可以从这个文档名列表中选择要打开的文档。操作方法是：单击“文件”按钮中的“最近所用文件”选项，即可见到最近使用过的若干文档名，再单击所需打开的文档名即可。如果所要打开的文档不在文档名列表中，则必须执行“打开”命令打开文档。

图 3-6 “最近所用文件”列表框

文档被打开后，其内容将显示在 Word 窗口的编辑区中，供用户进行编辑、排版、打印等。

在 Word 中允许先后打开多个文档，使其同时处于打开状态。凡是打开的文档，其文档按钮都会放在桌面的任务栏上，用户可单击文档按钮来切换当前文档。

▶▶ 任务三 文本的编辑

任务内容

- 文本的选定、复制、移动、删除。
- 查找与替换。
- 撤消与恢复、合并文档。

任务要求

- 熟悉文档基本编辑技术，如文本的选定、复制、移动和删除等操作。
- 熟悉文本中的查找与替换操作，特别是熟练掌握替换操作。
- 了解撤消与段落合并的操作方法。

在文字处理过程中，经常要对文本内容进行调整和修改。本节介绍与此有关的编辑操作，如修改、移动、复制、查找与替换等。

一、基本编辑技术

1. 插入点的移动

在指定的位置进行修改、插入或删除等操作，就先要将插入点移到该位置，然后才能进行相应的操作。

(1) 使用鼠标

如果在小范围内移动插入点，只要将鼠标的指针指向指定位置，然后单击；或利用滚动条内的上、下箭头，或拖动滚动块，也可以将显示位置迅速移动到文档的任何位置。

(2) 使用键盘

使用键盘的操作键也可以移动插入点，表 3-2 所示列出了各操作键及其功能情况。

表 3-2　移动插入点的操作键

操作键	功能	操作键	功能
←	左移一个字符	Ctrl + ←	右移一个词
→	右移一个字符	Ctrl + →	左移一个词
↑	上移一行	Ctrl + ↑	移至当前段段首
↓	下移一行	Ctrl + ↓	移至下段段首
Home	移至插入点所在行行头	Ctrl + Home	移至文档首
End	移至插入点所在行行尾	Ctrl + End	移至文档尾
PgUp	上移一屏	Ctrl + PgUp	移至当前页顶部
PgDn	下移一屏	Ctrl + PgDn	移至当前页下一页顶部

(3) 使用“查找”按钮

用户可以使用“开始”功能区“编辑”组“查找”下拉列表中的“转到”命令，将插入点移动到文档较远的位置。

2. 文本的修改

在录入文本的过程中，经常会发生文本多打、打错或少打等情况，遇到这种情况时，可以通过下列方法来解决。

(1) 删除文本所用的操作键

Delete　　删除插入点之后的一个字符(或汉字)

Backspace(退格键)　　删除插入点之前的一个字符(或汉字)

Ctrl + Delete　　删除插入点之后的一个词

Ctrl + 退格键　　删除插入点之前的一个词

(2) 插入文本的操作

插入文本必须在插入状态下进行。当状态栏只有“插入”标记时,表示当前是插入状态;当状态栏只有“改写”标记时,表示当前是改写状态;Word 默认状态为插入状态。也可以通过按〈Insert〉键或双击状态栏中的“插入”按钮转换当前插入或改写状态。

在当前插入状态下输入字符时,该字符就被插入到插入点的后面,而插入点右边的字符则向后移动,以便空出位置。

(3) 改写文本的操作

在改写状态下,当输入字符时,该字符就会替换掉插入点右边的字符。

3. 拆分和合并段落

(1) 拆分段落

将一个段落拆分为两个段落,即从某段落处开始另起一段,实际上就是在指定处插入一个段落标记。操作方法如下:把插入点移到要分段处,按回车键。

(2) 合并段落

将两个段落合并成一个段落,实际上就是删除分段处的段落标记,操作方法如下:把插入点移到分段处的段落标记上,按〈Delete〉键(或退格键)删除该段落标记,即完成段落合并。

二、文本的选定、复制、移动和删除

1. 文本的选定

“先选定,后操作”是 Word 重要的工作方式。在 Word 中常常需要选择文本内容或段落内容进行操作时,首先应选定该部分,然后才能对这部分内容进行复制、移动和删除等操作。给选定的文本做上标记,使其反白显示,这种操作称为“选定文本”。常见文本的选定情况有:自定义选择所需内容、选择一个词语、选择文本、选择段落文本、选择全部文本等。

(1) 使用鼠标来选定文本

① 选择所需文本。打开文档,将光标移至需要选定文本的前面,按住鼠标左键不放,并根据需要拖动鼠标至目标位置后释放鼠标,即可选定鼠标拖动时经过的文本内容。如图 3-7 所示,选定所需文本“惊蛰一过……烟雨中了。”

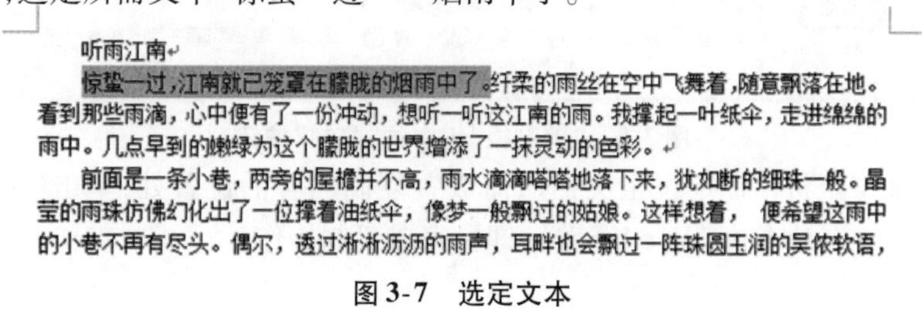

听雨江南↵
惊蛰一过,江南就已笼罩在朦胧的烟雨中了。纤柔的雨丝在空中飞舞着,随意飘落在地。看到那些雨滴,心中便有了一份冲动,想听一听这江南的雨。我撑起一叶纸伞,走进绵绵的雨中。几点早到的嫩绿为这个朦胧的世界增添了一抹灵动的色彩。↵
前面是一条小巷,两旁的屋檐并不高,雨水滴滴嗒嗒地落下来,犹如断的细珠一般。晶莹的雨珠仿佛幻化出了一位撑着油纸伞,像梦一般飘过的姑娘。这样想着, 便希望这雨中的小巷不再有尽头。偶尔,透过淅淅沥沥的雨声,耳畔也会飘过一阵珠圆玉润的吴侬软语,

图 3-7 选定文本

② 选择一个词语。在需要选择的词语处双击鼠标,可以选定该词语,即选定双击鼠标处的词语。

③ 选择一行文本。除了使用拖动方法选择一行文本外,还可以将光标移至该行文本的左侧,当光标变成向右的白色箭头时单击鼠标,即可选择此行文本。

④ 选择段落文本。方法一:在需要选择段落的任意位置处连续三击鼠标左键,即可选中该段文本。方法二:将光标移动至该段文本的前面,按住鼠标左键不放,拖动鼠标至该段文本的最后,释放鼠标即可选中该段落。

⑤ 选择多行文本。按住鼠标左键不放,沿着文本的左侧向下拖动至目标位置后释放鼠标,即可选中拖动时经过的多行文本。

⑥ 选择文档中所有文本。方法一:用鼠标拖动的方法从文档最前拖至文档最后。方法二:在"开始"选项卡下"编辑"组中单击"选择"按钮,在展开的下拉列表中选择"全部"按钮,即可选定所有文本。方法三:将光标移至文本左侧,当光标变成白色箭头时连续三击鼠标左键即可。

(2) 使用键盘选定文本

先将插入点移动到所要选的文本之前,按住〈Shift〉键不放,再使用箭头键、〈PgDn〉键、〈PgUp〉键等来实现。按住〈Ctrl〉+〈A〉组合键可以选定整个文档。

(3) 撤消选定的文本

要撤消选定的文本,只需单击编辑区中任一位置或按键盘上任一箭头键,就可以完成撤消操作,此时原选定的文本即恢复正常显示。

2. 复制文本

在 Word 中复制文本的基本做法是:先将已选定的文本复制到 Office 剪贴板上,再将其粘贴到文档的另一位置。

① 选中需要复制的文本,选择"开始"命令,在展开的功能区"剪贴板"组中单击"复制"按钮(或按〈Ctrl〉+〈C〉组合键),如图 3-8 所示。

图 3-8 "剪贴板"组中的"复制"按钮

② 粘贴文本。将鼠标定位至文档所需放置复制内容的位置处,单击"剪贴板"组中"粘贴"按钮(或按〈Ctrl〉+〈V〉组合键),即可完成复制操作。

复制文本可以“一对多”进行，即剪贴板中的剪贴内容可以任意多次地粘贴到文档中。

3. **移动文本**

移动文本的操作步骤与复制文本基本相同，常用以下两种操作方法：

① 打开文档，选中所需要移动的文本，将光标移至所选择的文本中，当光标变成白色向左箭头形状时，按住鼠标左键进行拖动，拖至目标位置后释放鼠标，即可完成文本移动。

② 选中需要移动的文本，在展开的功能区“剪贴板”组中单击“剪切”按钮（或按〈Ctrl〉+〈X〉组合键），再将鼠标定位至文档所需放置移动内容的位置处，单击“剪贴板”组中“粘贴”按钮（或按〈Ctrl〉+〈V〉组合键），即可完成移动操作。

4. **删除文本**

① 选中需要删除的文本，在“剪贴板”组中单击“剪切”按钮，即可完成文本删除。

② 选中所需删除的文本，按下〈Delete〉键进行删除。

三、合并文档

在编辑文档的过程中，经常需要引用其他文档中的内容，即所谓的文档合并。合并文档常用以下两种方法：

（1）使用复制方法合并文档

分别打开需要编辑的文档（称为主文档）和提供内容的文档（称为被合并文档），从被合并文档中“复制”所需的内容，再“粘贴”到主文档中需要插入内容的位置。

（2）利用插入命令合并文档

在主文档中把插入点移到需要插入内容的位置，选择“插入”命令，在展开的功能区“文本”组中单击“对象”右侧下三角按钮，选择其下拉列表中“文件中的文字”命令，打开“插入文件”对话框，选择（或者输入）被合并文档的文件名，再单击“插入”命令即可。

四、查找与替换

用户可以对文档中需要改进的文本内容进行查找与替换，从而简化修订的工作。

1. **查找文本**

当一个文档很大时，要查找某些文本是很费时的，在这种情况下，用户可以用查找命令来快速搜索指定文本或者特殊字符。查找到后，插入点将定位于被找到的文本位置上。操作步骤如下：

① 打开文档，将插入点定位于文档的开始位置处，选择“开始”命令，在展开的功能区“编辑”组中单击“查找”按钮右侧下拉箭头，在其下拉列表中选择“高级查找”选项。系统弹出如图 3-9 所示的对话框。

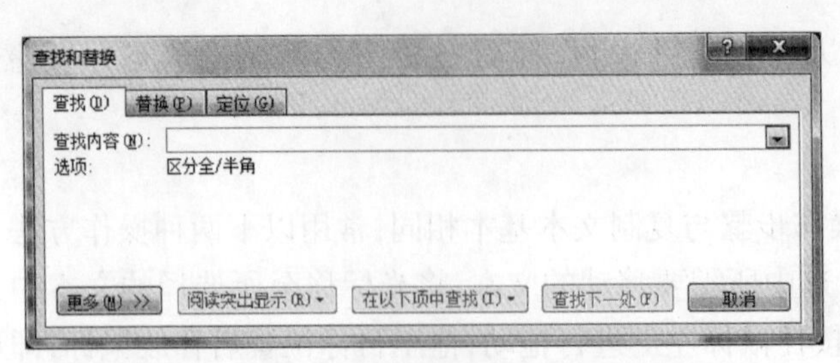

图 3-9 "查找和替换"对话框的"查找"选项卡

② 在"查找"选项卡的"查找内容"文本框中输入需要查找的文本,或者单击该框右侧下拉箭头,从其下拉列表框(存放前面用来查找的一系列文本)中选择要查找的文本。

③ 如果对查找有更高的要求,可以单击对话框中的"更多"按钮,系统将在对话框中显示更多的选项,如"搜索"(包括"全部"、"向上"和"向下")、"区分大小写"、"全字匹配"、"使用通配符"(通配符有?、*)、"同音(英文)"等,供用户选用。

④ 单击"查找下一处"按钮,即可开始在文档中查找。找到后,Word 将高亮显示查找到的文本。若要继续查找,可再次单击"查找下一处"按钮。

⑤ 结束查找时,单击"取消"按钮关闭对话框。

2. **替换文本**

如果需要替换当前查找的内容,则执行"替换"命令,就可以在当前文档中用新的文本替换指定文本。

例 3-1 在上述的"听雨江南"文档中(图 3-7),把"雨"全部替换成"rain"。操作步骤如下:

① 选择"开始"命令,在展开的功能区"编辑"组中单击"替换"按钮,系统弹出"查找和替换"对话框。

② 在"查找内容"框中输入要替换的内容"雨",在"替换为"框中输入要替换的内容"rain"。

③ 单击"全部替换"按钮,系统即可实现将文档中的"雨"一词全部替换为"rain",完成后系统显示出替换了多少处内容。

④ 在对话框中单击"关闭"按钮。

3. **查找与替换特殊字符**

除了可以查找与替换文档中的文本内容外,还可以对文档中的特殊字符进行查找与替换。

在"查找与替换"对话框中单击"更多"按钮,然后从更多的选项中选择"特殊字符",系统弹出"特殊格式"的特殊符号列表,供用户选择。其他操作与一般的查找与替换操作相同。

五、撤消与恢复

在编辑文档中，如果出现操作错误则可以运用“撤消与恢复”功能返回错误操作之前的状态。

1. 撤消

执行上述删除、修改、复制、替换等操作后，有时会发现操作错误，需要取消上一步或上几步的操作，此时可以使用 Word 的“撤消”命令。操作方法是：单击快速访问工具栏上的“撤消”按钮，或按〈Ctrl〉+〈Z〉组合键。

若要撤消例 3-1 所进行的替换操作，可单击快速访问工具栏上的“撤消”按钮，此时可见全部“rain”已被还原成“雨”。

撤消命令可以多次执行，以便把所有的操作按从后往前的顺序一个一个地撤消。如果要撤消多项操作，可单击快速访问工具栏上的“撤消”按钮右侧的下拉箭头，打开其下拉列表框，再从中选择要撤消的多项操作。

2. 恢复

“恢复”用于被“撤消”的各种操作。操作方法是：单击快速访问工具栏中“恢复粘贴选项”按钮，或按〈Ctrl〉+〈Y〉组合键。

3.2 文档的排版

在完成文本录入和基本编辑之后，接下来就要对文档进行排版了。所谓排版，就是按照一定要求设置文档外观的一种操作。

在 Word 排版中有三个层次：第一层次是对字符进行排版，也就是字符格式设置，也称字符格式化；第二层次是对段落进行编排，设置段落的一些属性，也称段落格式化；第三层次是页面设置，设置文档页面的外观等。

▶▶ 任务一 字符格式化

任务内容

- 按照要求对文档字体、字号、字形、颜色、字距等进行格式编辑。

任务要求

- 熟悉字体、字号、字形、颜色、字距等的设置方法。

1. 字体、字号和字形

字体是字符的一般形状，Word 提供的西文字体有 Arial、Times New Roman 等几十种，中文字体有宋体、仿宋、黑体、楷体、隶书、幼圆等20多种。字形包括常规、倾斜、加粗、加粗倾斜4种。字体的大小(字号)用来确定字符的高度和宽度,一般以“磅”或“号”为单位,1磅为1/72英寸。字号从大到小分为若干级,例如,小五号字与9磅字大小相当。对于列表框中没有的磅值,可以直接在“字号”框中填入(如15、17等),然后按〈Enter〉键确认。

一般情况下,创建新的文档时,Word对字体、大小和字形的缺省设置分别为“宋体”、“五号”和“常规”。用户也可以根据需要对其重新设置。字符格式设置操作也可以用“开始”选项卡下的“字体”组中的有关选项来设置。

例3-2 设置“听雨江南”文档的标题文字格式,将字体、字形和字号分别设置为“楷体”、“加粗”和“小二”。

方法一:使用“字体”对话框进行字符格式化。操作步骤如下:

① 打开文档,选中文档中需要进行字符格式化的文本并右击鼠标,在弹出的快捷菜单中单击“字体”命令;或选定文本,选择“开始”命令,在展开的功能区“字体”组中单击右下方“字体”对话框启动器。

② 弹出“字体”对话框,如图3-10所示。在“字体”选项卡下单击“中文文字”右侧下拉按钮,在展开的下拉列表中选择需要的字体,如“楷体”选项。

③ 在“字形”列表框中选择所需字形选项,如“加粗”等。在“字号”列表框中选择所需字号选项,如“小二”等。

④ 单击“确定”按钮。

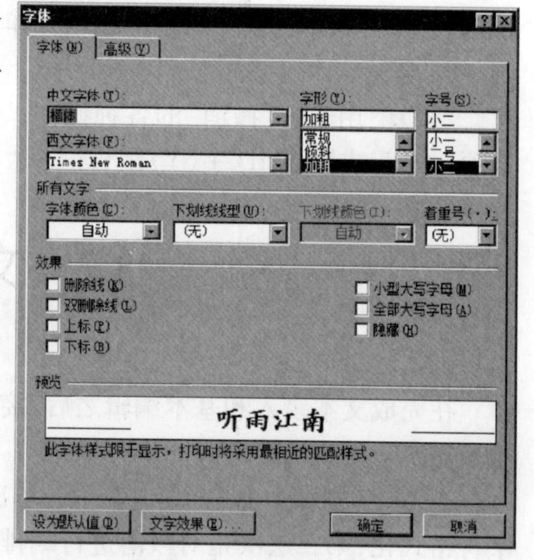

图3-10 “字体”对话框

方法二:使用“开始”命令功能区下的“字体”组进行设置。操作步骤如下:

① 打开文档,选中文档中需要进行字符格式化的文本。

② 选择“开始”命令,在展开的功能区“字体”组中,单击“宋体”字体右下侧下拉按钮,在展开的下拉列表中选择所需字体,如“楷体”。

③ 在“开始”命令功能区“字体”组中,单击“五号”字号右侧下拉按钮。在展开的下拉列表中选择所需字号,如“小二”。

④ 在“开始”命令功能区“字体”组中,单击“加粗”按钮(或按〈Ctrl〉+〈B〉键)。

2. **字符的修饰效果**

使用图 3-10 所示的“字体”对话框,还可以为字符设置各种修饰效果,包括下划线(有多种线形)、着重号、字体颜色、删除线、上标、下标等。

3. **字符的间距、缩放和位置设置**

(1) 间距

字符间距是指相邻两个字符之间的距离。

例 3-3 在例 3-2 的基础上,要求将标题的字符间距调整为加宽 2 磅。操作步骤如下:

① 选定标题文本。

② 选择“开始”命令,在展开的功能区“字体”组中,单击右下方“字体”对话框启动器,打开“字体”对话框。

③ 切换至“高级”选项卡,单击“间距”下三角按钮,在展开的下拉列表中选择所需选项,在“间距”框中选择“加宽”,在“磅值”文本框中设置所需要的间距值,如“2 磅”,如图 3-11 所示,同时可在“预览”框中看到实际效果。

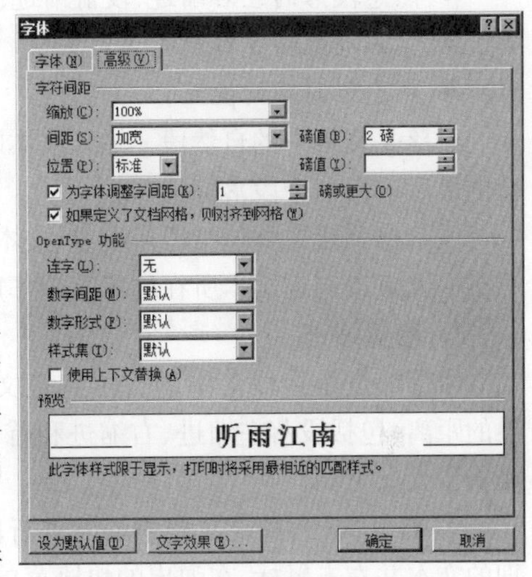

图 3-11 例 3-3 的设置情况

④ 单击“确定”按钮。执行效果如图 3-12 所示。

听 雨 江 南

惊蛰一过,江南就已笼罩在朦胧的烟雨中了。纤柔的雨丝在空中飞舞着,随意飘落在地。看到那些雨滴,心中便有了一份冲动,想听一听这江南的雨。我撑起一叶纸伞,走进绵绵的雨中。几点早到的嫩绿为这个朦胧的世界增添了一抹灵动的色彩。

图 3-12 例 3-3 的执行效果

(2) 缩放

缩放是指缩小或扩大字符的宽、高的比值,用百分数来表示。当缩放值为 100% 时,字的宽高为系统默认值(注意:字体不同,字的宽高比默认值也不相同)。当缩放值大于 100% 时为扁形字,当小于 100% 时为长形字。字的缩放可以通过“字体”对话框的“高级”选项卡中的“缩放”框来设置。

(3) 位置

字符可以在标准位置上升降,字符的位置升降可以通过“字体”对话框的“高级”选项卡中的“位置”框来设置。

对字符格式化,除了上述介绍之外,还有其他格式设置,例如,给文本添加边框或底纹、插入水平线和设置文字动态效果(在“字体”对话框下方的“文字效果”中设置)等。

任务二 段落格式化

任务内容

- 按照要求对文档段落进行设置。

任务要求

- 熟悉段落的左右缩进、段前缩进、段后缩进、悬挂缩进、首行缩进的区别与设置。
- 了解段落的5种对齐方式。
- 熟悉行间距的设置。

段落是文档中的自然段。输入文本时,每当按下回车键就形成了一个段落,每一个段落的最后都有一个段落标记"↵"。

段落格式化主要包括段落缩进、文本对齐方式、行间距及段间距等。段落格式化操作只对插入点或选定文本所在的段落起作用。

1. **段落缩进**

段落缩进是指段落中的文本到正文区左、右边界的距离,包括段落左缩进、右缩进和首行缩进。其操作步骤如下:

① 打开文档,选定文档中需要进行段落缩进处理的文本并右击鼠标,在弹出的快捷菜单中单击"段落"命令;或选定段落,选择"开始"命令,在展开的功能区"段落"组中,单击右下方"段落"对话框启动器。

② 在弹出的"段落"对话框的"缩进和间距"选项卡下的"左侧"和"右侧"文本框中,设置段落左、右缩进的大小;在"特殊格式"下拉列表中选择"首行缩进"或"悬挂缩进",并在其右边的"度量值"框中输入所需距离值,如图3-13所示。

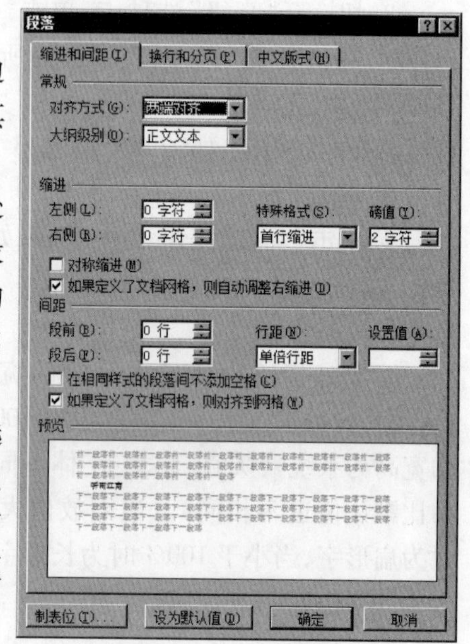

图3-13 "段落"对话框

③ 单击"确定"按钮。

2. **对齐方式**

段落对齐的方式通常有两端对齐、左对齐、居中、右对齐和分散对齐5种方式。分散对齐是使段落中各行的字符等距排列,对于纯中文的文本,两端对齐相当于左对齐。

(1) 使用"开始"选项卡"段落"组按钮

① 打开文档,将插入点定位于文档所需排版的段落处(或选定要进行对其处理的段

落)。

② 根据需要,在"开始"命令功能区下的"段落"组中单击所需选项,如"居中"按钮等。

(2) 使用"段落"对话框

本操作方法与设置段落缩进相似,所不同的是本操作使用"段落"对话框的"对齐方式"框中有关选项。

例 3-4 如果要把图 3-12 所示的标题居中,可以先选定该段落,再单击"开始"选项卡下的"段落"组中的"居中"按钮,显示结果如图 3-14 所示。

图 3-14 段落居中对齐

3. 设置间距

设置间距包括段落中的行间距,以及本段落与前段(段前)、本段落与后段(段后)的间距的设置。

本操作方法与设置段落缩进相似,所不同的是本操作使用"段落"对话框的"间距"框中有关选项(包括"段前"、"段后"及"行距")。

行距通常有单倍行距、1.5 倍行距、2 倍行距、最小值、固定值和多倍行距 5 种选择。

▶▶ 任务三 页面设置

任务内容

- 按照要求对文档的页面进行设置,按照要求添加页眉和页脚。

任务要求

- 掌握页面设置中的纸张大小、页边距的调整,掌握页眉和页脚的添加和格式设置,自动图文集中的页码格式设置技巧。

在完成了文档中字符和段落格式化之后,有时还要对页面格式进行专门设置,诸如纸张大小、页边距、页码、页眉/页脚等。若从制作文档的角度来讲,设置页面格式应当先于编制文档,这样才利于文档编制过程中的版式安排。但由于创建一个新文档时,系统已经按照默认的格式(模板)设置了页面。例如,"空白文档"模板的默认页面格式为 A4 纸大小，上下页边距为2.54cm，左右页边距为3.18cm，每页有44行，每行39个汉字等，因此，在一般使用场合下，用户无须再进行页面设置。

纸张大小和页边距决定了正文区的大小。其关系如下：

正文区宽度＝纸张宽度－左边距－右边距

正文区高度＝纸张高度－上边距－下边距

1. 设置纸张大小

Word支持多种规格纸张的打印，如果当前设置的纸张大小与所用打印纸张的尺寸不符，可以按如下方法重新设置。

(1) 使用“页面设置”对话框设置纸张大小

① 打开文档，选择“页面布局”命令，在展开的功能区“页面设置”组中，单击右下方“页面设置”对话框启动器，系统弹出“页面设置”对话框。

② 切换至“纸张”选项卡，显示如图3-15所示的对话框。

③ 在“纸张大小”下拉列表框中选择所需要的一种纸张规格。

④ 单击“确定”按钮。

(2) 使用“页面布局”选项卡“页面设置”组按钮设置纸张大小

打开文档，选择“页面布局”命令，在展开的功能区“页面设置”组中，单击“纸张大小”按钮，在弹出的下拉列表框中选择所需要的一种纸张规格。

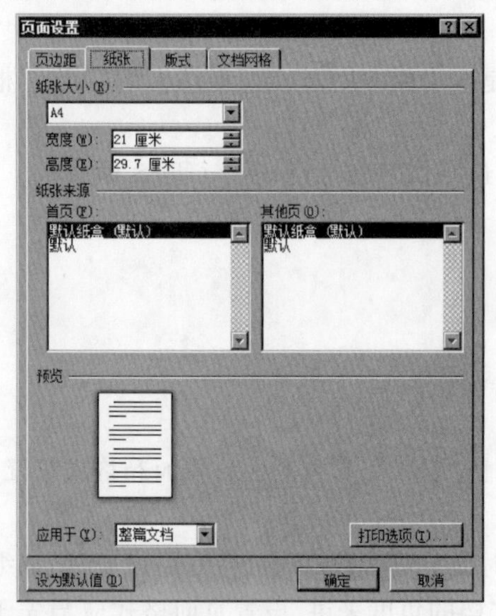

图3-15 “页面设置”对话框的“纸张”选项卡

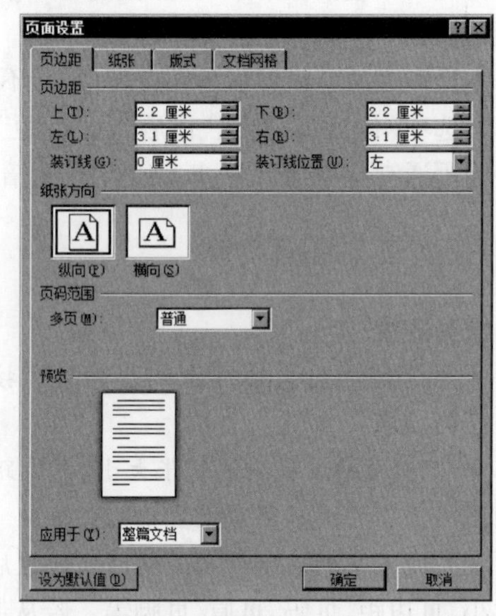

图3-16 “页面设置”对话框的“页边距”选项卡

2. **设置页边距**

页边距是指正文至纸张边缘的距离。在纸张大小确定以后，正文区的大小就由页边距来决定。

(1) 使用“页面设置”对话框设置页边距

① 打开文档，选择“页面布局”命令，在展开的功能区“页面设置”组中，单击右下方“页面设置”对话框启动器，系统弹出“页面设置”对话框。

② 切换至“页边距”选项卡，显示如图 3-16 所示的对话框。

③ 在“页边距”选项中的上、下、左、右微调框中选择或键入合适的值。

④ 单击“确定”按钮。

(2) 使用“页面布局”选项卡“页面设置”组按钮设置页边距

打开文档，选择“页面布局”命令，在展开的功能区“页面设置”组中，单击“页边距”按钮，在弹出的菜单下拉列表框中选择所需要的页边距规格。

在默认的情况下，Word 将页边距设置应用于整篇文档。如果用户想对预先选定的部分(段落、节或页面)设置页边距，则按上述操作步骤，并在“页边距”选项卡中设置“应用于”为“所选文字”即可。

3. **插入页码**

输出多页文档时，往往需要插入页码，操作步骤如下：

① 打开文档，选择“插入”命令，在展开的功能区“页眉和页脚”组中，单击“页码”按钮，弹出如图 3-17 所示的下拉列表。

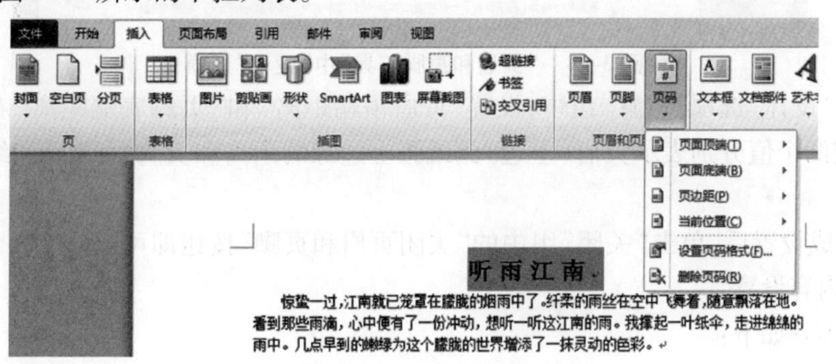

图 3-17　页码设置选项

② 在打开的“页码”下拉列表中选择页码所需放置的位置，如“页面底端”，并在其右侧显示的浏览库中选择所需的页码格式。

③ 如需设置页码格式，则单击“页码”下拉列表中的“设置页码格式”按钮，然后在“页码格式”对话框中选择合适的页码格式，再单击“确定”按钮。

插入页码后，如果想删除它，可在打开的“页码”下拉列表中，单击“删除页码”按钮。

4. 页眉和页脚

页眉和页脚是出现在每张打印页上部（页眉）和底部（页脚）的文本或图形。通常，页眉和页脚包含章节标题、页号等，也可以是用户录入的信息（包括图形）。它们只能在“页面视图”方式下显示出效果。

（1）格式设置

一般情况下，Word 在文档中的每一页显示相同的页眉和页脚，用户也可以设置成首页打印一种页眉和页脚，而在其他页上打印不同的页眉和页脚，或者可以在奇数页上打印一种页眉和页脚，偶数页上打印另一种。操作步骤如下：

① 打开文档，选择“插入”命令，在展开的功能区“页眉和页脚”组中，单击“页眉”按钮，并在弹出的下拉列表中选择“编辑页眉”命令。

② 在“页眉和页脚工具”标签的“设计”选项组中，按需要选择“首页不同”和“奇偶页不同”复选框，如图 3-18 所示。

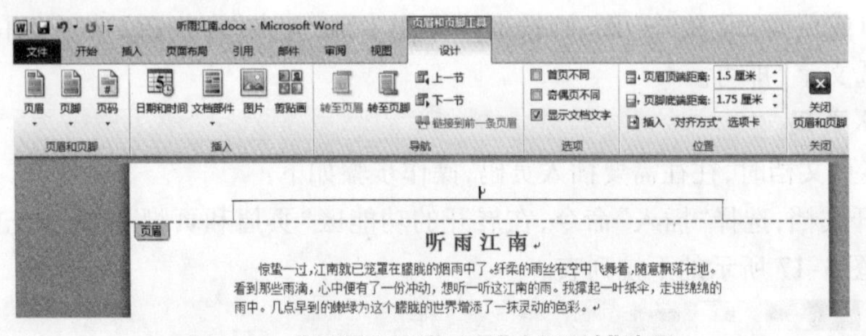

图 3-18 “页眉和页脚工具”中“设计”选项

③ 在“设计”选项“位置”组中，设置“页眉顶端距离”和“页脚底端距离”右侧微调框中的值，这两个值分别表示页眉（上边）到纸张上边缘的距离和页脚（下边）到纸张下边缘的距离。

④ 完成设置后，单击“关闭”组中的“关闭页眉和页脚”按钮即可返回文档编辑状态。

（2）内容设置

操作步骤如下：

① 如图 3-18 所示，在“页眉和页脚”组中单击“页眉”按钮，在展开的库中选择“空白”选项，此时页眉的区域被激活，在其中输入需要设置的页眉内容，并对其进行字体格式的设置即可。在“插入”组中，还包括“日期和时间”、“图片”和“剪贴画”等按钮，可帮助用户进行内容设置。

② 用户还可以单击“导航”组中的“转至页脚”按钮，从页眉切换到页脚。单击“页

码”按钮,在展开的下拉列表中将指针指向“页面底端”选项,在展开的库中选择所需要的选项,即可完成页脚的输入,也可对页脚内容进行编辑。

③ 单击“关闭”组中的“关闭页眉和页脚”按钮,即可返回文档编辑状态。

▶▶ 任务四　首字下沉、分栏及项目符号

任务内容

- 设置首字下沉,设置分栏,给部分文档段落加项目符号或编号。

任务要求

- 熟悉首字下沉设置,熟悉多栏显示文档,熟悉对现有的文档加项目符号或编号。

1. 首字下沉

首字下沉是在章节的开头显示大型字符。首字下沉的本质是将段落的第一个字符转化为图形。创建首字下沉后,可以像修改任何其他图形元素一样修改下沉的首字。

打开文档,将插入点定位于要设置首字下沉的段落中,选择“插入”命令,在展开的功能区“文本”组单击“首字下沉”按钮,然后再选择“首字下沉”选项,在弹出的“首字下沉”对话框的“位置”选项区域中显示了下沉和悬挂两种下沉方式,单击“下沉”选项,并在“字体”下拉列表中选择下沉文字字体,在“下沉行数”文本框中设置下沉的行数,单击“确定”按钮即可完成首字下沉设置。首字下沉的效果如图 3-19 所示。

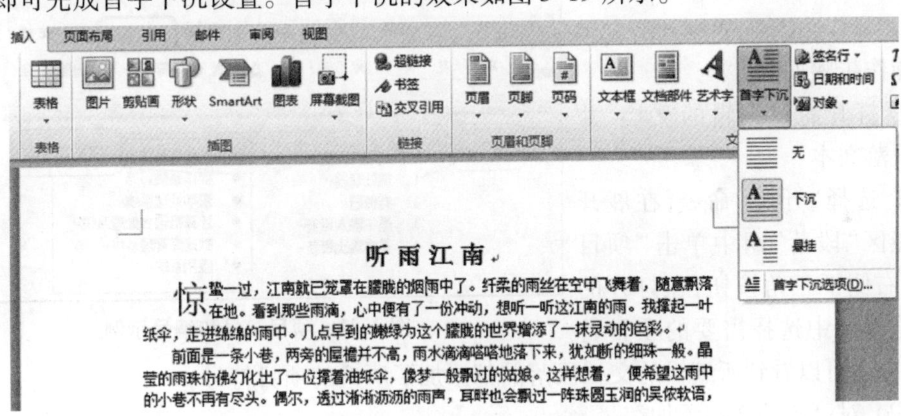

图 3-19　首字下沉效果图

2. 分栏

分栏通常应用在简讯、小册子和类似的文档中,如图 3-20 所示为三栏式文档的示例。在 Word 中,用户可以控制分栏栏数、栏宽及栏间距等。但要注意,只有在页面视图或者打印时才能真正看到多栏排版的效果。

打开文档,选定要分栏的段落,选择"页面布局"命令,在展开的功能区"页面设置"组中单击"分栏"按钮,在展开的下拉列表中选择所需要的分栏样式。也可以单击下拉列表中的"更多分栏"选项,在弹出的"分栏"对话框中进行具体设置,完成效果如图 3-20 所示。

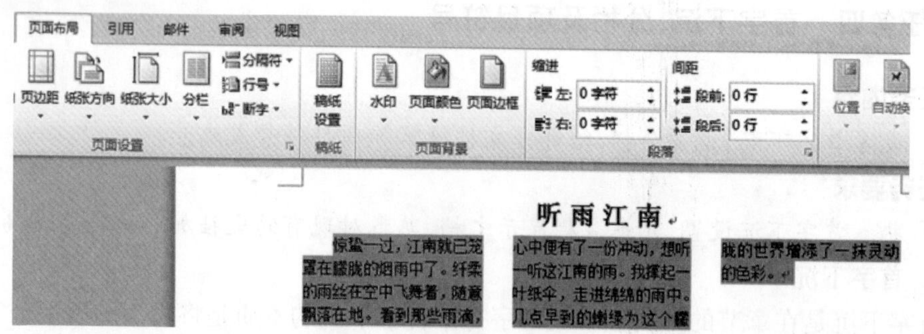

图 3-20　段落分栏效果图

3. 项目符号

为了提高文档的可读性,通常在文档的各段落之前添加项目符号或编号,图 3-21 所示的是两个示例。如果这些项目符号或编号是作为文本的内容来录入,那么既增加了用户输入工作量,且不易插入或删除。为此,Word 提供了自动建立项目符号或编号的功能。

(1) 对已有的文本添加项目符号

操作步骤如下:

① 打开需要编辑的文档,并选定段落文本。

② 选择"开始"命令,在展开的功能区"段落"组中单击"项目符号"右侧下三角按钮,在打开的项目符号库中选择需要的项目符号,完成后可以看到所编辑的文档段落前都添加了所选的项目符号。

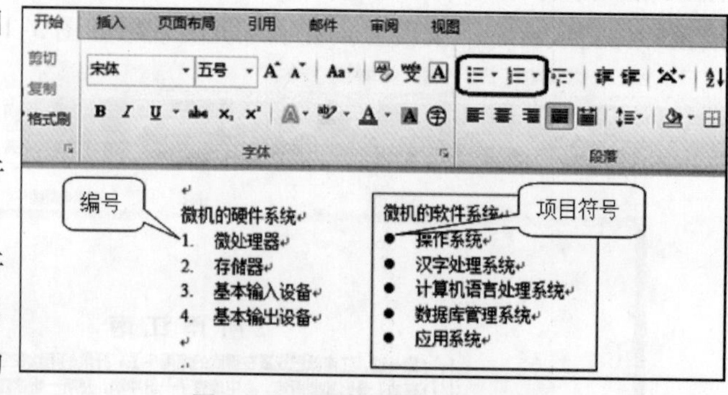

图 3-21　项目符号和编号示例

(2) 对已有的文本添加编号

操作步骤如下:

① 打开需要编辑的文档,并选定段落文本。

② 选择"开始"命令,在展开的功能区"段落"组中单击"编号"按钮右侧下三角按钮,在打开的编号库中选择所需要的编号样式,完成后可以看到所编辑的文档段落前都添加了所选的编号。

(3) 自定义项目符号和编号

在使用项目符号和编号功能时,除了可以使用系统自带的项目符号和编号样式外,还可以对项目符号和编号进行自定义设置。操作步骤如下:

① 打开文档,选定需要编辑的段落文本,在“段落”组中单击“符号项目”右侧下的三角按钮,在打开的项目符号库中选择“定义新项目符号”选项。

② 弹出如图3-22所示的“定义新项目符号”对话框,单击“图片”按钮,选择自定义图片项目符号。

③ 在弹出的“图片项目符号”对话框中,选择新项目符号的样式,单击“确定”按钮,即可将所选图片作为项目符号插入到所选段落文本前。

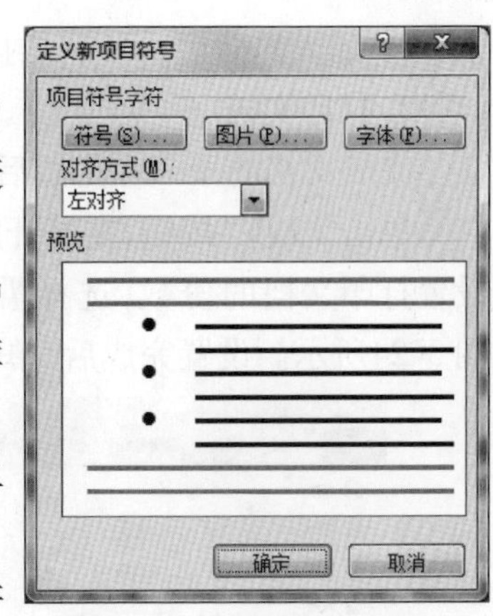

图3-22 “定义新项目符号”对话框

④ 打开“定义新编号格式”对话框。在“段落”组中单击“编号”下三角按钮,在展开的编号库中选择“定义新编号格式”选项。

⑤ 在弹出的“定义新编号格式”对话框的“编号样式”下拉列表框中选择所需要的样式,在“编号格式”文本框中设置编号格式,单击“确定”按钮,即可应用自定义设置的编号格式。

▶▶ 任务五 封面设计和打印文档

任务内容

- 设置个性化的封面,打印文档。

任务要求

- 了解封面的设定和文档的打印设置。

1. 封面设计

Word 提供了一个封面库,其中包含预先设计好的各种封面,可根据需要选择任一封面,无论光标在文档什么位置,都不影响封面插入在文档的开始处的位置。

设置封面的操作步骤如下:

① 选择“插入”命令,在展开功能区“页”组中,单击“封面”按钮,如图3-23所示。

② 选择“封面”选项库中的封面布局。

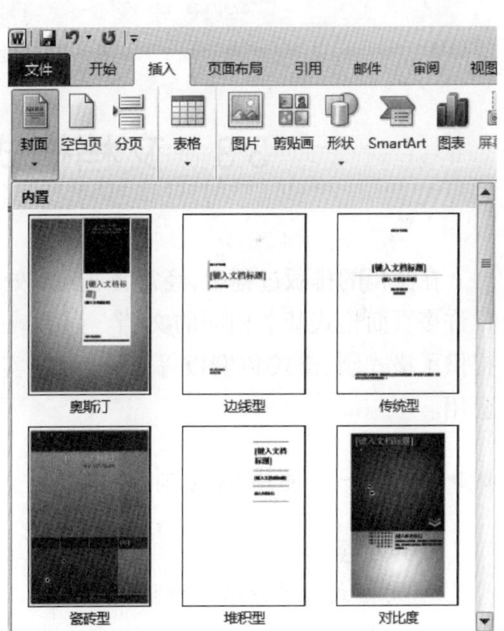

图3-23 内置“封面”选项库

③ 插入封面后,可以在封面标题和文本区域中输入自己所需的内容,完成封面设计。

2. 打印文档

完成文档的录入和排版后,就可以把它打印出来。

单击“文件”按钮,在展开的菜单中单击“打印”命令。在左侧可以设置打印选项,如设置打印文档的份数,选择需要使用的打印机等。在右侧可以看到排好版的效果,如图 3-24所示。设置完成后,单击“打印”按钮可对文档进行打印。

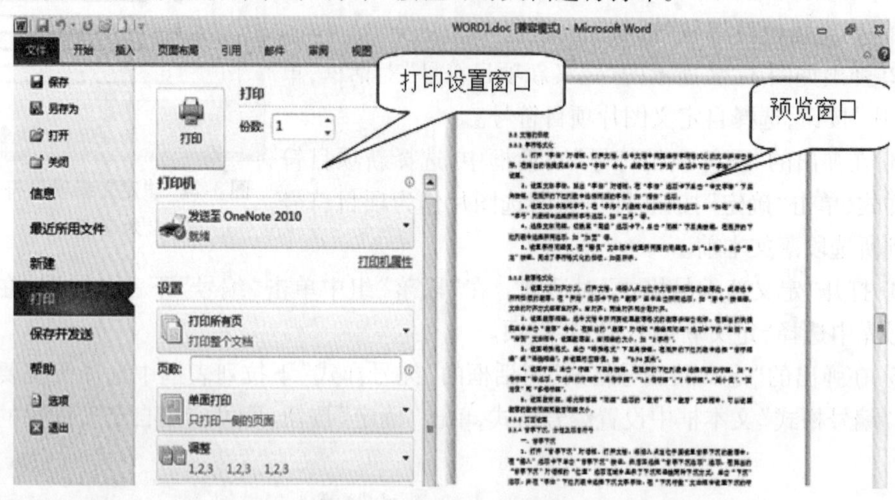

图 3-24 设置“打印”选项

3.3 文档格式的复制和套用

在文档的排版过程中,经常会遇到多处文本或段落具有相同格式的情况,有时还要编排许多页面格式基本相同的文档。为了减少重复的排版操作,保证格式的一致性,Word提供了格式刷、样式和模板等工具,以便实现字符格式、段落格式及文档格式的复制和套用。

▶▶ 任务一 使用格式刷

任务内容

- 用格式刷进行格式的复制。

任务要求

- 熟练使用格式刷复制字符和段落格式。

当设置好某一文本块或段落的格式后,可以使用"开始"选项卡下"剪贴板"组中"格式刷"按钮,将设置好的格式快速地复制到其他一些文本块或段落中。

1. 复制字符格式

要复制字符格式,操作步骤如下:

① 选定已经设置好格式的文本。

② 选择"开始"命令,在展开的功能区"剪贴板"组中,单击"格式刷"按钮,此时鼠标指针变成"刷子"形状。

③ 把鼠标指针移到要排版的文本区域之前。

④ 按住鼠标左键,在要排版的文本区域拖动(即选定文本)。

⑤ 松开左键,可看到被拖过的文本也具有新的格式。

采用上述操作方法,只能将格式复制一次,如果要将格式连续复制到多个文本块,则应将上述②步的单击操作改为双击操作(此时"格式刷"按钮变成按下状态),再分别选定多处文本块。完成后单击"格式刷"按钮,则可还原格式刷。

2. 复制段落格式

由于段落格式保存在段落标记中,可以只复制段落标记来复制该段落的格式。操作步骤如下:

① 选定含有复制格式的段落或选定该段落标记。

② 选择"开始"命令,在展开的功能区"剪贴板"组中,单击"格式刷"按钮,此时鼠标指针变成"刷子"形状。

③ 把鼠标指针拖过要排版的段落标记,以便将段落格式复制到该段落中。

▶▶ 任务二　使用样式

任务内容

- 使用样式修饰文档。

任务要求

- 熟练使用内置样式格式化文档,掌握样式的自定义和使用定义好的样式来修饰文档,了解样式的修改与保存、删除等操作。

样式是用样式名表示的一组预先设置好的格式,如字符的字体、字形和大小,文本的对齐方式、行间距和段间距等。用户只要预先定义好所需的样式,以后就可以对选定的文本直接套用这种样式。如果修改了样式的格式,则文档中应用这种样式的段落或文本块将自动随之改变,如缩进、对齐方式、行间距等。

1. Word 内置样式

Word 内置了很多样式,如"标题 1"、"标题 2"、"标题 3"等,用户可以很容易地将它们应用在自己的文档编排中。操作步骤是:先选定要格式化的文本,再单击"开始"选项卡"样式"组中所显示的样式名,则所选定的文本将会按照选定的样式重新格式化。

2. 创建新样式

如果在 Word 内置样式中没有所需要的样式,用户可以自己创建新样式。

例 3-5 有一个学校通讯录,现要求建立名称为"校名"的段落样式,样式中定义的格式为:幼圆字体、小四号、加粗、倾斜、蓝色和两端对齐。操作步骤如下:

① 选定某一校名(如"北京大学")所在段落。

② 选择"开始"命令,在展开的功能区"样式"组中,单击右下方"样式"对话框启动器,系统弹出"样式"对话框。

③ 单击"样式"对话框下面的"新建样式"按钮,弹出"根据格式设置新样式"对话框,根据要求设置"属性"、"格式"等项,如图 3-25 所示。

④ 设置完成后,单击"确定"按钮关闭对话框。

新样式建立后,会出现在"开始"命令功能区"样式"组中和"样式"对话框中,如图 3-26所示。

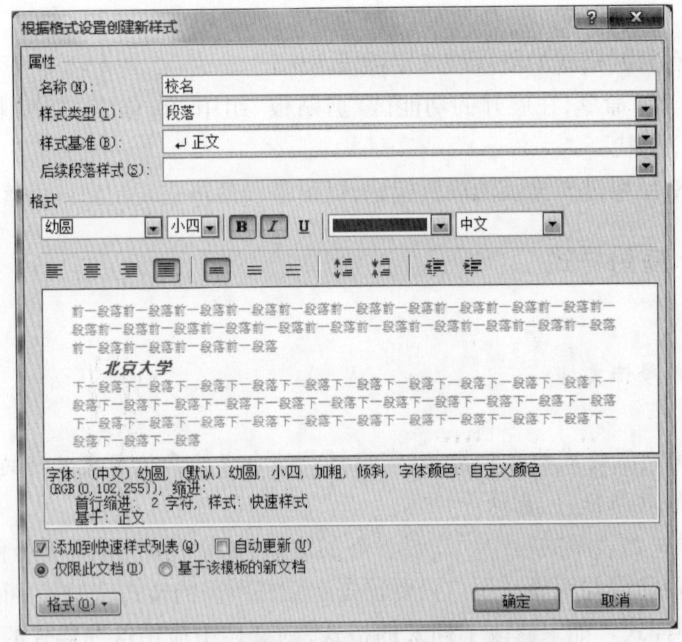

图 3-25 "根据格式设置创建新样式"对话框

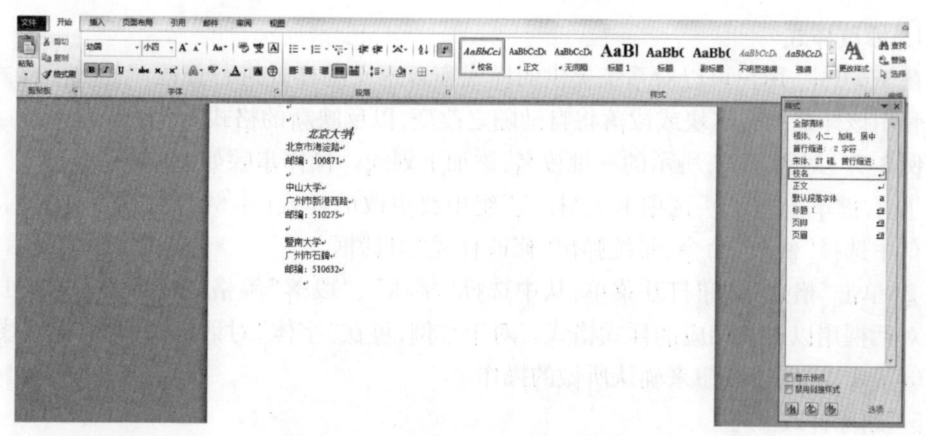

图 3-26　新样式添加成功后的效果图

3. 应用样式

创建一个样式,实质上就是定义一个格式化的属性。可以应用它来对其他段落或文本块进行格式化。

例 3-6　利用已建立的“校名”样式,对文档中的其他校名进行格式化处理。操作步骤如下:

① 选定要处理的段落(如“中山大学”所在段落)。

② 选择“开始”命令,在展开的功能区“样式”组中,单击“校名”样式;或选择“开始”按钮,在展开的功能区“样式”组中,单击右下方“样式”对话框启动器,在弹出的“样式”对话框中选择“校名”样式。

此时,被选定的段落就会自动按照样式中定义的属性进行格式化,再重复上述步骤,即可完成其他校名的格式化。编排后的效果如图 3-27 所示。

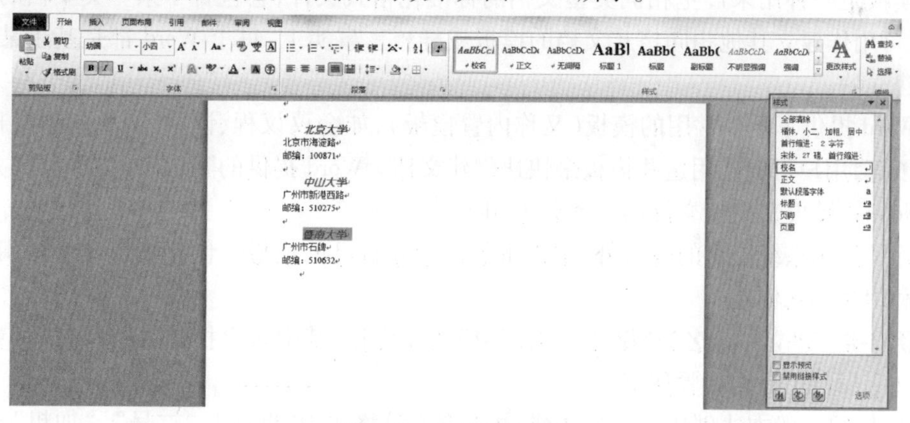

图 3-27　编排后的效果

4. 修改样式

在 Word 中,用户可以对系统提供的样式和自定义的样式进行修改。修改了样式后,所有套用该样式的文本块或段落将自动随之改变,以反映新的格式变化。

例 3-7 对图 3-27 所示的一批校名,添加下划线。操作步骤如下:

① 右键单击“开始”选项卡上“样式”组中要更改的样式(本例为“校名”样式),从快捷菜单中选择“修改”命令,系统弹出“修改样式”对话框。

② 单击“格式”按钮打开菜单,从中选择“字体”、“段落”等格式命令之一,均可打开一个对话框用以设置相应的样式格式。对于本例,可在“字体”对话框中设置“下划线”。

③ 单击“确定”按钮来确认所做的操作。

5. 删除样式

Word 不允许删除内置样式,但对于不再需要的自定义样式,可单击“开始”命令功能区中“样式”组右下方“样式”对话框启动器,右键单击打开的“样式”对话框中所要删除的样式名称,在弹出的快捷菜单中选择“删除”命令,即可删除自定义样式。

▶▶ 任务三 使用模板和向导

任务内容

- 制作 Word 模板。

任务要求

- 了解模板文件和制作模板文件。

上面所介绍的样式,适合于设置文档中多个相同格式的文本块或段落。当编排具有相同格式的文档时,则要使用模板。

模板是一种用来产生相同类型文档的标准化格式文件,它包含了某一类文档的相同属性,可用作建立其他相同格式文档的模板或样板。事实上,每个 Word 都是基于某一种模板建立的。

Word 提供了不少常用的模板(又称内置模板),如会议议程、证书、奖状、名片、日历、小册子等,用户可以使用这些模板来快速创建文档。Word 提供的默认模板为“空白文档”(即 Normal 模板),模板文件的扩展名为.dotx。

除了使用系统提供的模板外,用户也可以创建自己的模板。创建新模板最常用的方法是利用文档来创建。

例 3-8 建立一个名为“楷 2 文字模板”的新模板,其中包含楷体二号字体、加粗、蓝色的文字属性。操作步骤如下:

① 按照一般方法创建一个新文档,并设置字符格式为“楷体”、“二号”、“加粗”和“蓝

色”。

② 选择“文件”→“另存为”命令,系统弹出“另存为”对话框。

③ 在对话框中选择“保存类型”为“文档模板”,再输入新模板名“楷 2 文字模板”,然后单击“保存”按钮以保存模板。

当再次执行“文件”→“新建”命令时,在右侧“可用模板”中单击“根据现有内容新建”选项,即可在打开的对话框中看到刚创建的模板。如果需要,还可以利用它来生成具有相同文字属性的文档。

3.4 图文混排

在 Word 中,可以插入多种格式的图形、艺术字以及文本框,实现图文混排。Word 还提供一个“绘图”工具栏,供用户制作各种所需的图形。

▶▶任务一 插入图片

任务内容

- 制作如图 3-28 所示的图文混排效果文档。

任务要求

- 熟练地在文档适当位置插入图片对象,包括剪贴画、屏幕截图、来自文件中的图、自选图形以及来自剪贴板中的图片。

1. 插入剪贴画

Word 在自带的剪辑库中提供了大量的图片,从花草到动物,从建筑物到风景名胜等,用户可以从中选择所需的图片,并插入到文档中。常用操作步骤如下:

① 打开文档,将插入点移到要插入图片的位置。

② 选择“插入”命令,在展开的功能区“插图”组中,单击“剪贴画”按钮。

③ 在右边出现的“剪贴画”任务窗格中单击“搜索”按钮,再单击所需的剪贴画,或者右键单击所需剪贴画,在弹出的快捷菜单中再单击“插入”按钮,即可将图片插入指定的位置。

图 3-28 所示为插入“计算机”类别中“女计算机操作员”剪贴画的情况。

图 3-28　插入“女计算机操作员”剪贴画

2. 使用“屏幕截图”功能

“屏幕截图”是 Word 2010 新增内置功能，使用这个屏幕截图功能，可以随心所欲地将活动窗口截取为图片插入 Word 文档中。

（1）快捷插入窗口截图

Word 的“屏幕截图”可以智能监视活动窗口（打开且没有最小化的窗口），可以很方便地截取活动窗口的图片插入正在编辑的文章中。操作步骤如下：

① 选择屏幕窗口。

② 选择“插入”命令，在展开的功能区“插图”组中，单击“屏幕截图”按钮，在打开的“可视窗口”库中选择当前打开的窗口缩略图，选择所需要的图片，Word 自动截取窗口图片并插入文档中，如图 3-29 所示。

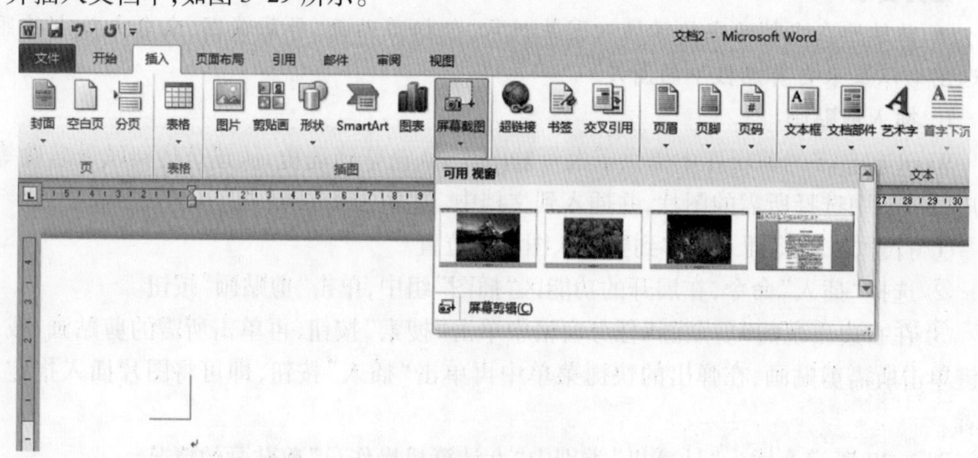

图 3-29　可截取的活动窗口缩略图

（2）自定义屏幕截图

用 Word 编辑文档的过程中，除了需要插入软件窗口截图外，更多时候需要插入的是特定区域的屏幕截图，Word 的“屏幕截图”功能可以截取屏幕的任意区域插入文档中。操作步骤如下：

① 选择“插入”命令，在展开的功能区“插图”组中，单击“屏幕截图”按钮，并在打开的库中选择“屏幕剪辑”选项。

② 将光标定位在需要截取图片的开始位置，按住鼠标左键进行拖动，拖至合适的位置处释放鼠标，即可完成自定义截取的图片。

3. 插入图形文件

在 Word 中，可以插入其他图形文件中的图片，如. bmp、. jpg、. gif 等类型。插入图形文件的操作步骤如下：

① 把插入点移到要插入图片的位置。

② 选择“插入”命令，在展开的功能区“插图”组中，单击“图片”按钮，系统弹出“插入图片”对话框。

③ 在对话框中选择要用的图形文件，作为示例，我们可以选择“插入图片”对话框图片库中的“示例图片”文件夹中的“菊花. jpg”。

④ 单击“插入”按钮。

4. 插入“自选图形”

Office 提供的“形状”列表中包括的图形类型有：线条、基本形状、箭头总汇、流程图、标注、星与旗帜等。这些图形可以调整大小、旋转、着色以及组合成更复杂的图形。

选择“插入命令”，在展开的功能区“插图”组中单击“形状”按钮，打开“形状”下拉列表，再从列表中选择所需的一种形状图形。

选定所需的形状图形后，鼠标指针会变成十字形，把鼠标指针移动到要插入图形的位置，按下左键拖动鼠标即可完成自选图形的绘制。

5. 利用剪贴板插入图片

用户可以利用剪贴板来“剪切”或“复制”其他应用程序制作的图片，然后“粘贴”到文档的指定位置。

▶▶任务二　图片格式设置

任务内容

- 制作如图 3-31 所示的图文混排效果文档。

任务要求

- 熟练地对已插入的图片对象进行格式化，包括文字环绕方式设置、缩放设置、剪裁、填充效果和边框、图片之间的层次关系、组合与取消组合等。

插入了图片之后，还可以对它进行格式设置，如设置文字环绕、移动和缩放、剪裁、应用图片样式、调整图片效果、边框设置等。

1. 设置文字环绕方式

所谓文字环绕，是指图片周围的文字分布情况。在 Word 文档中插入图片有两种方式：嵌入式和浮动式。嵌入式直接将图片放置在文本中，可以随文本一起移动及设定格式，但图片本身无法自由移动；浮动式使图片被文字环绕，或者将图片衬于文字下方或浮于文字上方，图片能够在页面上自由移动，但当移动图片时会使周围文字的位置发生变化，甚至造成混乱。

Word 默认的插入图片方式为嵌入式，若要更改默认的文字环绕方式，操作步骤如下：

① 双击要修改的图片，此时在快速访问工具栏上出现“图片工具”选项。

② 单击“图片工具”的“格式”上下文选项卡，在“排列”组中单击“自动换行”按钮（或者右击图片，在快捷菜单中选择“自动换行”命令），在打开的下拉列表中选择所需选项，如“四周型环绕”，效果如图 3-30 所示。

图 3-30 “四周型环绕”效果

设置文字环绕后，Word 会自动将图片的“嵌入式”改为“浮动式”。

2. 移动图片

要移动浮动式图片，操作步骤如下：

① 选定要移动位置的图片。

② 把指针移至图片上方，当指针变成十字箭头形状时按住鼠标左键进行拖动，拖至目标位置后释放鼠标，即可完成图片位置的移动。

3. 缩放图片

缩放图片的操作步骤如下：

① 打开文档，选中需要缩放的图片。

② 将指针移至图片 8 个控点中的任一个，当指针变成双向箭头形状时按住鼠标左键进行拖动，拖至目标大小后释放鼠标即可完成对图片大小的改变。

如果要对图片大小作精确调整，可以单击“图片工具”的“格式”上下文选项卡，在“大小”组中“高度”和“宽度”框中输入具体数值即可。

4. 裁剪图片

当只需图片其中一部分时，可以把多余部分隐藏起来。操作步骤如下：

① 选择需要裁剪的图片，切换至“图片工具”的“格式”上下文选项卡。

② 在“大小”组中单击“裁剪”下三角按钮，选择“裁剪”选项，拖动所选图片边缘出现的裁剪控制手柄至合适的位置，释放鼠标并按下〈Enter〉键，完成图片的裁剪。

如果要恢复被剪掉的部分，只要按照上述操作步骤，并用鼠标在要恢复的部分向图片外部拖动即可。

5. 应用图片样式

Word 提供了图片样式，用户可以通过选择图片样式对图片进行设置，操作步骤如下：

① 选择图片并切换至“图片工具”的“格式”选项卡，单击“图片样式”组中的快翻按钮，在展开的库中选择“柔化边缘椭圆”样式。

② 应用该样式，完成效果如图 3-31 所示。

图 3-31 “柔化边缘椭圆”样式效果图

6. 调整图片效果

Word 为用户新增了图片效果功能，包括删除图片背景、重新设置图片颜色、为图片应用艺术效果等。

（1）删除图片背景

删除图片背景的操作步骤如下：

① 选定要处理的图片。

② 切换至“图片工具”的“格式”上下文选项卡，在“调整”组中单击“删除背景”按钮。拖动图片中出现在保留区域的控制手柄，以调整要保留的区域。

③ 在“优化”组中单击“标记要保留的区域”按钮，在图片中单击鼠标标记保留区域，设置好保留区域后，按下〈Enter〉键完成对图片背景的删除。

（2）为图片应用艺术效果

Word 为用户提供了多种图片艺术效果，用户可以直接选择所需的艺术效果对图片进行调整，操作步骤如下：

① 选定要进行艺术效果设置的图片。

② 切换至“图片工具”的“格式”上下文选项卡，在“调整”组中单击“艺术效果”按钮，在展开的库中选择所需要的艺术效果，即可完成图片艺术效果的应用。

7. 设置图片边框

设置图片边框的操作步骤如下：

① 右键单击要处理的图片，在打开的快捷菜单中选择“设置图片格式”命令。

② 在弹出的“设置图片格式”对话框中选择“线型”选项，并按照要求对右侧的“线型”参数进行设置，如图 3-32 所示。

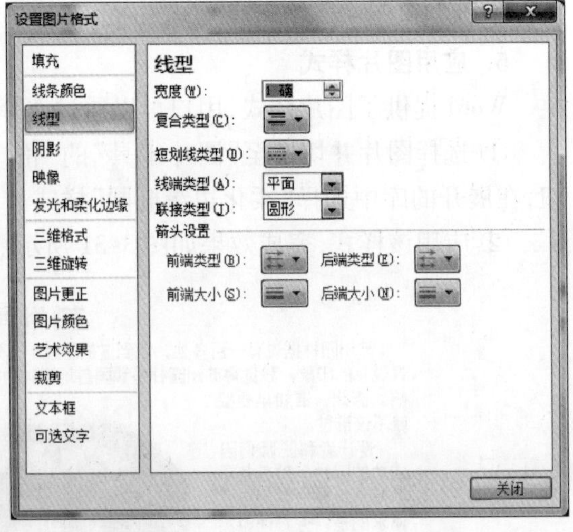

图 3-32 “设置图片格式”对话框

同样，还可以对图片进行“阴影”、“线条颜色”、“三维格式”等格式设置。

8. 调整重叠图形的层次关系

插入文档的多个浮动式图形对象可以重叠。重叠的对象就形成了重叠的层次，即上面的对象部分地遮盖了下面的对象。可以调整重叠对象之间的层次关系，操作步骤如下：

① 选定要调整层次关系的对象。如果该图形被遮盖在其他图形的下方，可以按〈Tab〉键向前循环选定。

② 右击鼠标，从快捷菜单中选择“置于顶层”或“置于底层”命令，再从其级联菜单中选择“上移一层”、“浮于文字上方”或“下移一层”、“衬于文字下方”等选项。

9. 组合图形对象和取消组合

当需要对多个浮动式图形对象进行同种操作时，可将这多个对象组合在一起，以后把它们作为一个对象来使用。

(1) 组合图形对象

选定要组合的图形对象(在按住〈Shift〉键的同时,分别单击要组合的图形对象)后,松开〈Shift〉键,在选定区域内右击鼠标,从快捷菜单中选择“组合”命令,或者在“排列”组中单击“组合”按钮,在展开的下拉列表中选择“组合”选项。

(2) 取消组合

选定要取消组合的图形后,右击鼠标,从快捷菜单中选择“组合”命令,再从其级联菜单中选择“取消组合”命令,即可完成取消选定图形的组合。

▶▶任务三　插入 SmartArt 图形

任务内容

- 制作如图 3-34 所示的图文混排效果文档。

任务要求

- 熟练插入 SmartArt 图形,按要求设置 SmartArt 图形格式。

SmartArt 图形是信息和观点的视觉表示形式,是为文本设计的,通过从多种不同布局中进行选择来创建 SmartArt 图形,形象直观,能够快速、轻松、有效地传达信息。

1. 创建 SmartArt 图形

创建 SmartArt 图形,操作步骤如下:

① 打开文档,选择“插入”命令,在展开的功能区“插图”组中单击“SmartArt”按钮。

② 弹出“选择 SmartArt 图形”对话框,切换至“循环”选项面板。在其中选择需要的 SmartArt 图形样式,如图 3-33 所示,单击“确定”按钮,即可在文档中显示所选类型的 SmartArt 图形,并且出现“SmartArt 工具”选项卡。

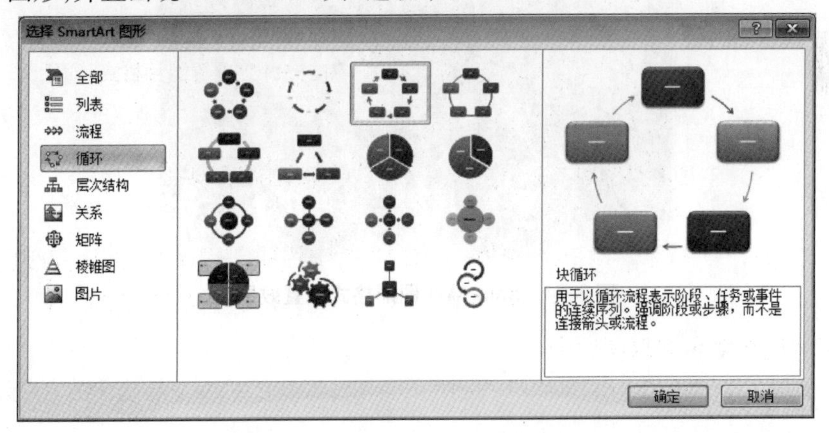

图 3-33　“选择 SmartArt 图形”对话框

③ 分别单击 SmartArt 图形中的文本占位符,依次输入需要的内容。

④ 选中所需形状,在“SmartArt 工具”的“设计”上下文选项卡下,单击“创建图形”组中的“添加形状”按钮,在展开的下拉列表中选择“在后面添加形状”选项。

⑤ 此时在所选形状按钮的后面添加了一个相同形状,在“文本窗格”中显示了添加的新项目,输入需要添加的项目内容即可。还可以利用快捷菜单添加文字。

2. 设置 SmartArt 图形格式

设置 SmartArt 图形格式的操作步骤如下:

① 选中 SmartArt 图形并在“SmartArt 样式”组中,单击“更改颜色”按钮,在展开的库中选择所需要的颜色,完成对 SmartArt 图形颜色的更改。

② 在“SmartArt 工具”的“设计”上下文选项卡下,单击“SmartArt 样式”组中的“快翻”按钮,在展开的库中选择所需要的图形样式。

③ 切换至“SmartArt 工具”的“格式”上下文选项卡,单击“艺术字样式”组中的“快翻”按钮,在展开的库中选择需要的艺术字样式。

④ 选择 SmartArt 图形并右击,在弹出的快捷菜单中单击“设置对象格式”命令。

⑤ 在“填充”选项面板中选中“渐变填充”单选按钮,单击“预设颜色”按钮,在展开的库中选择所需预设颜色选项,如“雨后初晴”。

⑥ 在“渐变光圈”选项区域中选择“停止点 2”渐变光圈,在“位置”文本框中设置其结果位置,如设置为 30%。

⑦ 选择“停止点 3”渐变光圈,单击“颜色”按钮,在展开的面板中选择所需要的颜色,如“黄色”选项。完成对 SmartArt 图形格式的设置后,效果如图 3-34 所示。

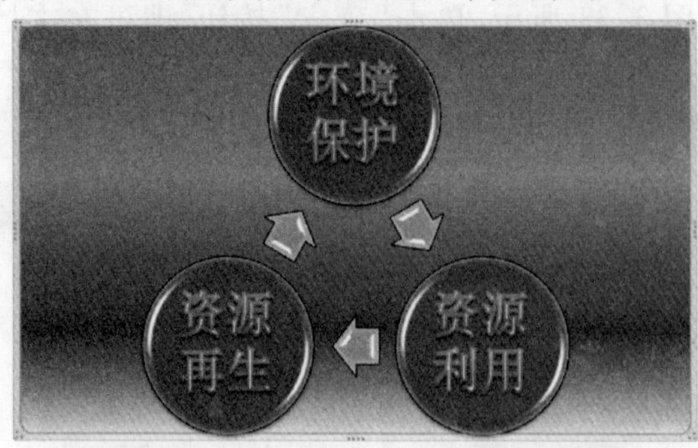

图 3-34 SmartArt 图形格式设置效果图

▶▶任务四　插入艺术字

任务内容

- 制作如图 3-35 所示的图文混排效果文档。

任务要求

- 熟练地插入艺术字,按要求设置艺术字的格式。

利用 Word 2010 的艺术字设计功能,可以方便地为文字建立艺术效果,如旋转、变形、添加修饰等。例如,要给一篇短文添加艺术字“两种习惯养成不得”(图 3-35),操作步骤如下:

① 打开文档,将插入点移到文档中需要插入艺术字的位置。

习惯不嫌其多,有两种习惯却养成不得,除掉那两种习惯,其他的习惯多多益善。哪两种习惯养成不得?一种是不养成什么习惯的习惯,另一种是妨害他人的习惯。↵
什么叫做不养成什么习惯的习惯?举例来说,容易明白。坐要端正,站要挺直,每天要洗脸漱口,每事要有头有尾,这些都是一个人的起码习惯,有了这些习惯,身体与精神就能

图 3-35　艺术字

② 选择“插入”命令,在展开的功能区“文本”组中,单击“艺术字”按钮,在打开的库中选择需要的艺术字样式,完成艺术字的插入。

③ 删除艺术字中的提示文字,再输入需要显示的艺术字文本。

④ 选中艺术字并切换至“绘图工具”的“格式”上下文选项卡,单击“自动换行”按钮,在展开的下拉列表中选择所需的选项,如“浮于文字上方”,将艺术字以“浮于文字上方”的方式显示在文档中。再选中艺术字,单击“段落”组中的“居中”按钮,完成将艺术字以居中嵌入的方式显示到文档中指定的位置。

⑤ 选定艺术字并切换至“绘图工具”的“格式”上下文选项卡,单击“艺术字样式”组的对话框启动器按钮。

⑥ 切换至“三维格式”选项面板,单击“顶端”按钮,在展开的库中选择所需要的三维效果,完成对艺术字三维效果的设置。

▶▶任务五　使用文本框

任务内容

- 制作如图 3-36 所示的图文混排效果文档。

任务要求

- 熟练地在文档中插入文本框,按要求设置文本框的格式,包括与文本的环绕方式、

填充效果和轮廓设置等。

文本框是一个可以独立处理的矩形区域,其中可以放置文本、表格、图形等内容。它的最大方便之处在于,其中的内容可以随文本框框架的移动而移动。

1. 插入文本框

要插入一个空的文本框,操作步骤如下:

① 打开文档,选择“插入”命令,在展开的功能区“文本”组中,单击“文本框”按钮,在打开的库中选择“绘制文本框”(或“绘制竖排文本框”)选项,在文档目标位置按住呈十字形状的鼠标左键不放,并拖动至目标位置处释放鼠标,完成文本框的绘制。

② 插入文本框后,将插入点移入文本框内,再往框内加入需要显示的文本、图形等内容,并完成对文本的字体格式和图形格式的设置。

图 3-36 所示为在文本框中输入文本内容后的效果。

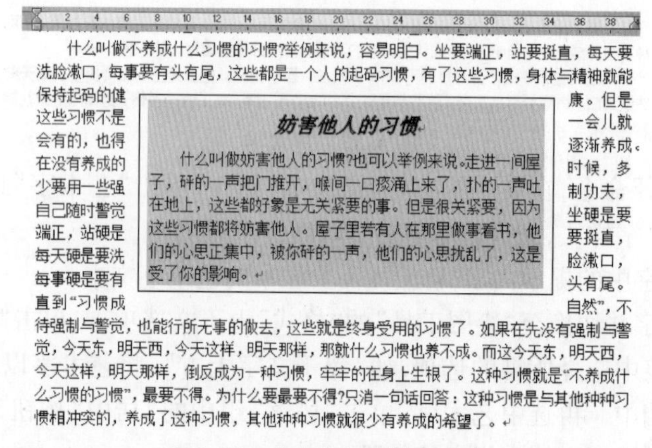

什么叫做不养成什么习惯的习惯?举例来说，容易明白。坐要端正，站要挺直，每天要洗脸漱口，每事要有头有尾，这些都是一个人的起码习惯，有了这些习惯，身体与精神就能保持起码的健康。但是这些习惯不是一会儿就会有的，也得逐渐养成。在没有养成的时候，多少要用一些强制功夫，自己随时警觉，坐硬是要端正，站硬是要挺直，每天硬是要洗脸漱口，每事硬是要有头有尾。直到“习惯成自然”，不待强制与警觉，也能行所无事的做去，这些就是终身受用的习惯了。如果在先没有强制与警觉，今天东，明天西，今天这样，明天那样，那就什么习惯也养不成。而这今天东，明天西，今天这样，明天那样，倒反成为一种习惯，牢牢的在身上生根了。这种习惯就是“不养成什么习惯的习惯”，最要不得。为什么要最要不得?只消一句话回答：这种习惯是与其他种种习惯相冲突的，养成了这种习惯，其他种种习惯就很少有养成的希望了。

妨害他人的习惯

什么叫做妨害他人的习惯?也可以举例来说。走进一间屋子，砰的一声把门推开，喉间一口痰涌上来了，扑的一声吐在地上，这些都好象是无关紧要的事。但是很关紧要，因为这些习惯都将妨害他人。屋子里若有人在那里做事看书，他们的心思正集中，被你砰的一声，他们的心思扰乱了，这是受了你的影响。

图 3-36　在文本框中输入文本

2. 文本框的基本操作

文本框的操作状态分为一般、选定和编辑三种,如图 3-37 所示。

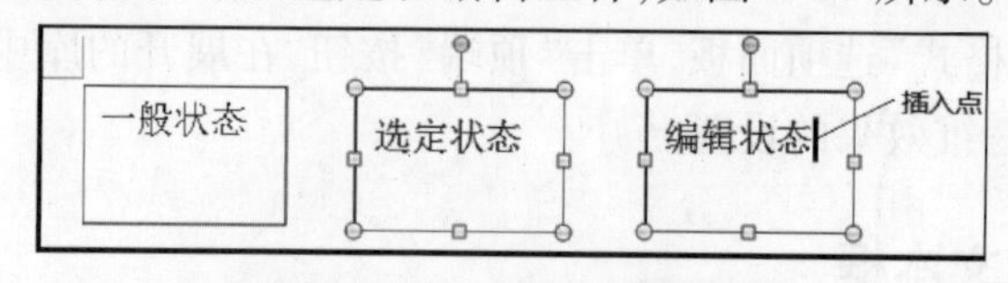

图 3-37　文本框的三种形态

一般状态下,文本框上没有出现 8 个控点。在这种状态下,用户不能对它执行什么操作。

选定状态下,文本框周围出现 8 个控点。在这种状态下,可以对文本框进行缩放、移动、复制和删除操作(操作方法与图片操作类似)。

编辑状态下，文本框周围出现 8 个控点，在框内还有一个插入点（图 3-37）。在这种状态下，可以在框内输入和编辑文本、表格或图形。

这三种状态的切换操作：单击文本框的边框时进入选定状态；单击文本框内文本时可进入文本编辑状态；单击文本框以外的页面位置，可将文本框从另外两种状态切换到一般状态。

3. 文本环绕方式

文本框与周围的文字之间的环绕方式有嵌入型、四周型、紧密型、穿越型、上下型、浮于文字上方、衬于文字下方等。设置环绕方式的操作是：先选定文本框，在“绘图工具”的“格式”上下文选项卡中，单击“自动换行”按钮，在展开的下拉列表中选择合适的“环绕方式”即可。

4. 设置文本框填充效果和轮廓

文本框填充效果和轮廓设置的操作步骤如下：

① 选中文本框，在“绘图工具”的“格式”上下文选项卡中，单击“形状填充”按钮，在展开的下拉列表中选择“无填充颜色”选项即可。

② 在“绘图工具”的“格式”上下文选项卡中，单击“形状样式”组中“形状轮廓”按钮，在展开的下拉列表中选择“无轮廓”选项，完成后可发现文本框已经取消了颜色和轮廓线条。

3.5 表格处理

制作表格是人们进行文字处理的一项重要内容。Word 2010 提供了丰富的制表功能，它不仅可以建立各种表格，而且允许对表格进行调整、设置表格和对表格中的数据计算等。

图 3-38 所示方框就是一个 Word 表格，它由水平的行和竖直的列组成。表格中的每一小格子称为单元格，在单元格内可以输入文字、数字、图形等。单元格相对独立，每个单元格都有“段落标记”。用户可以分别对每个单元格进行输入和编辑操作。

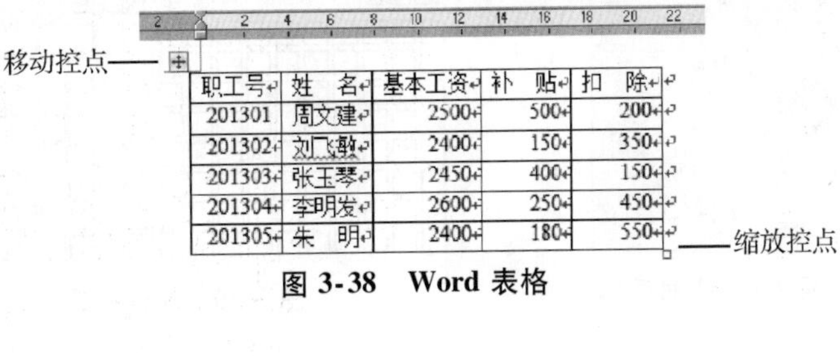

移动控点

职工号	姓　名	基本工资	补　贴	扣　除
201301	周文建	2500	500	200
201302	刘飞敏	2400	150	350
201303	张玉琴	2450	400	150
201304	李明发	2600	250	450
201305	朱　明	2400	180	550

缩放控点

图 3-38　Word 表格

▶▶任务一 建立表格

任务内容

- 在 Word 文档中插入如图 3-38 所示的表格。

任务要求

- 熟练掌握表格创建的四种方法。
- 熟练掌握在表格中输入数据。
- 熟练掌握表格的移动、缩放与删除。

用户可以在 Word 文档的任意位置上建立表格。建立表格的大致方法是:先插入一个空的表格框,然后在这个空的表格中进行数据输入、编辑和格式调整等。

1. 插入表格框

在文档中插入表格有以下四种常用方法:

(1) 通过"插入表格"对话框创建表格

例 3-9 插入如图 3-41 所示的表格框。操作步骤如下:

① 打开文档,将插入点定位在需要插入表格的位置,选择"插入"命令,在展开的功能区"表格"组中,单击"表格"按钮,在打开的下拉列表中选择"插入表格"选项。

② 在弹出的"插入表格"对话框中的"表格尺寸"选项区域的"列数"和"行数"文本框中分别输入需要建立表格的行和列的值,如图 3-39 所示。

③ 单击"确定"按钮即可建立表格。

至此,已经定义一个 6 行 5 列的空表格。

(2) 通过快速表格模板创建表格

① 将插入点定位在需要插入表格的位置并切换至"插入"选项卡,在"表格"组中单击"表格"按钮,在展开的下拉列表中将指针指向第 1 个方格并按住鼠标左键进行移动,如图 3-40 所示。

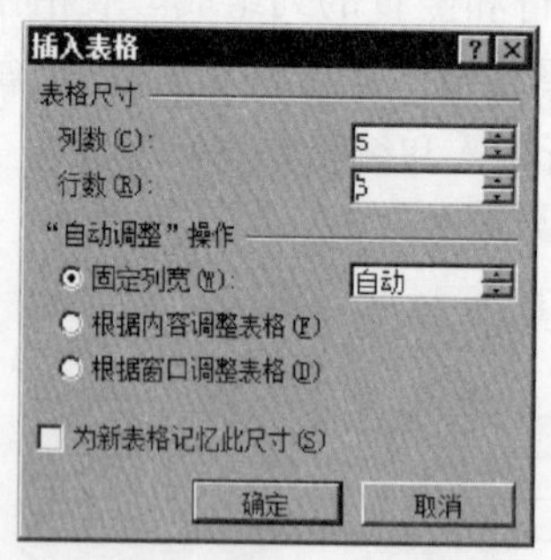

图 3-39 "插入表格"对话框

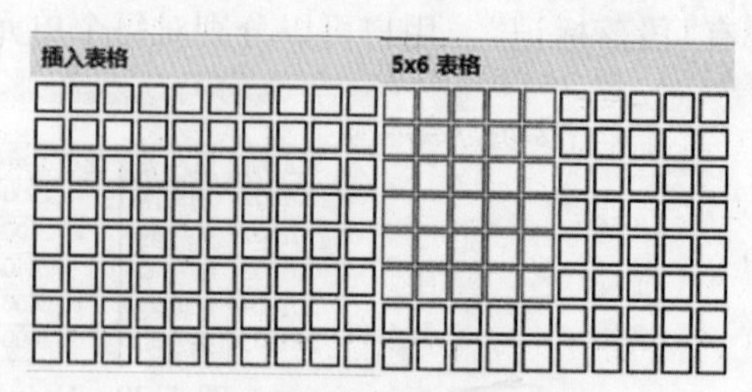

图 3-40 快速创建表格

② 拖动至需要的行、列数位置时释放鼠标左键,则可完成表格的建立。

(3) 使用表格模板

可以使用表格模板并基于一组预先设好格式的表格来插入一张表格。操作步骤如下:

① 将插入点移到要插入表格的位置。

② 选择“插入”命令,在展开的功能区“表格”组中单击“表格”按钮,在打开的下拉列表中选择“快速表格”命令,再在内置的表格样式库单击需要的模板。

③ 使用所需的数据替换模板中的数据。

(4) 将文本替换成表格

用户可以利用已设置有分隔符(如段落标记、Tab 制表符、逗号或空格等)的文本转换成表格,操作步骤如下:

① 选定要转换为表格的文本。

② 选择“插入”命令,在展开的功能区“表格”组中,单击“表格”按钮,在打开的下拉列表中选择“文本转换成表格”命令,即可将文本转换成表格。

2. 在表格中输入数据

定义一个空表后,可将插入点置于表格的任一个单元格内,然后,在此单元格中输入文本。

其输入方法与输入一般文本的方法基本相同。

移动插入点的常用方法有:①直接单击要移到的单元格;②按〈Tab〉键使插入点移到下一个单元格;③按箭头键←、→、↑、↓可使插入点向左、右、上、下移动。

要删除单元格中的内容,可使用〈Delete〉键或退格键来消除字符,也可以选定单元格后按〈Delete〉键。

由于 Word 将每一个单元格视为独立的处理单元,因此,在完成单元格录入后,不能按回车键表示结束,否则就会将内容都输入在该单元格内。

除了在表格内输入文本之外,Word 还允许在表格内插入(或粘贴)图形或其他表格(即生成嵌套表格)。

3. 表格的移动、缩放和删除

在 Word 中,用户可以像处理图形一样,对表格进行移动、复制、缩放或删除等操作。在操作之前,先要选定表格,方法是:单击表格区,此时在表格的左上角会出现一个“移动控点”,在右下方会出现一个“缩放控点”(图 3-38)。对已选定的表格,可进行如下操作:

① 移动。把鼠标指针移到“移动控点”上,当指针头部出现四头箭头形状时,再按住左键拖动鼠标,即可把表格移动到所需的位置。

② 缩小及放大。把鼠标指针移到“缩放控点”上，当指针变成斜向的双向箭头形状时，按住鼠标左键进行拖动，即可调整整个表格的大小。

③ 删除。方法一：切换至“表格工具”→“布局”选项卡，单击“行和列”组中的“删除”按钮，在打开的下拉列表中选择所需命令，如“删除表格”命令。方法二：右键单击要删除的表格，在快捷菜单中选择“删除表格”命令，根据需要进行对应操作。

▶▶任务二　调整表格

任务内容

- Word 表格的调整。

任务要求

- 熟练掌握表格的基本操作，包括行和列的插入和删除、行高和列宽的调整、单元格的拆分与合并、表格的拆分与合并。

建立表格后，Word 允许对它进行调整，包括插入或删除若干单元格、行或列、调整行高或列宽，合并或拆分单元格等。

1. 选定单元格、行或列

在进行表格编辑之前，一般先要选定要编辑的单元格、行或列。被选定的对象以反白显示。

① 选定单元格。每个单元格左边都有一个选定栏，当把鼠标指针移到该选定栏时，指针形状会变成向右上方箭头，此时单击即可选定该单元格，如图 3-41 所示。

职工号	姓　名	基本工资	补　贴	扣　除
201301	周文建	2500	500	200
201302	刘飞敏	2400	150	350
201303	张玉琴	2450	400	150
201304	李明发	2600	250	450
201305	朱　明	2400	180	550

图 3-41　选定单元格

职工号	姓　名	基本工资	补　贴	扣　除
201301	周文建	2500	500	200
201302	刘飞敏	2400	150	350
201303	张玉琴	2450	400	150
201304	李明发	2600	250	450
201305	朱　明	2400	180	550

图 3-42　选定一列

② 选定单元格区域。先将鼠标指针移至单元格区域的左上角，按下鼠标左键不放，再拖动到单元格区域的右下角。

③ 选定一行或若干行。将鼠标指针移至行左侧的文档选定栏，单击可选定该行。拖动鼠标则可选中多行。

④ 选定一列或若干列。将鼠标指针移至列的上边界，当鼠标指针变为向下的箭头形状时，单击可选中该列，如图 3-42 所示。拖动鼠标则可选中多列。采用这种方法也可以选定整个表格。

⑤ 选定整个表格。当选定所有列或所有行时即选定了整个表格。单击表格左上角的“移动控点”也可以选定整个表格。

2. **行的插入与删除**

(1) 在某行之前插入若干行

例 3-10 在图 3-41 所示的表格中,要求在“刘飞敏”之前插入两个空行。操作步骤如下:

① 选定“刘飞敏”所在行及以下的若干行(本例要求插入两个空行),务必使所选定的行数等于需插入的行数,如图 3-43 所示。

职工号	姓　名	基本工资	补　贴	扣　除
201301	周文建	2500	500	200
201302	刘飞敏	2400	150	350
201303	张玉琴	2450	400	150
201304	李明发	2600	250	450
201305	朱　明	2400	180	550

图 3-43　选定 2 行

职工号	姓　名	基本工资	补　贴	扣　除
201301	周文建	2500	500	200
201302	刘飞敏	2400	150	350
201303	张玉琴	2450	400	150
201304	李明发	2600	250	450
201305	朱　明	2400	180	550

图 3-44　执行结果

② 切换到“表格工具”的“布局”上下文选项卡,在“行和列”组中单击“在上方插入”按钮。

执行后即可在当前行前插入所选行数的空行,如图 3-44 所示。

(2) 在最后一行的后面追加若干行

操作步骤如下:

① 将插入点移到表格最后一行处。

② 单击鼠标右键,在弹出的快捷菜单上,指向“插入”,然后单击“在下方插入”,即可在选定的行的下方添加一新行,也可用“表格工具”的“布局”上下文选项卡中的“行和列”组的“在下方插入”按钮完成插入新行。

③ 按需要重复执行步骤②,即可完成要插入若干行的操作。

(3) 行的删除

例 3-11 删除例 3-10 所插入的两个空行(图 3-44),操作步骤如下:

① 选定要删除的行(本例为两个空行)。

② 右键单击选定行,在弹出的快捷菜单上单击“删除行”即可;或者切换到“表格工具”的“布局”上下文选项卡,在“行和列”组中单击“删除”按钮,在展开的下拉列表中再选择“删除行”即可。

3. **列的插入与删除**

列的插入与删除的操作方法,与行的插入与删除的操作方法相似。

4. **列宽和行高的调整**

创建表格时，如果用户没有指定列宽和行高，Word 则使用默认的列宽和行高。用户也可以根据需要对其进行调整。

(1) 指定具体的行高(或列宽)

操作步骤如下：

① 选择要改变行高的行(或要改变列宽的列)。

② 切换到"表格工具"的"布局"上下文选项卡，在"行和列"组中单击"单元格大小"启动器按钮，在弹出的"表格属性"对话框中选择"行"选项卡，如图 3-45 所示，并在"指定高度"框中输入所需要的值。同理，切换到"列"选项卡，在"指定宽度"框中输入所需要的值。

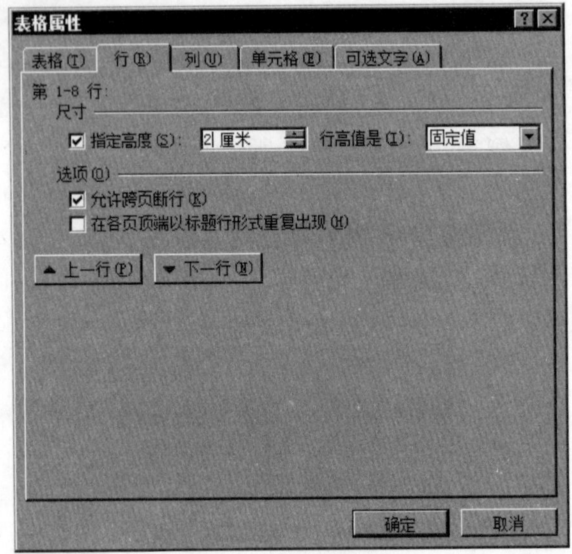

图 3-45 "表格属性"对话框中"行"选项卡的设置

③ 单击"确定"按钮，完成行和列具体值的设置。

(2) 拖动鼠标调整行高(或列宽)

操作方法如下：在"页面视图"方式下，将鼠标指针移到水平标尺的表格标记位置处，当指针变成双向箭头形状时拖动鼠标，拖至合适位置后再释放鼠标，即可完成对单元格列宽的调整。同理，将指针移至垂直标尺的表格标记位置处，当指针变成双向箭头形状时拖动鼠标，拖至合适位置后再释放鼠标，即可完成对单元格行高的调整。

5. **单元格的合并与拆分**

(1) 单元格的合并

单元格的合并是指将相邻若干个单元格合并为一个单元格。操作方法是：

方法一：选定要合并的多个单元格，切换到"表格工具"的"布局"上下文选项卡，在"合并"组中单击"合并单元格"按钮，完成对单元格的合并。

方法二：选定要合并的多个单元格，右键单击，在快捷菜单中选择"合并单元格"命令。

(2) 单元格的拆分

单元格的拆分是指将一个单元格分割成若干个单元格。操作方法是：

方法一：选定要拆分的单元格，切换到"表格工具"的"布局"上下文选项卡，在"合并"

组中单击“拆分单元格”按钮，打开“拆分单元格”对话框，在“列数”和“行数”框中分别输入所需数值，再单击“确定”按钮，完成对单元格的拆分。

方法二：选定要合并的多个单元格，右键单击，在快捷菜单中选择“拆分单元格”命令，打开“拆分单元格”对话框，在“列数”和“行数”框中分别输入所需数值，再单击“确定”按钮，完成对单元格的拆分。

6. 表格的拆分与合并

(1) 表格的拆分

有时，需要将一个大的表格拆分成两个表格，以便在表格之间插入一些说明性的文字。操作方法如下：在将作为新表格的第1行的行中设置插入点，切换到“表格工具”的“布局”上下文选项卡，在“合并”组中单击“拆分表格”按钮，完成表格的拆分。

(2) 表格的合并

只要将两个表格之间的段落标记删除，这两个表格便合二为一。

▶▶任务三　设置表格格式

任务内容

- Word 表格的格式设置。

任务要求

- 熟练掌握表格中文本内容的基本操作(字体、对齐方式等)，掌握表格自动套用格式和表格边框设置。
- 了解表格标题的重复显示。

1. 表格中文本排版

编排表格中的文本，如改变字体、字号、字形等，均可按照一般字符格式化的方法进行。

表格中文本的对齐方式分为水平对齐方式和垂直对齐方式两种。设置水平对齐方式可按段落对齐方法进行。设置表格的垂直对齐方式，操作步骤如下：

① 选定要改变文本垂直对齐方式的单元格。

② 切换到“表格工具”的“布局”上下文选项卡，在“表”组中单击“表格属性”按钮，系统弹出“表格属性”对话框。

③ 选择“单元格”选项卡，在“垂直对齐方式”框中选择“靠上”、“居中”、“靠下”之一选项。

④ 选择完成后，单击“确定”按钮。

此外，设置表格中文本对齐方式的方法还有：右击已选定的单元格，从快捷菜单中选择“单元格对齐方式”命令，再从其级联菜单中选择“靠上两端对齐”、“靠上居中对齐”、“靠上右对齐”等所需选项即可。

2. 表格在页中的对齐方式及文字环绕方式

设置表格在页中的对齐方式及文字环绕方式，操作步骤如下：

① 把插入点移到表格中的任何位置（以此来选定表格）。

② 切换到“表格工具”的“布局”上下文选项卡，在“表”组中单击“表格属性”按钮，系统弹出“表格属性”对话框。

③ 选择“表格”选项卡，在“对齐方式”框中选择一种对齐方式，如“左对齐”、“居中”或“右对齐”，若为“左对齐”方式，则可在“左缩进”组合框中选择或键入一个数字，用以设置表格从正文区左边界缩进的距离；在“文字环绕”框中选择所需环绕方式。

④ 单击“确定”按钮。

3. 表格的自动套用格式

创建一个表格之后，可以利用“表格工具”的“设计”选项卡的“表格样式”库中的样式进行快速排版，它可以把某些预定义格式自动应用于表格，包括字体、边框、底纹、颜色、表格大小等。操作步骤如下：

① 把插入点移到表格中任何位置。

② 切换到“表格工具”的“设计”选项卡的“表格样式”组中的“快翻”按钮，在展开的库中选择需要的表格样式即可。

4. 重复表格标题

若一个表格很长，跨越了多页，往往需要在后续的页上重复表格的标题，操作方法如下：

① 选定要作为表格标题的一行或多行文字，其中应包括表格的第 1 行。

② 右键单击表格，在快捷菜单中选择“表格属性”命令，打开“表格属性”对话框。

③ 切换至“行”选项卡，如图 3-45 所示，勾选“在各页顶端以标题行形式重复出现”前复选框。

④ 单击“确定”按钮。

5. 设置斜线表头

用户将插入点移到表头位置，切换至“表格工具”的“设计”选项卡，单击“表格样式”组中的“边框”右侧下拉按钮，在展开的下拉列表中选择“斜下框线”来设置斜线表头。

6. 表格边框的设置

有时要求表格有不同的边框，例如，有的外边框加粗，有的内部加网格等。除了可以用的“表格样式”库中的内置样式外，还可以在“表格属性”对话框中单击“边框和底纹”按钮,打开"边框和底纹"对话框,然后利用该对话框来直接改变边框样式。

▶▶任务四　公式计算和排序

任务内容

- 对 Word 表格中的数据进行简单的计算,按照一定的字段要求进行排序。

任务要求

- 能利用公式和函数实现表格中数据的简单运算,如 Sum、Average。
- 熟练掌握按照字段要求进行排序。

Word 的表格具有计算功能。对于有些需要统计后填写的数据,可以直接把计算公式输入在单元格中,由 Word 计算出结果。但 Word 毕竟是一个文字处理软件,所以在这里只能进行少量的简单计算,而对那些含有复杂计算的表格,应通过插入 Excel 电子表格的方法来完成。

Word 表格中的计算功能,是通过定义单元格的公式来实现的,即指定单元格值的计算公式。输入公式的方法如下:

① 在表格中选定单元格,或将插入点移到指定单元格中。

② 切换到"表格工具"的"布局"上下文选项卡,在"数据"组中单击"f_x 公式"按钮,系统弹出"公式"对话框,如图 3-46 所示。

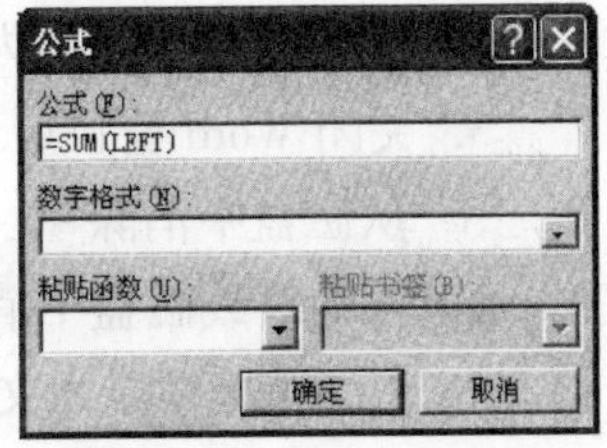

图 3-46　"公式"对话框

③ 该对话框中除有一个公式输入行用来输入公式外,还有两个下拉框:一个是编号格式框,用来确定计算结果的显示格式;第二个是粘贴函数框,可以将其中的函数直接插入公式中。

输入公式时必须以等号"="开头,后跟公式的式子。公式中要用到单元格的编号,单元格的列用字母表示(从 A 开始),行用数字表示(从 1 开始),因此第 1 行第 1 列的单元格编号为 A1,第 2 行第 3 列的单元格编号为 C2。对于一组相邻的单元格(矩形区域),可用左上角与右下角的单元格编号来表示,如 A1:C3、B2:B7 等。Word 还采用 LEFT,RIGHT 和 ABOVE 来分别表示插入点左边、右边和上边的所有单元格。

Word 提供了一系列计算函数,包括求和函数 SUM、求平均值函数 AVERAGE、求最大值函数 MAX 等。例如,把插入点左边的所有单元格的数值累加,采用的公式为"=SUM(LEFT)"。

Word 还能够对整个表格或所选定的若干行进行排序,例如,按成绩从高到低对表格中学生的资料重新排序,排序的依据可以是字母、数字和日期。排序的方法是:选定要排序的行,切换到"表格工具"的"布局"上下文选项卡,在"数据"组中单击"排序"按钮,在弹出的“排序”对话框中按要求进行设置即可。

习题三

一、单选题

1. 设已经打开了一个文档，编辑后进行“保存”操作，该文档________。

A. 被保存在原文件夹下　　B. 可以保存在已有的其他文件夹下

C. 可以保存在新建文件夹下　　D. 保存后文档被关闭

2. 打开文档文件是指________。

A. 为文档开设一个空白编辑区

B. 把文档内容从内存读出，并显示出来

C. 把文档文件从盘上读入内存，并显示出来

D. 显示并打印文档内容

3. 关闭 Word 窗口后，被编辑的文档将________。

A. 从磁盘中消除　　B. 从内存中消除

C. 从内存或磁盘中消除　　D. 不会从内存和磁盘中消除

4. 在编辑区中录入文字，当前录入的文字显示在________。

A. 鼠标指针位置　　B. 插入点　　C. 文件尾部　　D. 当前行尾部

5. Word 文字录入时有插入和改写两种方式，当按下键盘上的________键时可以对这两种状态进行切换。

A. 〈Caps Lock〉　　B. 〈Delete〉　　C. 〈Insert〉　　D. 〈Backspace〉

6. 单击“开始”选项卡下的“剪贴板”组中的“粘贴”按钮后________。

A. 被选定的内容移到插入点

B. 剪贴板中的某一选项内容移动到插入点

C. 被选定的内容移到剪贴板

D. 剪贴板中的某一选项内容复制到插入点

7. 在“开始”选项卡下的“剪贴板”组中的“剪切”和“复制”按钮项呈灰色而不能被选时，表示的是________。

A. 选定的文档内容太长，剪贴板放不下　　B. 剪贴板里已经有了信息

C. 在文档中没有选定任何信息　　D. 刚单击了“复制”按钮

8. 在 Word 文档窗口中，若选定的文本块中包含有几种字号的汉字，则“开始”选项下的“字体”组中的字号框中显示________。

A. 空白　　　　　　　　　　　　B. 文本块中最大的字号

C. 首字符的字号　　　　　　　　D. 文本块中最小的字号

9. 删除一个段落标记符后,前、后两段将合并成一段,原段落格式的编排________。

A. 没有变化　　　　　　　　　　B. 后一段将采用前一段的格式

C. 后一段格式未定　　　　　　　D. 前一段将采用后一段的格式

10. 已经在文档的某段落中选定了部分文字,再进行字体设置和段落设置(如对齐方式),则按新字体设置的是________,按新段落设置的是________。

A. 文档中全部文字　　　　　　　B. 选定的文字

C. 插入所在行中的文字　　　　　D. 该段落中的所有文字

11. 在 Word 中,为了确保文档中段落格式的一致性,可以使用________。

A. 样式　　　　B. 模板　　　　C. 向导　　　　D. 页面设置

12. 对插入的图片,不能进行的操作是________。

A. 放大或缩小　　　　　　　　　B. 从矩形边缘裁剪

C. 移动位置　　　　　　　　　　D. 修改其中的图形

13. 下列操作中,________不能在 Word 文档中生成 Word 表格。

A. 在"插入"选项卡的"表格"组中,单击"表格"按钮,在展开的下拉列表中在用鼠标拖动

B. 使用绘图工具画出需要的表格

C. 在"插入"选项卡的"表格"组中,单击"表格"按钮,在展开的下拉列表中选择"文本转换成表格"命令

D. 在"插入"选项卡"表格"组中,单击"表格"按钮,在展开的下拉列表中选择"表格插入"选项

二、多选题

1. 下列操作中,________能选定全部文本。

A. 在"开始"选项卡下"编辑"组中单击"选择"按钮,在展开的下拉列表中选择"全选"按钮

B. 按〈Ctrl〉+〈A〉键

C. 将鼠标指针移至选定栏,连续三击

D. 将鼠标指针移至选定栏,按住〈Ctrl〉键的同时单击

E. 将鼠标指针移至选定栏,连续双击后按回车键

2. 下列叙述正确的是________。

A. 在 Word 中一定要有"常用"和"格式"工具栏,才能对文档进行编辑排版

B. 如果连续进行了两次"插入"操作,当单击一次"常用"工具栏上的"撤消"按钮后,则可将两次插入的内容全部取消

C. Word 不限制"撤消"操作的次数

D. Word 中的"恢复"操作仅用于"撤消"过的操作

E. 模板是由系统提供的,用户自己不能创建

F. 格式刷不仅能复制字符格式,也能复制段落格式

3. 下列叙述正确的是________。

A. 单击"开始"选项卡下的"剪贴板"组中的"复制"按钮,可将已选定的文本复制到插入点位置

B. 在 Word 表格中可以填入文字、数字和图形,也可以填入另一个表格

C. 按〈Delete〉键可以删除已选定的 Word 表格

D. Word 可以将文本转换成表格,但不能将表格转换成文本

E. 页眉页脚的内容在各种视图下都能看到

F. 一个文档中的各页可以有不同内容的页眉和页脚

4. 下列叙述正确的是________。

A. 利用"计算机"可以删除已经被 Word 打开的文档文件

B. Word 可以先后打开同一个文档,使该文档分别在不同编辑窗口中编辑排版

C. 在打开多个文档的情况下,单击"文件"→"关闭"命令,则可以关闭所有文档

D. 一个文档经"文件"→"另存为"命令改名保存,原文档仍存在

E. 通过设置,Word 文档在保存时可以自动保存一个备份文件(.wbk)

F. 在 Word 文档中插入超链接,可以链接到本机磁盘的另一 Word 文档

三、填空题

1. 假设当前编辑的是 C 盘中的某一个文档,要将该文档复制到优盘,应该使用"文件"菜单中的________命令。

2. 新建一个 Word 文档,默认的文档名是"文档 1",文档内容的第一行标题是"通知",对该文档保存时没有重新命名,则该文档的文件名是________.docx。

3. 要将 Word 文档转存为"记事本"程序能处理的文档,应选用________文件类型。

4. 删除插入点光标以左的字符,按________键;删除插入点光标以右的字符,按________键。

5. 段落标记是在键入________键之后建立的。

6. 当打开多个 Word 文档而使得任务栏上不足以显示这些文档按钮时,系统会将这些文档按钮合并为一个任务按钮,并在其中显示打开的文档列表。如果要同时关闭这多

个文档,操作方法是:右击任务栏上该任务按钮,然后选择快捷菜单中的________命令。

注:在“任务栏和「开始」菜单属性”对话框中选中“分组相似任务栏按钮”,可使系统具备上述功能。

7. Word 进行段落排版时,如果对一个段落操作,只需在操作前将插入点置于________;若是对 n 个段落操作,首先当________,再进行各种排版操作。

8. 页边距是________至________的距离。

9. 要将某文档插入到当前文档的当前插入点处,应选择________菜单中的________命令要插入图形文件,应选择________菜单中的________命令。

第4章 Excel 2010应用

电子表格可以输入、输出、显示数据,可以帮助用户制作各种复杂的表格文档,进行繁琐的数据计算,并能对输入的数据进行各种复杂统计运算后,显示为可视性极佳的表格,同时,它还能形象地将大量枯燥无味的数据变为多种漂亮的彩色商业图表显示出来,极大地增强了数据的可视性。另外,电子表格还能将各种统计报告和统计图打印出来。

Excel 2010 是微软 Office 2010 软件中的电子表格组件,其制作的表格是电子表格中的一种,除此以外,还有国产的 CCED、金山 WPS 中的电子表格等。

Excel 2010 采用表格的方式来管理数据,以二维表格作为基本操作界面,具有表格处理、数据库管理和图表处理三项主要功能,它被广泛地应用于金融、财税、行政、个人事务等领域。

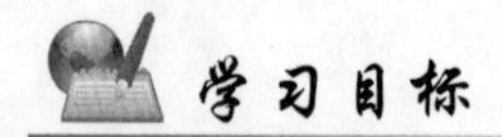

学习目标

- Excel 的组成与基本操作。
- 掌握公式与常用函数的使用,如 SUM、AVERAGE、IF、SUMIF、COUNTIF、COUNT、MAX、MIN、RANK、ROUND 等。
- 掌握数据管理与统计,如筛选、分类汇总、排序等,了解数据库函数。
- 掌握图表的创建与加工。
- 了解迷你图,了解多工作表操作。

4.1 Excel 工作表的基本操作

▶▶ 任务一 认识 Excel

任务内容

- Excel 的窗口组成。
- Excel 工作簿、工作表和单元格的组成、打开与关闭。

任务要求

- 了解 Excel 的窗口构成。
- 了解 Excel 工作表的特性及默认设置。
- 了解 Excel 单元格地址及单元格区域。
- 熟悉 Excel 工作簿的建立、打开与保存等基本操作。
- 熟悉工作表的插入、重命名、删除、复制、移动等基本操作。

一、Excel 窗口

启动 Excel 2010(以下简称 Excel)后,屏幕上显示如图 4-1 所示的主窗口。

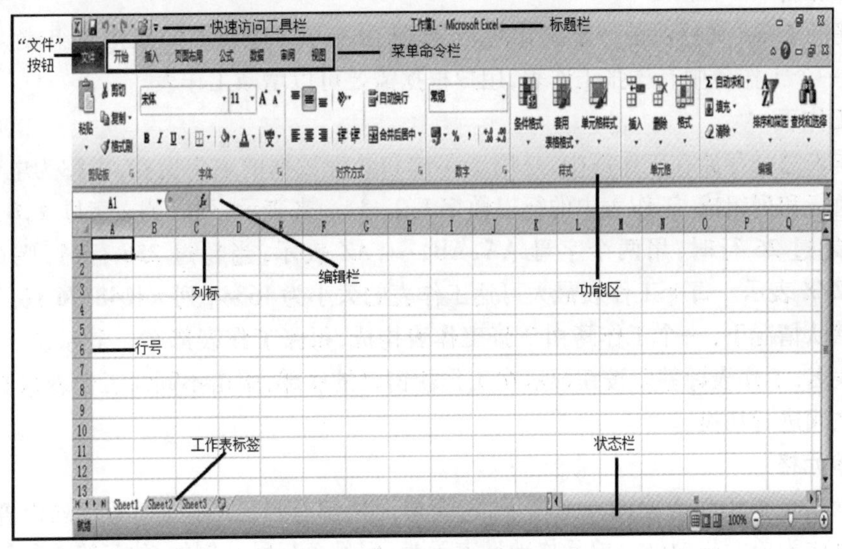

图 4-1 Excel 2010 主窗口

在编辑区中,通常展示的是工作簿中的某一页工作表——由虚线网格构成的表格。当鼠标指针处于编辑区时形状变为"✚"符号。

工作簿编辑区的最左一列和最上一行分别是行号栏和列号栏,分别表示工作表单元格的行号和列标。在编辑区的下方还显示了工作表标签 Sheet1、Sheet2 等。

Excel 在功能区的下方设置一个编辑栏,它包括名称框、数据编辑区和一些按钮。名称框显示当前单元格或区域的地址或名称,数据编辑区用来输入或编辑当前单元格的值或公式。

在单元格中输入数据时,键入的内容会同时出现在单元格和编辑栏中,如图 4-2 所示。

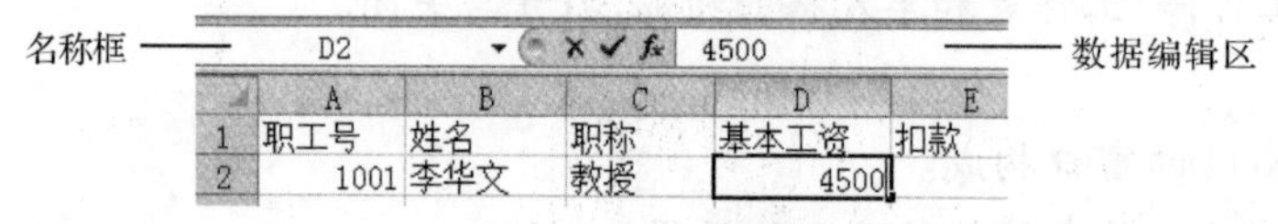

图 4-2 输入数据

数据编辑区的左侧有 3 个按钮,"×"为取消按钮,"√"为确认按钮,"f_x"为编辑按钮,单击"√"按钮表示接收输入项,单击"×"按钮表示不接收输入项,单击"f_x"按钮后可以打开"插入函数"对话框。

二、工作簿、工作表和单元格

1. 工作簿

新建的 Excel 文件就是一个工作簿,工作簿由一至多张相关的工作表组成。在默认情况下,一个工作簿中有 3 张工作表,用户根据需要可以增减工作表。

2. 工作表

工作表总是存储在工作簿中,是用于存储和处理数据的主要文档,也称为电子表格。工作表由行和列组成,工作表中的行以数字 1,2 ,3,…来表示,列以英文字母 A,B,C,…来表示,当超过 26 行时,用两个字母 AA,AB,…,AZ 表示,当超过 256 行时,则用 AAA,AAB,…ZZZ 表示。每个工作表最大可达工作表的大小为 16384 列×1048576 行。

在默认情况下,一个工作簿由 3 张工作表构成,每张工作表都有一个标签,标签名也是工作表名,工作表标签以按钮显示在工作簿窗口的底部,单击不同的工作表标签可以在工作表之间进行切换。

3. 单元格

单元格是指工作表中的一个格子,每个单元格都有自己的坐标(即行列位置),单元格坐标也称为单元格地址。单元格地址表示为:列号+行号。例如,位于第 1 行第 1 列的单元格地址为 A1,位于第 3 行第 2 列的单元格地址为 B3,依次类推。

引用单元格时，一般是通过指定单元格的地址来实现的。例如，要把两个单元格 A1 和 B3 的值相加可以写成 A1 + B3。

使用中，除了采用上述地址表示方式（称为相对地址）外，还可以采用绝对地址和混合地址，详见 4.3.2 节。此外，为了区分不同工作表中的单元格，还可以在单元格地址的前面增加工作表名称，如 Sheet1！A2、Sheet2！C5 等。

4. 单元格区域

单元格区域是指一组相邻的呈矩形的单元格，它可以是某行或某列单元格，也可以是任意行或列的组合。引用单元格区域时，可以用它的左上角单元格的地址和右下角单元格的地址来表示，之间用一个冒号作为分隔符，如 A1：D5、B2：E4、C2：C4 等。

Excel 的数据结构中，最基本的数据单元是单元格。工作表包括一系列单元格，工作簿则是若干个相关工作表的集合。一个工作簿以文件形式存储在磁盘上。

三、工作簿的建立、打开和保存

1. 新建工作簿

启动进入 Excel 时，系统将自动打开名为"工作簿 1"的新工作簿，用户可以直接在此工作簿的当前工作表中输入数据或编辑数据。如果用户还需要创建其他新的工作簿，可以单击"文件"按钮，在打开的选项列表中选择"新建"按钮，再从右侧显示的"可用模板"中选择"空白工作簿"。

新建的工作簿文件取名为"工作簿 2"、"工作簿 3"等。当新建的工作簿第一次存盘时，系统会让用户为该工作簿指定新的文件名。Excel 文件默认扩展名为. xlsx。

2. 打开工作簿

如果要用的工作簿已经在磁盘中，则可以单击"文件"按钮，在打开的选项列表中选择"打开"按钮；或者单击"快速访问工具栏"上的"打开"按钮。

3. 保存工作簿

工作簿创建或修改完毕后，可以单击"文件"按钮，在打开的选项列表中选择"保存"（或"另存为"）按钮；或者单击"快速访问工具栏"上的"保存"按钮，将其存储起来。

例 4-1 输入如表 4-1 所示的表格内容，并以"工资表"为文件名保存在"文档"库文件夹中。

表 4-1 工资表

职工号	姓名	职称	基本工资	扣款
1001	李华文	教授	4500	400
1002	林宋权	副教授	3700	350
1003	高王成	讲师	2800	300
1004	陈青	副教授	3900	370
1005	李忠	助教	2500	280
1006	张小林	讲师	3000	310

操作步骤如下：

① 单击“文件”按钮，在打开的选项列表中选择“新建”按钮，再从右侧显示的“可用模板”中选择“空白工作簿”，系统自动建立一个临时文件名为“工作簿 n”（n 为数字）的新工作簿。

② 新建一个工作簿之后，便可以在其中的工作表中输入数据。输入数据是很容易的，先用鼠标或光标移动键选定当前单元格，然后输入数据内容。

当一个单元格中的内容输入完毕后，可以使用光标移动键（箭头键〈↑〉、〈↓〉、〈←〉、〈→〉）、〈Tab〉键、回车键或单击编辑栏上的“√”按钮 4 种方法来确定输入。如果要放弃刚才输入的内容，可单击编辑栏上的“×”按钮或〈Esc〉键。

要修改单元格中的数据，先要用鼠标双击单元格或按功能键〈F2〉进入修改状态，以后便可以使用〈←〉或〈→〉键来移动插入点的位置，也可以利用〈Del〉键或退格键来消除多余的字符，修改完毕后按回车结束。

在当前工作表中录入表 4-1 的内容，录完后显示如图 4-3 所示。

	A	B	C	D	E	F
1	职工号	姓名	职称	基本工资	扣款	
2	1001	李华文	教授	4500	400	
3	1002	林宋权	副教授	3700	350	
4	1003	高玉成	讲师	2800	300	
5	1004	陈　青	副教授	3900	370	
6	1005	李　忠	助教	2500	280	
7	1006	张小林	讲师	3000	310	
8						

图 4-3 工资表数据

③ 单击“文件”按钮，在打开的选项列表中选择“另存为”按钮，系统弹出“另存为”对话框。

④ 在“文件名”框中输入“工资表”，在左边窗口选择“文档”库，再单击“保存”按钮。

⑤ 单击“文件”按钮，在打开的选项列表中选择“关闭”按钮（或单击窗口右上角的“关闭”按钮），即可关闭该工作簿。

四、使用多工作表

1. 选定工作表

Excel 工作簿一般设置 3 张工作表，当需要选定其中一张工作表时，可以在窗口下方单击该工作表的标签。

2. 插入工作表

插入工作表的操作步骤如下：

① 右击窗口下方工作表标签，在出现的快捷菜单中选择“插入”命令。

② 在弹出的“插入”对话框的“常用”框中选择“工作表”选项。

③ 单击“确定”按钮即可。

3. 重命名工作表

工作表默认的名字是 Sheet1、Sheet2 等，因此无法从这些名字来判断该工作表记录的内容是什么。如果要给工作表取一个有意义的名字，可以通过重命名来实现，操作步骤如下：

① 将鼠标指针移到要重命名的工作表标签上，然后单击鼠标右键，弹出一个快捷菜单。

② 选择“重命名”命令，使要改名的工作表标签呈反白显示状态。

③ 从键盘上输入新的名字，例如，要将指定工作表改为“成绩表”，则键入“成绩表”后按回车键。

此时，新的名字就会出现在工作表的标签上。

4. 删除工作表

删除工作表的操作步骤如下：

① 单击工作表标签来选定工作表。

② 从工作表标签的快捷菜单中执行“删除”命令。

5. 工作表的复制和移动

Excel 允许将某个工作表在同一个或多个工作簿中移动或复制。

要复制工作簿中的某张工作表，常用操作步骤如下：选定需要复制的工作表标签，把鼠标指针移到已选定的工作表标签上面，按下〈Ctrl〉键的同时按下鼠标左键，再拖动鼠标到目标位置。

复制完成后，新产生的工作表将被命名为原工作表(2)，例如，复制 Sheet3 所产生的新工作表名为 Sheet3(2)。

如果用户想重新排列工作簿中各工作表的顺序，可以通过移动工作表来实现，其操作方法与复制操作类似。

▶▶ 任务二　工作表的基本操作

任务内容

- Excel 工作表的基本操作。

任务要求

- 掌握单元格操作技巧,包括单元格的选定、单元格中数据的输入、单元格的插入和删除等。
- 掌握数据清单的复制、移动和选择性粘贴。
- 掌握单元格的格式设置,包括文本格式、数字格式、对齐方式、边框等。

一、选定单元格

"先选定,后操作"是 Excel 重要的工作方式,当需要对某部分单元格进行操作时,首先应选定该部分。

1. 选定单个单元格

在编辑数据之前,先要确定编辑的位置,也就是要选定当前单元格。当前单元格又称为活动单元格,是指当前正在操作的单元格。当一个单元格是活动单元格时,它的边框线变为粗线。同一时间只有一个活动单元格,初次使用工作表时,左上角的单元格便是活动单元格。使指定的单元格成为活动单元格,常用的方法有:

① 移动鼠标指针到指定的单元格,然后单击。

② 使用键盘上的光标移动键,如↑、↓、←、→、Tab、PgDn、PgUp、Ctrl + Home(至表头)、Ctrl + End(至表尾)等也可以移动活动单元格。

2. 选定一个单元格区域

当一个单元格区域被选定后,该区域会变成浅蓝色。选定单元格区域可以用鼠标或键盘来进行操作。

使用鼠标选定区域的操作方法:将鼠标指针移到要选定区域的左上角,按住鼠标左键,并拖动到要选区域的右下角。

使用键盘选定区域的操作方法:通过光标移动键把活动单元格移到要选定区域的左上角,按住〈Shift〉键,并用箭头键↑、↓、←、→、PgDn、PgUp 选定要选的区域。

3. 选定不相邻的多个区域

在使用鼠标和键盘选定的同时,按下〈Ctrl〉键,即可选定不相邻的多个区域。

4. 选定行或列

使用鼠标单击行号或列标可以选定单行或单列,在行号栏或列标栏上拖动鼠标,则可选定多个连续的行或列。

5. 选定整个工作表

单击行号和列标交叉处（即工作簿窗口的左上角）的“全选”按钮，或按〈Ctrl〉+〈A〉键，都可以选定整个工作表。

二、在单元格中输入数据

1. 数据类型

在使用 Excel 来处理数据时，会遇到各种不同类型的数据。例如，一个人的姓名是由一串文本组成，成绩、年龄和体重都是一个数值，而是否大学毕业则是一个逻辑值等。为此，Excel 提供了 5 种基本数据类型，即数值型、文本型（也称字符型或文字型）、日期/时间型、逻辑型和数组型。

（1）数值型数据（简称数字）

数值型数据是指用 0～9 和特殊字符构成的数字。特殊字符包括“+”，“-”，“.”，“,”，“$”，“%”等。数字在单元格中显示时，默认的对齐方式是右对齐。

在一般情况下，如果输入的数字项值太大或太小，Excel 将以科学记数法形式显示它，例如，1.23457E+11，即 1.23457×10^{11}；3.27835E-08，即 3.27835×10^{-8}。

（2）文本型数据

文本型数据是任何数字、字母、汉字及其他字符的组合，如 4Mbit/s、姓名、李文华、Windows 等。文本在单元格中显示时，默认的对齐方式是左对齐。

Excel 允许每一个单元格容纳长达 32000 个字符的文本。

（3）日期/时间型数据

日期型数据用于表示各种不同格式的日期和时间。Excel 规定了一系列的日期和时间格式，如 DD-MMM-YY（示例:21-Oct-96）、YYYY-MM-DD（示例:1999-5-29）、YYYY/MM/DD（示例:1999/5/29）、HH:MM:SS PM（示例:8:20:37 PM）（AM、PM 分别表示上午、下午）、YYYY/MM/DD HH:MM（示例:1998/8/6 14:20）等。

当按照 Excel 认可的格式输入日期或时间时，系统会自动使之变成日期/时间的显示标准格式。

（4）逻辑型数据

逻辑型数据用来描述事物之间成立与否的数据，只有两个值:FALSE 和 TRUE。FALSE 称为假值，表示不成立；TRUE 称为真值，表示成立。

2. 直接输入数据

在单元格中可以存储上述类型的数据。一般情况下，用户只需按照数据内容直接输入即可，Excel 会自动识别所输入的数据类型，进行适当的处理。在输入数据时要注意如下一些问题。

① 当向单元格输入数字格式的数据时，系统自动识别为数字类型（或称数值类型）；任何输入，如果包含数字、字母、汉字及其他符号组合时，系统就认为是文本型。

② 如果输入的数字有效位超过单元格的宽度，单元格无法全部显示时，Excel 将显示若干个#号，此时必须调整列宽才能显示正确的数据。

③ 如果要把输入的数字作为文本处理，可在数字前加单引号（注意：必须为半角字符的单引号），例如，要输入 1234，必须键入“'1234”。当第一个字符是“=”时，也可先输入一个单引号，再输入“=”，否则按输入公式处理。

④ 如果在单元格中既要输入日期又要输入时间，则中间必须用空格分隔开。

⑤ 输入日期时，可按 yyyy-mm-dd 的格式输入。例如，2013 年 5 月 28 日应键入“2013-05-28”。输入时间时，可按 hh:mm 的格式输入，例如，下午 6 时 58 分就键入“18:58”。

⑥ 如果在单元格中输入当前系统日期或当前系统时间，可按〈Ctrl〉+〈;〉键或按〈Ctrl〉+〈Shift〉+〈;〉键。

⑦ 需要强制在某处换行时，可按〈Alt〉+〈Enter〉组合键。

3. 数据的填充

用户除了可在单元格中输入数据外，Excel 还提供数据序列填充功能，使之可以在工作表中快速地输入有一定规则的数据。

Excel 能够自动填充日期、时间及数字序列，包括数字和文本的组合序列，如：星期一，星期二，…，星期日；一月，二月，…，十二月；1，2，3，…。

例 4-2 在单元格 A1:A10 中填入序列数字 10，13，16，…，37。操作步骤如下：

① 在单元格 A1 中键入起始数“10”。

② 选定区域 A1:A10。

③ 在“开始”选项卡“编辑”组中，单击“填充”按钮，在展开的下拉列表中选择“系列”命令，系统弹出如图 4-4(a) 所示的“序列”对话框。

④ 选择“序列产生在”为“列”，“类型”为“等差序列”，在“步长值”框中输入 3。

⑤ 单击“确定”按钮。

执行结果如图 4-4(b) 所示。

(a)

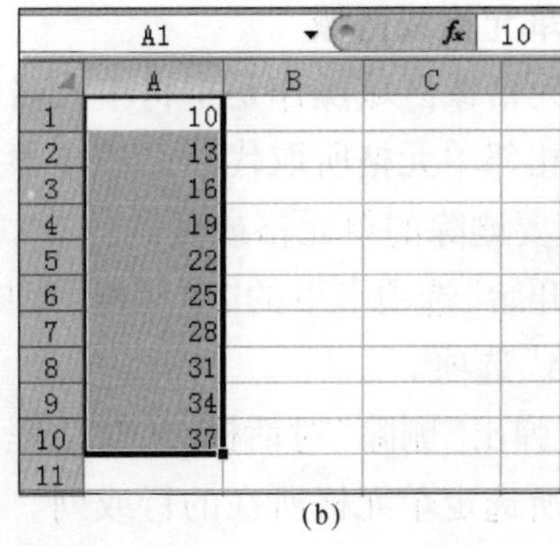

(b)

图4-4 数字序列填充

4. 从外部导入数据

切换到“数据”选项卡,在“获取外部数据”组单击所需按钮,可导入其他应用程序(如Access,SQL Server 等)产生的数据,还可以导入文本文件等。

三、单元格的插入和删除

1. 插入空白单元格或区域

插入空白单元格区域的操作步骤如下:

① 选定要插入单元格的位置或区域。

② 在“开始”选项卡下的“单元格”组中,单击“插入”下三角按钮,在下拉列表中选择“插入单元格”选项。

③ 系统弹出“插入”对话框。

对话框中提供以下4种插入方式:

- 活动单元格右移:表示新的单元格插入到当前单元格的左边。
- 活动单元格下移:表示新的单元格插入到当前单元格的上方。
- 整行:在当前单元格的上方插入新行。
- 整列:在当前单元格的左边插入新列。

用户可以从对话框中选择一种合适的插入方式。

2. 插入空白行或列

插入空白行或列的操作步骤如下:

① 选定插入行(或插入列)所在位置上任一单元格。如果要插入多行(或多列),则必须向下(或向右)选定与要插入的行数(或列数)相同的行(或列)。

② 在“开始”选项卡下的“单元格”组中,单击“插入”下三角按钮,在下拉列表中选择“插入工作表行”(或“插入工作表列”)选项。

3. 删除单元格或区域

删除单元格或区域操作是指将单元格内的数据及其所在位置完全删除。被删除的单元格会被其相邻单元格所取代。操作步骤如下：

① 选定要删除的单元格或区域。

② 在"开始"选项卡下的"单元格"组中，单击"删除"下三角按钮，在下拉列表中选择"删除单元格"选项。

③ 系统弹出"删除"对话框，从对话框中选择一种删除方式。若选"整行"或"整列"，则可以删除所选定单元格所在的行或列。

4. 删除行或列

删除行或列的操作步骤如下：

① 选定要删除的行或列。

② 在"开始"选项卡下的"单元格"组中，单击"删除"下三角按钮，在下拉列表中选择"删除工作表行"(或"删除工作表列")选项。

四、表格的复制、移动和清除

1. 复制数据

复制单元格区域内的数据，可在同一张工作表中进行，也可以在不同的工作表中进行。常用的两种复制方式：一是使用"开始"选项卡下的"剪贴板"组中的"复制"按钮复制数据；二是用鼠标拖放来复制数据。

2. 选择性粘贴

一个单元格含有多种特性，如数值、格式、公式等，数据复制时往往只需要复制它的部分特性，这时可以通过"选择性粘贴"来实现。"选择性粘贴"的操作步骤如下：

① 先将数据复制到剪贴板，再选定待粘贴目标区域中的第一个单元格。

② 在"开始"选项卡下的"剪贴板"组中，单击"粘贴"下三角按钮，在下拉列表中选择"选择性粘贴"选项，系统弹出如图4-5所示的对话框。

③ 从对话框中选择相应选项后，单击"确定"按钮，即可完成选择性粘贴。

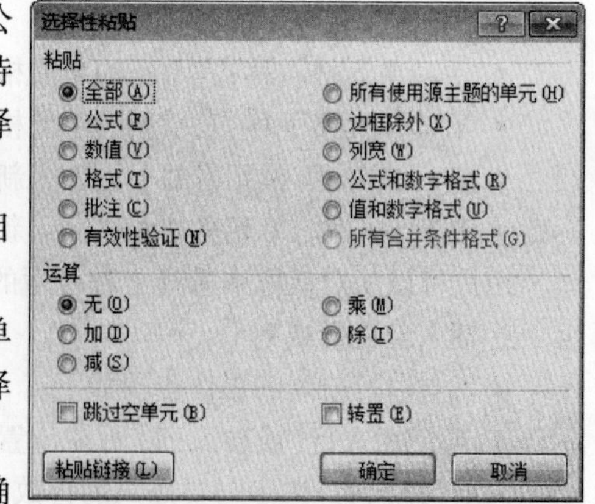

图4-5 "选择性粘贴"对话框

3. 移动数据

移动单元格区域的数据，其操作方法与复制操作基本相同，不同之处在于复制操作使用的是“复制”命令(或按〈Ctrl〉+〈C〉组合键),而移动操作使用的是“剪切”命令(或按〈Ctrl〉+〈X〉组合键)。

4. 清除数据

清除单元格中的数据也称清除单元格,是指将单元格中的内容(含公式)、格式等加以清除,但单元格本身仍保留在原处(这与删除单元格不同)。操作步骤如下:

① 选定要清除数据的单元格(或区域)、行或列。

② 在“开始”选择卡下的“编辑”组中,单击“清除”下三角按钮,在下拉列表中选择“全部清除”、“清除格式”、“清除内容”、“清除批注”和“清除超链接”等选项。

选定单元格、列或行后按〈Delete〉键,也可以直接清除单元格中的内容(保留单元格中的原有格式)。

五、数据格式的设置

1. 文本格式的设置

单元格中文本格式包括字体、字号、字形及对齐方式等。文本格式设置的两种常用操作方法:一是利用“开始”选项卡下的有关工具,如“字体”列表框、“字号”列表框、“字形”按钮、对齐方式按钮等;二是通过“开始”选项卡下的“单元格”组中“格式”下拉列表的“设置单元格格式”命令来实现。

2. 数字格式的设置

Excel 为数值数据提供了不少预定义的数字格式。此外,用户也可以自定义自己的数字格式。Excel 常用的数字格式如下:

(1) #数字预留位

一个#可表示一个数字,如数字 121.5。若采用格式“###”,则显示的结果是 122(后一位四舍五入)。

(2) 0 数字预留位

预留位置的规则与“#”一样,不同的地方是当小数点右边的数字位数比“0”少时,少掉的位会用“0”补足,如 121.5。若采用格式“0.00”,则显示的结果是 121.50;若采用格式“###.##”,则显示的结果是 121.5。

(3) . 小数点

小数点前后的位数由“#”、“0”的位数确定,如 123.567。若采用格式“###.00”,则显示的结果是 123.57。

(4) % 百分号

将指定数乘以 100 并在后面加%。

(5) , 逗号(千位分隔符)

从个位开始每三位整数加一个逗号分隔符,如1234.564。若采用格式"#,###.##",则显示的结果是1,234.56。

(6);分号

表示将数字格式分为两部分,分号之前为正数格式,分号之后的为负数格式。

例4-3 如图4-3所示的"工资表"工作表中,要将基本工资及扣款两列上的数据显示格式改为¥#,##0方式显示。操作步骤如下:

① 选定要格式化的数据区域(即D2:E7)。

② "开始"选项卡下的"单元格"组中,单击"格式"下三角按钮,在下拉列表中选择"设置单元格格式"命令,系统弹出"设置单元格格式"对话框。

③ 选择"数字"选项卡。

④ 从"分类"列表框中单击"自定义"项,屏幕出现"类型"框。

⑤ 从"类型"框中选择"¥#,##0;-¥#,##0"格式。

⑥ 单击"确定"按钮。

执行结果如图4-6所示。也可以通过右击,选择快捷菜单中的"设置单元格格式"命令来完成上述操作。

D8 fx =SUM(D2:D7)

	A	B	C	D	E	F
1	职工号	姓名	职称	基本工资	扣款	
2	1001	李华文	教授	¥4,500	¥400	
3	1002	林宋权	副教授	¥3,700	¥350	
4	1003	高玉成	讲师	¥2,800	¥300	
5	1004	陈　青	副教授	¥3,900	¥370	
6	1005	李　忠	助教	¥2,500	¥280	
7	1006	张小林	讲师	¥3,000	¥310	
8	合计数			¥20,400		
9						

图4-6 例4-3的执行结果

六、调整单元格的行高和列宽

调整单元格的行高和列宽,有两种常用方法:一是在"开始"选项卡下的"单元格"组中,单击"格式"下三角按钮,在下拉列表中选择"行高"(或"列宽")命令;二是采用拖动操作来调整行高(或列宽)。

七、设置对齐方式

默认情况下,Excel根据单元格中数据的类型,自动调整数据的对齐方式。例如,数字右对齐、文本左对齐、逻辑值和错误信息居中对齐等。用户也可以使用"设置单元格格式"对话框设置单元格的对齐方式。

首先,选中要改变对齐方式的单元格,如果只是简单地设置成"左对齐"、"居中"、"右对齐"和"合并及居中",可以通过"开始"选项卡下的"对齐方式"组中的相应按钮来完成。如果还有其他的要求,可以通过右击选中的单元格,在快捷菜单中选择“设置单元格格式”命令,利用“设置单元格格式”对话框的“对齐”选项卡进行设置。

八、表格框线的设置

在制作工作表时,工作表上充满网格,而用户建立的表格一般没有那么大,因此,每个表需要有自己的边框线,才能标明每一张表的实际范围。使用“开始”选项卡下的“字体”组中的“下框线”按钮,或通过右击选中的单元格,在快捷菜单中选择“设置单元格格式”命令,利用“设置单元格格式”对话框的“边框”选项卡设置边框线。

4.2 公式与函数

任务内容

- 使用公式与函数进行数据计算。

任务要求

- 掌握公式的使用。
- 了解单元格相对地址、绝对地址、混合地址。
- 了解出错提示及解决办法。
- 掌握常用函数的使用,如 SUM、AVERAGE、COUNT、IF、RANK、ROUND、SUMIF、COUNTIF、MAX、MIN 等。

▶▶ 任务一 公式的使用

公式是用运算符将数据、单元格地址、函数等连接在一起的式子。向单元格输入公式时,必须以等号“=”开头。下面为几个输入公式的实例:

=5 * 10 - 20	常数运算
= A6 + B1	对单元格 A6 和 B1 中的值相加
= SQRT(10 + A2)	SQRT 是 Excel 函数,表示求开方根

1. 运算符

常用运算符有算术运算符、文本运算符和比较运算符,如表 4-2 所示。

表 4-2 Excel 运算符

类别	运算符
算术运算符	+(加)、-(减)、*(乘)、/(除)、^(乘方)、%(百分比)
比较运算符	=(相等)、<>(不相等)、>(大于)、<(小于)、>=(大于等于)、<=(小于等于)
文本运算符	&(连接符)

表 4-2 所示的各种运算符在进行运算时,其优先级别排序如下:百分比(%)、乘方(^)、乘(*)、除(/)、加(+)、减(-)、文本运算符(&),最后是比较运算符。各种比较运算符优先级相同。优先级相同时,按从左到右的顺序计算。

(1) 算术运算符

算术运算符是完成基本的数学运算的运算符。例如:

=8^3*25%　　　　表示 8 的立方乘以 0.25,结果为 128

=5*8/2^3-B2/4 若单元格 B2 的值是 12,则结果为 2

说明　可以使用圆括号来改变公式的运算次序,例如,公式"=A1+B2/100"和"=(A1+B2)/100",结果是不同的。

(2) 文本运算符

只有一个运算符 &,其作用是把两个文本连接起来而生成一个新的文本。

例如:

="计算机"&"电脑"　运算结果是"计算机电脑"

=A1&B2　　　　　把单元格 A1 和 B2 中的文本进行连接而生成一个新的文本

="总数="&A10

注意　要在公式中直接输入文本,必须用双撇号"(或称英文双引号)把输入的文本括起来。如"总数="&A10,但不能写成"总数=&A10"。

(3) 比较运算符

比较运算符(又称关系运算符)可能完成两个运算对象的比较,关系运算符的结果是逻辑值,即 TRUE(真)、FALSE(假)。例如,假设单元格 B2 中的内容为 32,则有

=B2<42　　比较结果为 TRUE

=B2>=32　比较结果为 TRUE

=B2<30　　比较结果为 FALSE

日期/时间型数据也可以参与简单运算,例如,假设 A1 为日期型数据,则 A1+80 表示日期 A1 加上 80 天。

(4) 比较条件式

比较条件式用于描述一个条件。其一般格式为比较运算符后跟一个常量数据。

例如:

>5

<=“ABCD”

=“计算机”

2. 公式的输入和复制

当在一个单元格中输入一个公式后,Excel 会自动加以运算,并将运算结果存放在该单元中,以后当公式中引用的单元格数据发生变动时,公式所在单元格的值也会随之变动。

例 4-4 如图 4-7 所示的工作表中记录了某班部分同学参加计算机考试的成绩。总评成绩的计算方法是:上机考试成绩占 40%,笔试成绩占 60%。要求计算出每个学生的总评成绩。操作步骤如下:

① 单击总评成绩第一个单元格 E2,使之成为活动单元格。

② 键入计算公式“ = C2 * 0.4 + D2 * 0.6”后按回车键,此时在单元格 E2 处显示了计算结果 93.6。

③ 再次单击单元格 E2,使之成为活动单元格。

④ 单击“开始”选项卡下“剪贴板”组中的“复制”按钮。

⑤ 选定区域 E3:E6,如图 4-7 所示。

	A	B	C	D	E	F
1	学 号	姓 名	机试成绩	笔试成绩	总评成绩	
2	95314001	车 颖	93	94	93.6	
3	95314002	毛伟斌	67	87		
4	95314003	区家明	95	83		
5	95314004	王 丹	82	83		
6	95314005	王海涛	83	89		
7						

图 4-7 选定区域

⑥ 单击“开始”选项卡下“剪贴板”组中的“粘贴”按钮,执行结果如图 4-8 所示。

E3 fx =C3*0.4+D3*0.6

	A	B	C	D	E	F
1	学 号	姓 名	机试成绩	笔试成绩	总评成绩	
2	95314001	车 颖	93	94	93.6	
3	95314002	毛伟斌	67	87	79	
4	95314003	区家明	95	83	87.8	
5	95314004	王 丹	82	83	82.6	
6	95314005	王海涛	83	89	86.6	
7						

(Ctrl)

图 4-8 例 4-4 的执行结果

本例使用的是公式复制方法,并在公式中引用相对地址。开始时在单元格 E2 处建立了初始公式 C2 * 0.4 + D2 * 0.6,其含义是计算 E2 同一行(即第 2 行)的第 3 列单元格数值与0.4的积,再加上E2同一行的第4列单元格数据与0.6的乘积,当把公式引用到其他单元格时,相对地址会随所在单元格位置的改变而改变。当公式引用到E3时,计算的是同一行(第3行)有关单元格(即C3和D3)的值,其公式相应改变为C3 * 0.4 + D3 * 0.6,则可算出E3的值,以此类推。

▶▶ 任务二　单元格地址

单元格地址有以下三种表示方式:

(1) 相对地址(又称相对坐标)

相对地址以列标和行号组成,如A1、B2、C3等。在进行公式复制等操作时,若引用公式的单元格地址发生变动,公式中的相对地址会随之变动。

(2) 绝对地址(又称绝对坐标)

绝对地址以列标和行号前加上符号"$"构成,如$A$1、$B$2等。在进行公式复制等操作时,当引用公式的单元格地址发生变动时,公式的绝对地址保持不变。

在例4-4中,如果公式中引用的是绝对地址,即C2 * 0.4 + D2 * 0.6,则把公式复制到其他单元格时,公式中的地址不会因位置的变化而变化,即计算的都是C2 * 0.4 + D2 * 0.6,而结果也都是93.6。

(3) 混合地址(又称混合坐标)

混合地址是上述两种地址的混合使用方式,如$A1(绝对列相对行),A$1(相对列绝对行)等。在进行公式复制等操作时,公式中相对行和相对列部分会随引用公式的单元格地址的变动而变动,而绝对行和绝对列部分保持不变。

当公式(或函数)表达不正确时,系统将显示出错信息。常见出错信息及其含义如表4-3所示。

表4-3　常见出错信息及其含义

出错信息	含义
#DIV/0!	除数为0
#N/A	引用了当前不能使用的数值
#NAME?	引用了不能识别的名字
#NUM!	数字错
#REF!	无效的单元格
#VALUE!	错误的参数或运算对象
###……	数值长度超过了单元格的列宽

▶▶ 任务三　函数的使用

为了方便用户使用，Excel 提供了 9 大类函数，包括数学与三角函数、统计函数、数据库函数、财务函数、日期与时间函数、逻辑处理函数和文本处理函数等。用户使用时只需按规定格式写出函数及所需的参数(number)即可。函数的一般格式是：

函数名(参数 1，参数 2，…)

例如，要求出 A1、A2、A3、A4 四个单元格内数值之和，可写上函数"=SUM(A1:A4)"，其中 SUM 为求和函数名，A1:A4 为参数。

又如"=SUM(A1:A30,D1:D30)"，其中逗号表示要求总和的有两个区域。与输入公式一样，输入函数时必须以等号(=)开头。

函数的输入有两种方法：一是手工输入；二是利用函数向导输入，通过单击"公式"选项卡下"插入函数 f_x"按钮，或单击"编辑"工具栏上的"插入函数"按钮 f_x，打开"插入函数"对话框，然后在函数向导的指引下输入函数。

常用函数及其功能将在 4.6.2 节介绍，用户也可以借助于 Excel 帮助系统查阅函数的使用说明。

下面先重点介绍几个常用函数及其使用方法。

1. 求和函数 SUM

格式：SUM(number1,number2,…)

功能：计算参数中数值的总和。

说明：每个参数可以是数值、单元格引用坐标或函数。

例 4-5　如图 4-3 所示的"工资表"中，要求计算基本工资总数，并将结果存放在单元格 D8 中。操作步骤如下：

① 单击单元格 D8，使之成为活动单元格。

② 键入公式"=SUM(D2:D7)"，并按回车键。

执行结果如图 4-9 所示。

D8　f_x　=SUM(D2:D7)

	A	B	C	D	E	F
1	职工号	姓名	职称	基本工资	扣款	
2	1001	李华文	教授	¥4,500	¥400	
3	1002	林宋权	副教授	¥3,700	¥350	
4	1003	高玉成	讲师	¥2,800	¥300	
5	1004	陈　青	副教授	¥3,900	¥370	
6	1005	李　忠	助教	¥2,500	¥280	
7	1006	张小林	讲师	¥3,000	¥310	
8	合计数			¥20,400		
9						

图 4-9　例 4-5 的执行结果

为了便于使用，Excel 在“公式”选项卡下的“函数库”组中设置了“自动求和”按钮 Σ，并扩充其使用功能。利用此按钮的下拉列表，可以对一至多列数据求和、求最大数、计算平均值等。

例 4-6 在上述工资表中，要求计算基本工资总数和扣款总数，并将结果分别存放在单元格 D8 和 E8 中。操作步骤如下：

① 选定 D2:E8 区域。

② 单击“公式”选项卡下“函数库”组中的“自动求和”按钮 Σ，即可对这两列分别求和，和数分别存放在两列所选区域的最后一个单元格上。

2. 求平均值函数 AVERAGE

格式：AVERAGE(number1,number2, …)

功能：计算参数中数值的平均值。

例 4-7 在例 4-6 的基础上，要求计算基本工资的平均值，并将结果存放在 D9 中。以下利用“插入函数”来输入公式，操作步骤如下：

① 单击单元格 D9，使之成为活动单元格。

② 单击“公式”选项卡下“插入函数 f_x”按钮，或单击“编辑”工具栏上的“插入函数”按钮 f_x，系统弹出“插入函数”对话框。

③ 从“或选择类别”框中选择“常用函数”，从“选择函数”框中选择“AVERAGE”。

④ 单击“确定”按钮，系统弹出“函数参数”对话框。

⑤ 在 Number1(参数 1)文本框中键入“D2:D7”(也可通过鼠标拖放来选定单元格区域)，如图 4-10 所示。

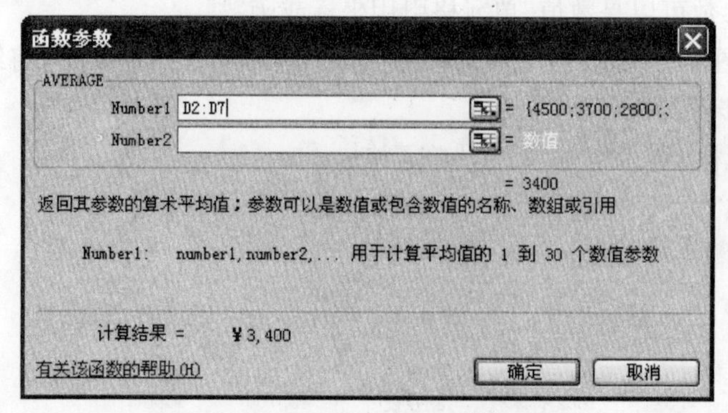

图 4-10 “函数参数”对话框

⑥ 单击“确定”按钮。

执行结果如图 4-11 所示。

	A	B	C	D	E	F
1	职工号	姓名	职称	基本工资	扣款	
2	1001	李华文	教授	￥4,500	￥400	
3	1002	林宋权	副教授	￥3,700	￥350	
4	1003	高玉成	讲师	￥2,800	￥300	
5	1004	陈　青	副教授	￥3,900	￥370	
6	1005	李　忠	助教	￥2,500	￥280	
7	1006	张小林	讲师	￥3,000	￥310	
8	合计数			￥20,400	￥2,010	
9	平均数			￥3,400		
10						

D9 =AVERAGE(D2:D7)

图 4-11　例 4-7 的执行结果

3. 求最大值函数 MAX

格式:MAX(Number1,Number2,…)

功能:求参数中数值的最大值。

例 4-8　在例 4-7 的基础上,利用函数 MAX 求出基本工资数的最大值,并将结果存放在单元格 D10 中。操作步骤如下:

① 单击单元格 D10,使之成为活动单元格。

② 键入公式"=MAX(D2:D7)",并按回车键。

4. 求数字个数函数 COUNT

格式:COUNT(Number1,Number2,…)

功能:求参数中数值数据的个数。

例如,假设单元格 A1、A2、A3、A4 的值分别为 1、2、空,"ABC",则 COUNT(A1:A4)的值为 2。

5. 条件计数函数 COUNTIF

格式:COUNTIF(Range,Criteria)

功能:返回区域 Range 中符合条件 Criteria 的单元格个数。

说明:Range 为单元格区域,在此区域中进行条件测试,Criteria 为双引号括起来的比较条件式,也可以是一个数值常量或单元格地址。

例如,在上述"工资表"中,若要求出基本工资大于等于 3000 元的职工人数,可以采用以下函数:

=COUNTIF(D2:D7,">=3000")

例如,在图 4-14 所示的工作表(A1:D9)中,要求出班号为 21 的班级学生人数,可以采用以下函数:

=COUNTIF(D2:D9,"21")

或

=COUNTIF(D2:D9,D3)

6. 逻辑函数 IF

格式:IF(条件,值 1,值 2)

其中:“条件”(也称 Logical_test 参数)为比较条件式,可使用比较运算符,如 =、<>、>、<、>=、<= 等;“值 1”(Value_if_true)为条件成立时取的值;“值 2”(Value_if_false)为条件不成立时取的值。

功能:本函数对“条件”进行测试,如果条件成立,则取第一个值(即值 1),否则就取第二个值(即值 2)。

例如,已知单元格 C2 中存放考试分数,现要根据该学分数判断学生是否及格,可采用如下函数:

=IF(C2<60,"不及格","及格")

一个 IF 函数可以实现“二者选一”的运算,若要在更多的情况中选择一种,则需要 IF 函数嵌套来完成。

例 4-9 成绩等级与分数有如下关系:成绩 >=80——优良,60<= 成绩 <80——中,成绩 <60——不及格,假设成绩存放在单元格 C2 中,则可以采用如下函数来得到等级信息:

=IF(C2>=80,"优良",IF(C2>=60,"中","不及格"))

例 4-10 在工资表中,按级别计算“补贴”,教授补贴 1500 元,副教授补贴 1200 元,讲师 1000 元,助教及其他工作人员补贴 800 元,然后计算每个人的实发数。

操作步骤如下:

① 计算第一条记录的“补贴”。

在 F2 单元格中输入函数:

=IF(C2="教授",1500,IF(C2="副教授",1200,IF(C2="讲师",1000,800)))

按回车键后,该单元格显示 1500,如图 4-12 所示。

F2 =IF(C2="教授",1500,IF(C2="副教授",1200,IF(C2="讲师",1000,800)))

	A	B	C	D	E	F	G	H	I	J
1	职工号	姓名	职称	基本工资	扣款	补贴	实发数			
2	1001	李华文	教授	4500	400	1500				
3	1002	林宋权	副教授	3700	350					
4	1003	高玉成	讲师	2800	300					
5	1004	陈 青	副教授	3900	370					
6	1005	李 忠	助教	2500	280					
7	1006	张小林	讲师	3000	310					
8										

图 4-12 输入函数及显示结果

注意 上面函数不能写成 =IF(C2="教授","1500"……即不能用双撇号把数字(数值型数据)括起来,只是用到文本数据时才要用双撇号(英文双引号)括起来,如“教授”。

② 计算第一条记录的“实发数”。

在 G2 单元格中输入公式：

= D2 + F2-E2

按回车键后，该单元格显示 5600。

③ 用复制公式的方法，把单元格 F2 和 G2 中的公式复制到对应的其他单元格中，以计算出其他老师的“补贴”和“实发数”。

7. 排名次函数 RANK

格式：RANK(Number, Ref, Order)

功能：返回一个数字在数字列表中的排名。

其中 Number 为需要找到排名次的数字，Ref 为数字列表数组或对数字列表的引用（Ref 中的非数值型参数将被忽略），Order 为一个数字，指明排名次的方式。

返回一个数字在数字列表中的排名数。

例如，要给如图 4-13 所示的成绩单的每一名学员的成绩排名。输入公式的具体操作步骤是：单击 H3 单元格，输入：= RANK(G3 , $G $3 : $G $15 ,0) , 按〈Enter〉键。

	A	B	C	D	E	F	G	H
1	10春计算机科学与技术本成绩单							
2	序号	学号	姓名	数据库	VB	计算机体系	总分	名次
3	1	10242304001	李青红	78	45	65	188	7
4	2	10242304002	侯冰	45	67	56	168	11
5	3	10242304003	李青红	65	78	78	221	3
6	4	10242304005	侯冰	43	56	89	188	7
7	5	10242304006	吴国华	34	76	78	188	7
8	6	10242304007	张跃平	65	54	65	184	10
9	7	10242304009	李丽	78	32	45	155	13
10	8	10242304010	汪琦	56	65	45	166	12
11	9	10242304012	吕颂华	87	78	67	232	1
12	10	10242304013	柳亚芬	35	90	76	201	4
13	11	10242304015	韩飞	76	65	56	197	6
14	12	10242304016	王建	67	45	87	199	5
15	13	10242304018	沈高飞	61	65	98	224	2

图 4-13　RANK 函数应用举例

此函数的公式使用与前面的函数使用不同，采用了绝对引用，这是因为当用户完成 H3 单元格操作后，其他的单元格需要使用填充柄，如果不使用绝对引用，Ref 的范围将变为“G4 : G16”，而排序的 Ref 应固定为“G3 : G15”，所以必须采用绝对引用。

自 Office 2010 开始，RANK 函数分成两种：一种叫 RANK. EQ，其用法和原来版本的 RANK 函数一致；另一种叫 RANK. AVG 函数。两者的不同之处在于：RANK. AVG 函数对于数值相等的情况，返回该数值的平均排名；而 RANK. EQ 函数对于相等的数值返回其最高排名。

8. 频率分布统计函数 FREQUENCY

频率分布统计函数用于统计一组数据在各个数值区间的分布情况，这是对数据进行分析的常用方法之一。

格式：FREQUENCY（Data_array，Bins_array）

其中，Data_array 为要统计的数据（数组），Bins_array 为统计的间距数据（数组）。

设 Bins_array 为指定的参数为 $A_1, A_2, A_3, \cdots, A_n$，则其统计的区间为 $X <= A_1$，$A_1 < X <= A_2$，$A_2 < X <= A_3$，…，$A_{n-1} < X <= A_n$，$X > A_n$，共 n+1 个区间。

功能：计算一组数（Data_array）分布在指定各区间（由 bins_array 来确定）的个数。

例 4-11 在图 4-13 的成绩表（A1:D9）中，统计出成绩 <60，60 <= 成绩 <70，70 <= 成绩 <80，80 <= 成绩 <90，成绩 >=90 的学生各有多少。操作步骤如下：

① 在一个空区域（如 F4:F7）中建立统计的间距数组（59，69，79，89）。

② 选定作为统计结果的数组输出区域 G4:G8。

③ 键入函数"=FREQUENCY（C2:C9，F4:F7）"（或使用"插入函数"对话框来设置）。

④ 按下〈Ctrl〉+〈Shift〉+〈Enter〉组合键。

执行结果如图 4-14 所示。

G4 =FREQUENCY(C2:C9,F4:F7)

	A	B	C	D	E	F	G
1	学号	姓名	成绩	班号			
2	951001	李小明	76	11			
3	951002	赵　林	87	21			
4	951003	李小敏	85	11		59	2
5	951004	陈维强	50	31		69	1
6	951005	林玉美	53	11		79	1
7	951006	陈　山	96	21		89	3
8	951007	江苏明	85	11			1
9	951008	罗晓南	67	31			

图 4-14 例 4-11 的执行结果

说明 Excel 中，输入一般公式或函数后按〈Enter〉键（或单击编辑栏上的"√"按钮），但对于含有数组参数的公式或函数（如上述的 FREQUENCY 函数），则必须按〈Ctrl〉+〈Shift〉+〈Enter〉组合键。

常用函数及功能一览表

（1）数学函数（见表 4-4）

表 4-4 数学函数

函数	功能	应用举例	结果
INT（Number）	返回参数 Number 向下舍入后的整数值	=INT（5.8） =INT－（5.8）	5 －6
MOD（Number，Divisor）	返回 Number/Divisor 的余数	=MOD（17，8）	1
PI（）	π 值，即圆周率	=PI（）	3.1414
ROUND（Number，N）	按指定倍数 n 四舍五入	=ROUND（76.35，1）	4

续表

函数	功能	应用举例	结果
SQRT(Number)	返回 Number 的平方根值	= SQRT(16)	76.4
SUM(Number1,Number2,…)	返回若干个数的和	= SUM(2,3,4)	4
SUMIF(Range,Criteria,Sum-range)	按指定条件求若干个数的和	= SUM(F1:F4," >0"),F1:F4 分别存放有:2,0,3,-1	9 5

（2）统计函数(见表4-5)

表4-5 统计函数

函数	功能
AVERAGE(Number1,Number2,…)	返回参数中数值的平均值
COUNTA(Value1,Value2,…)	返回非空白单元的个数
COUNT(Number1,Number2,…)	求参数中数值数据的个数
COUNTIF(Range,Criteria)	返回区域 Range 中符合条件 Criteria 的个数
MAX(Number1,Number2,…)	返回参数中数值的最大值
MIN(Number1,Number2,…)	返回参数中数值的最小值
FREQUENCY(Data_array,Bins_array)	以一列垂直数组返回某个区域中数据的频率分布

（3）文本函数(也称字符串函数,见表4-6)

表4-6 文本函数

函数	功能	应用举例	结果
LEFT(Text,n)	取 Text(文本)左边 n 个字符	= LEFT("ABCD",3)	"ABC"
LEN(Text)	求 Text 的字符个数	= LEN("ABCD")	4
MID(Text,n,p)	从 Text 中第 n 个字符开始连续取 p 个字符	= MID("ABCDE",2,3)	"BCD"
RIGHT(Text,n)	取 Text 右边 n 个字符	= RIGHT("ABCD",3)	"BCD"
TRIM(Text)	从 Text 中去除头、尾空格	= TRIM(" ␣ AB ␣ C ␣ ␣ ")	"AB ␣ C"

（4）日期和时间函数(见表4-7)

表 4-7　日期和时间函数

函数	功能	应用举例	结果
DATE(Year,Month,Day)	生成日期	=DATE(98,1,23)	1998-1-23
DAY(Date)	取日期的天数	=DAY(DATE(98,1,23))	23
MONTH(Date)	取日期的月份	=MONTH(DATE(98,1,23))	1
NOW()	取系统的日期和时间	=NOW()	2013-4-21 21:36
TIME(Hour,Minute,Second)	返回代表指定时间的序列数	=TIME(16,48,10)	4:48 PM
TODAY()	求系统日期	=TODAY()	2013-4-21
YEAR(Date)	取日期的年份	=YEAR(DATE(98,1,23))	1998

(5) 数据库函数表(见表 4-8)

表 4-8　数据库函数表

函数	功能
DAVERAGE(Database,Field,Criteria)	返回选定的数据库项的平均值
DCOUNTA(Database,Field,Criteria)	返回数据库的列中满足指定条件的非空单元格个数
DCOUNT(Database,Field,Criteria)	返回数据库中满足条件且含有数值的记录值
DMAX(Database,Field,Criteria)	从选定的数据库项中求最大值
DMIN(Database,Field,Criteria)	从选定的数据库项中求最小值
DSUM(Database,Field,Criteria)	对数据库中满足条件的记录的字段值求和

(6) 逻辑函数

① 逻辑"与"函数(AND)。

格式:AND(Logical1,Logical2,…)

功能:当所有参数的逻辑值都是 TRUE(真)时,返回 TRUE;否则返回 FALSE(假)。

说明:Logical1,Logical2,…是 1~30 个结果为逻辑值的表达式(一般为比较运算表达式)。

举例: =AND(3>=1,1+6=7)　　结果为 TRUE

=AND(TRUE,6<=7)　　结果为 TRUE

=AND(3>=1,"AB">"A",FALSE)　　结果为 FALSE

② 逻辑"或"函数(OR)。

格式:OR(Logical1,Logical2,…)

功能:当所有参数的逻辑值都是 FALSE(假)时,返回 FALSE(假);否则返回 TRUE(真)。

说明:Logical1,Logical2,…是 1~30 个结果为逻辑值的表达式(一般为比较运算表达式)。

举例：= OR(3 >=1,1 +6 =7)　　　　结果为 TRUE

=OR(FALSE,6 >=7)　　　　结果为 FALSE

=OR(2 >=5,"AB" >"A",FALSE)　　　　结果为 TRUE

③ 逻辑“非”函数(NOT)。

格式:NOT(Logical)

功能:当 Logical 的值为 FALSE 时,返回 TRUE;当 Logical 的值为 TRUE 时,返回 FALSE。

举例：= NOT(3 >=1)　　　　结果为 FALSE

= NOT(FALSE)　　　　结果为 TRUE

④ 条件选择函数 IF。

这是一个逻辑函数。它能根据不同情况选择不同表达式进行处理。

在前面已经介绍 IF 函数的格式及功能,下面结合逻辑函数 AND 再举一例。

假设在工作表的 C8 单元格中存放学生身高(cm),现要挑选 170 ~ 175cm 的人选,凡符合条件的显示“符合条件”,不符合条件的显示“不符合条件”,采用的公式为:

= IF(AND(C8 >=170,C8 <=175),"符合条件","不符合条件")

4.3　数据管理与统计

Excel 数据库又称为数据清单,它是按行和列来组织数据的。前面介绍的工资表、成绩表等都是数据清单。其中,除了标题行外,每行都表示一组数据,称为记录,每列称为一个字段,标题行上列名称为字段名。每一列的数据类型必须一致,例如,一整列为文字(如编号、姓名等),或者一整列为数字(如基本工资、某科成绩等)。数据清单建立后,就可以利用 Excel 所提供的工具对数据清单中的记录进行增、删、改、检索、排序和汇总等操作,也可以用其中的数据作图或作表。

从行角度来看,数据清单包含两部分内容:标题栏和记录。建立数据清单时,先要将标题栏录入,然后在标题栏下逐行输入每条记录。

▶▶ 任务一　记录的筛选

任务内容

- 数据清单的基本管理。

任务要求

- 了解数据清单的建立。
- 熟悉自动筛选、高级筛选的操作方法。

所谓“筛选”，是指根据给定的条件，从数据清单中查找满足条件的记录并且显示出来，不满足条件的记录被隐藏起来。条件一般分为简单条件和复合条件。简单条件是由一个比较运算符所连接的比较式，如：成绩 >= 60 AND 性别 ="女"。当用 AND 连接成复合条件时，只有每个简单条件都满足，这个复合条件才能满足。当用 OR 连接成复合条件时，只要有一个简单条件满足，这个符合条件就能满足。

Excel 有两种筛选记录的方法：一是自动筛选；二是高级筛选。

1. 自动筛选

使用“自动筛选”，可以快速、方便地筛选出数据清单中满足条件的记录。自动筛选每次可以根据一个条件进行筛选。在筛选结果中还可以用其他条件进行筛选。

例 4-12 在上节图 4-14 所示的成绩表中，筛选出“成绩大于等于 80 分”的记录。操作步骤如下：

① 单击数据清单中记录区域任一单元格，以此选定数据清单。

② 切换至“数据”选项卡，在“排序和筛选”组中单击“筛选”按钮，如图 4-15 所示。

③ 单击“成绩”字段名右边的下拉箭头，屏幕出现该字段的下拉列表，如图 4-16 所示。

④ 选择“数字筛选”命令，在其级联菜单中选择“大于或等于”命令，系统弹出“自定义自动筛选方式”对话框(图 4-17)。

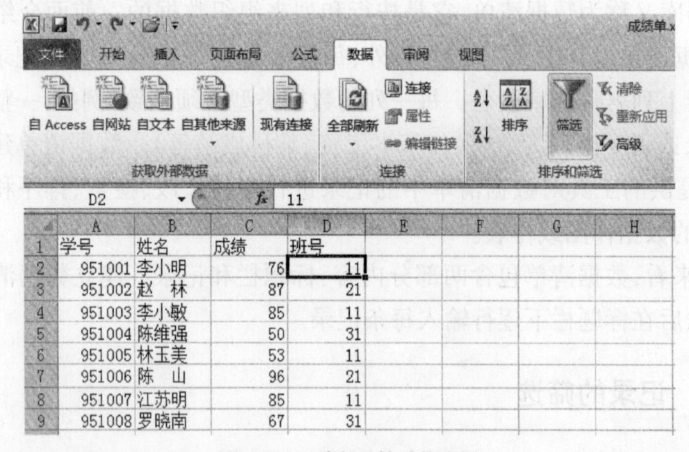

图 4-15 选择“筛选”按钮

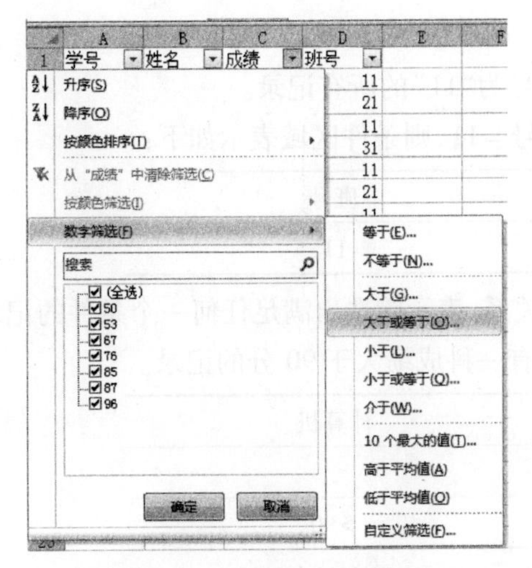

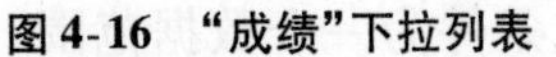

图 4-16 “成绩”下拉列表

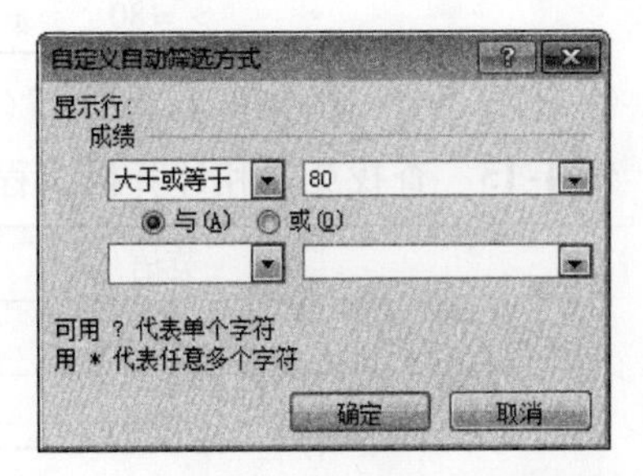

图 4-17 “自定义自动筛选方式”对话框

⑤ 本题采用的筛选条件:成绩 >= 80。在“大于或等于”右边组合框中键入“80”,如图 4-17 所示。

⑥ 单击“确定”按钮。执行结果如图 4-18 所示。

	A	B	C	D
1	学号	姓名	成绩	班号
3	951002	赵　林	87	21
4	951003	李小敏	85	11
7	951006	陈　山	96	21
8	951007	江苏明	85	11

图 4-18 例 4-12 的执行结果

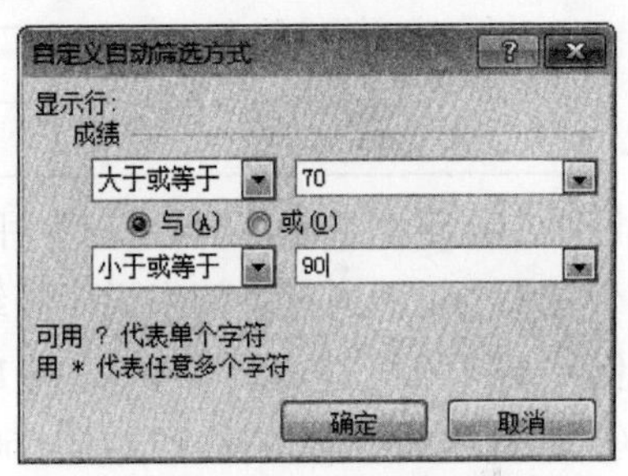

图 4-19 例 4-13 筛选设置

例 4-13 在上述成绩表中,查找成绩在 70 ~ 90 分之间的记录。

本例题采用的筛选条件是:成绩 >= 70 AND 成绩 <= 90,因此,在“自定义自动筛选方式”对话框中设置情况如图 4-19 所示。除了设置条件不同外,本例的操作方法与例 4-12 基本相同。

2. 高级筛选

在使用“高级筛选”命令之前,必须先建立条件区域。条件区域的第 1 行为条件标题行,第 2 行开始是条件行。条件标题名必须是与数据清单的字段名相同,排列顺序可以不同。建立条件区域时,要注意以下几点:

① 同一条件行的条件互为“与”(AND)的关系,表示筛选出同时满足这些条件的

记录。

例 4-14 查找成绩大于等于 80 分,且班号为“11”的所有记录。

本例题的筛选条件:成绩 > =80 AND 班号 =11,则条件区域表示如下:

成绩	班号
> =80	11

② 不同条件行的条件互为“或”(OR)的关系,表示筛选出满足任何一个条件的记录。

例 4-15 查找英语和计算机课程中至少有一科成绩大于 90 分的记录。

英语	计算机
>90	
	>90

③ 对相同的列(字段)指定一个以上的条件,或条件为一个数据范围,则应重复列标题。

例 4-16 查找“成绩大于等于 60 分,并且小于等于 90 分”的姓“林”的记录。条件区域表示如下:

姓名	成绩	成绩
林 *	> =60	< =90

说明 指定筛选条件时,可以使用通配符“?”和“ * ”“。?”代表单个字符,而“ * ”代表多个字符。下面通过举例来说明高级筛选的操作步骤。

例 4-17 在上述成绩表中,查找 11 班及 21 班中成绩不及格的所有记录。

① 本例题的筛选条件:(成绩 <60 AND 班号 =11)OR(成绩 <60 AND 班号 =21)。建立条件区域的具体操作方法是:先把标题栏中“成绩”及“班号”两个字段标题复制到某一空区域中(本例为 F1:G1),然后在 F2:G3 中键入条件内容(见图 4-20)。

② 在“数据”选项卡的“排序和筛选”组中单击“高级”按钮,系统弹出如图 4-20 所示的“高级筛选”对话框。

③ 设置对话框:

- 在“方式”框中选择“将筛选结果复制到其他位置”。
- 在“列表区域”文本框中键入数据区域范围 A1:D9(含字段标题)。
- 在“条件区域”文本框中键入数据区域范围 F1:G3(含条件标题)。
- 在“复制到”文本框中键入用于存放筛选结果区域的左上角单元格地址 E6。

④ 单击“确定”按钮。执行结果如图 4-21 所示。

图 4-20　“高级筛选”对话框

	A	B	C	D	E	F	G	H
1	学号	姓名	成绩	班号		成绩	班号	
2	951001	李小明	76	11		<60	11	
3	951002	赵　林	87	21		<60	21	
4	951003	李小敏	85	11				
5	951004	陈维强	50	31				
6	951005	林玉美	53	11	学号	姓名	成绩	班号
7	951006	陈　山	96	21	951005	林玉美	53	11
8	951007	江苏明	85	11				
9	951008	罗晓南	67	31				
10								

图 4-21　例 4-17 的执行结果

▶▶ 任务二　记录的排序

任务内容

- 对数据的排序操作。

任务要求

- 熟悉数据排序的操作方法和选项设置。

排序是将数据按关键字值从小到大(或从大到小)的顺序进行排列。排序时,可以同时使用多个关键字。例如,可以指定“班号”为主要关键字(或称第一关键字),“成绩”为次要关键字(或称第二关键字),这样,系统在排序时,先按班号排序,对于班号相同的记录,再按成绩的高低来排列。排序可以采用升序方式(从小到大),也可以采用“降序”方式(从大到小)。

单击“数据”选项卡下的“排序和筛选”组中的“排序”按钮,可以对数据清单进行排序。

对于汉字,还可以按“字母”(汉语拼音字母)或“笔画”顺序排列。其操作方法是:在“排序”对话框中单击“选项”按钮,再从“排序选项”对话框中选择“字母排序”或“笔画排序”即可。

▶▶ 任务三　分类汇总

任务内容

- 数据的分类汇总。

任务要求

- 熟悉分类汇总的操作方法及选项设置。

分类汇总是按某一字段(称为“分类关键字”或“分类字段”)分类,并对各类数值字段进行汇总。为了得到正确的汇总结果,该数据清单先要按分类的关键字排好序。

例 4-18 在上述成绩表中,按“班号”字段分类汇总“成绩”的平均分(即统计出各个班的平均分)。操作步骤如下:

① 先对成绩表按“班号”进行排序(假设按“升序”排序)。

② 选定数据区域。

③ 单击“数据”选项卡下的“分组显示”组中的“分类汇总”按钮,系统弹出“分类汇总”对话框。

④ 在对话框中设置:

- 在“分类字段”组合框中选择“班号”。
- 在“汇总方式”组合框中选择“平均值”选项。
- 在“选定汇总项”列表框中选择“成绩”选项(“√”表示选中)。

设置情况如图 4-22 所示。

⑤ 单击“确定”按钮。执行结果如图 4-23 所示。

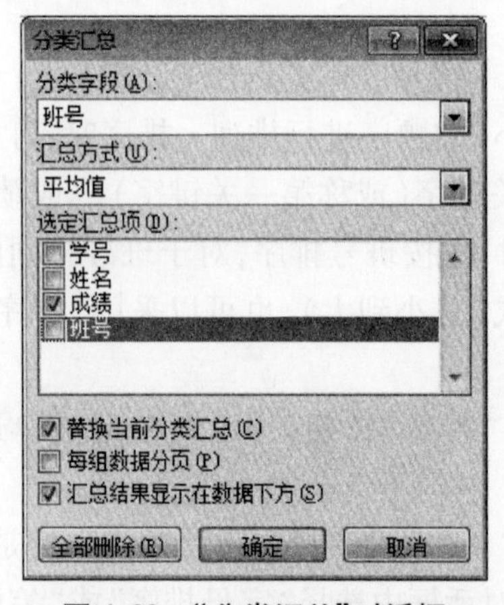

图 4-22 “分类汇总”对话框

	A	B	C	D	E
1	学号	姓名	成绩	班号	
2	951001	李小明	76	11	
3	951003	李小敏	85	11	
4	951005	林玉美	53	11	
5	951007	江苏明	85	11	
6			74.75	**11 平均值**	
7	951002	赵 林	87	21	
8	951006	陈 山	96	21	
9			91.5	**21 平均值**	
10	951004	陈维强	50	31	
11	951008	罗晓南	67	31	
12			58.5	**31 平均值**	
13			74.875	**总计平均值**	
14					

图 4-23 例 4-18 的执行结果

▶▶ 任务四 数据透视表

任务内容

- 数据透视表。

任务要求

- 了解数据透视表的操作方法。

数据透视表是一种交互式的数据报表,可以快速汇总大量的数据,同时对汇总结果进行各种筛选以查看数据的不同统计结果。

例 4-19 以“图书销售情况表.xlsx”工作簿为例创建数据透视表,要求显示不同经销部门在不同季度的销售额之和。其具体操作如下：

① 打开“图书销售情况表.xlsx”工作簿，选择 A2：E23 单元格区域，在“插入”→“表格”组中单击“数据透视表”按钮，打开“创建数据透视表”对话框。

② 由于已经选定了数据区域，因此只需设置放置数据透视表的位置，这里单击选中“新工作表”单选项，单击“确定”按钮，如图 4-24 所示。

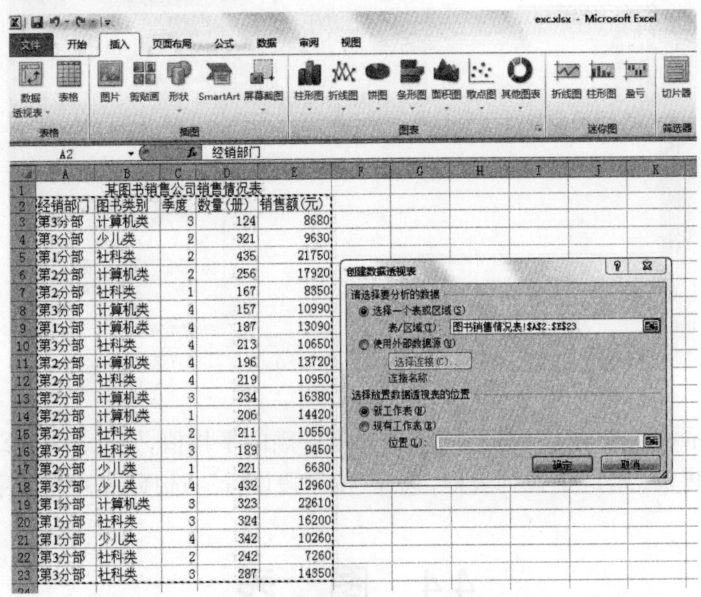

某图书销售公司销售情况表

经销部门	图书类别	季度	数量(册)	销售额(元)
第3分部	计算机类	3	124	8680
第3分部	少儿类	2	321	9630
第1分部	社科类	2	435	21750
第2分部	计算机类	2	256	17920
第2分部	社科类	1	167	8350
第3分部	计算机类	4	157	10990
第1分部	计算机类	4	187	13090
第3分部	社科类	4	213	10650
第2分部	计算机类	4	196	13720
第2分部	社科类	4	219	10950
第2分部	计算机类	3	234	16380
第2分部	计算机类	1	206	14420
第2分部	社科类	2	211	10550
第3分部	社科类	3	189	9450
第2分部	少儿类	1	221	6630
第3分部	少儿类	4	432	12960
第1分部	计算机类	3	323	22610
第1分部	社科类	3	324	16200
第1分部	少儿类	4	342	10260
第3分部	社科类	2	242	7260
第3分部	社科类	3	287	14350

图 4-24

③ 此时将新建一张工作表，并在其中显示空白数据透视表，右侧显示出“数据透视表字段列表”窗格。

④ 在“数据透视表字段列表”窗格中将“经销部门”字段拖动到“行标签”框中，将“季度”字段拖动到“列标签”框中。

⑤ 使用同样的方法将“销售额(元)”字段拖动到“Σ 数值”框中，如图 4-25 所示。

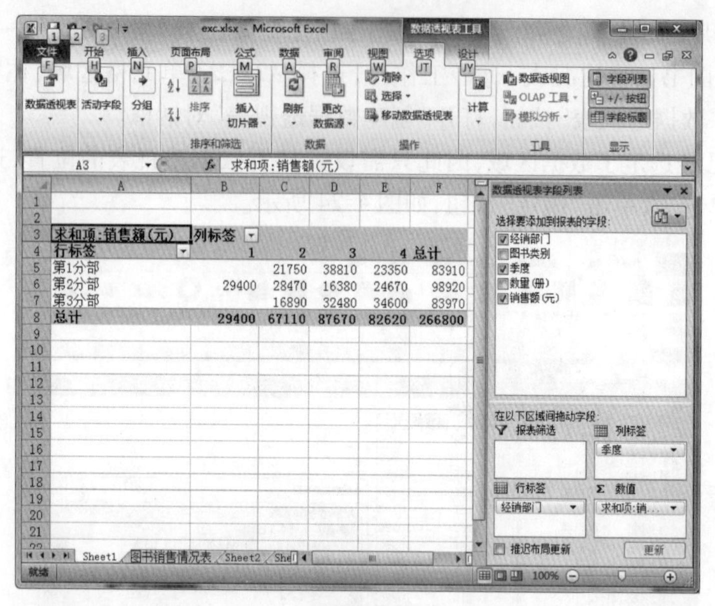

图 4-25

若要求显示不同经销部门在不同季度的销售额的平均值,则只要在“Σ 数值”框中单击“求和项:销售额(元)”下拉列表框,选择“值字段设置”,选择“平均值”后确定即可。

4.4 图　表

▶▶ 任务一　建立图表

任务内容

- 图表的创建和加工。

任务要求

- 熟练掌握图表的创建方法。
- 了解图表的编辑,包括图表大小、位置、类型、增删数据系列、改动标题等。

图表是工作表的一种图形表示,它使工作表中的数据表示形式更为清晰直观。当工作表中的数据被修改时,Excel 会自动更新相关的图表内容。Excel 提供的图表类型有几十种,其中有平面图表,也有立体图表。

创建图表所用的数据来源于工作表。一般情况下,要求这些数据按行或按列的次序存放在工作表中。下面举例说明如何制作图表。

例 4-20　如图 4-26 所示的是某工厂 4 个车间在 2009 年和 2010 年的生产产值情况。要求利用这两年的数据来制作“生产产值表”柱形图。操作步骤如下：

D1

	A	B	C	D	E
1	车间名称	2009年产值(万元)	2010年产值(万元)		
2	一车间	1200	1500		
3	二车间	900	1000		
4	三车间	1100	1700		
5	四车间	1000	900		
6					

图 4-26　某工厂产值表

① 选定区域 A1:C5(其中包括列标题栏)。

② 选定“插入”命令,在“图表”组中单击“柱面图”按钮,在展开的库中选择需要的图表类型,如“簇状柱形图”,并可通过出现的“图表工具”选项卡对图表进行设置。

③ 切换至“图表工具”的“布局”上下文选项卡,在“标签”组中单击“图表标题”按钮,在展开的下拉列表中选择“图表上方”选项,并在显示的图表标题文本框中输入对应的图表标题,如“2009 ~ 2010 年产值表(万元)”,完成后的结果如图 4-27 所示。

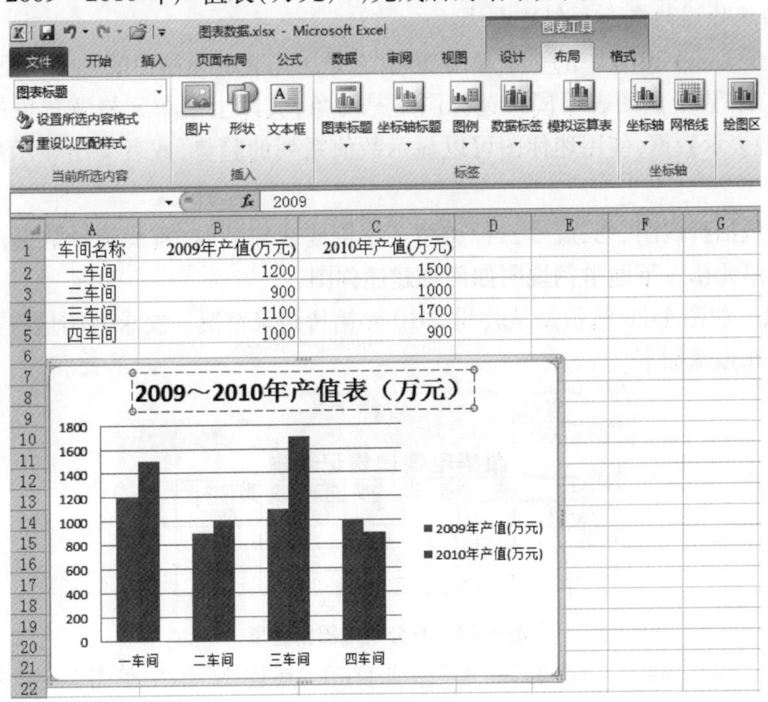

图 4-27　例 4-20 的执行结果

图表完成后，用户可以对它进行编辑修改，比如改变图表的大小、位置、类型、增删数据系列、改动标题等。

① 更改图表大小：选择图表并将指针移至图表右下角控制手柄上，当指针变成双向箭头形状时按住鼠标左键进行拖动，拖至目标位置后释放鼠标即可更改图表大小。

② 更改图表类型：右击需要更改的图表，在弹出的快捷菜单中单击"更改图表类型"命令，弹出"更改图表类型"对话框，切换至所需类型选项面板，在右侧的列表框中选择需要的样式类型，再单击"确定"按钮即可完成更改图表类型的设置。

③ 更改图表设置的位置：右击图表，在快捷菜单中选择"移动图表"命令，弹出"移动图表"对话框，根据需要进行设置，完成图表的移动。

▶▶ 任务二　建立迷你图

任务内容

- 创建迷你图。

任务要求

- 了解迷你图的概念和创建方法。

迷你图是 Excel 2010 中的一个新增功能，它是工作表单元格中的一个微型图表，它与 Excel 2010 工作表上的图表不同。迷你图不是对象，实际上是单元格背景中的一个微型图表，可直观表示数据，使用迷你图可以显示数值系列的趋势，或者突出显示最大值和最小值。

迷你图包括折线图、列、盈亏三种类型。在创建迷你图时，需要选择数据范围以及放置迷你图的单元格。下面举例说明如何创建迷你图。

例 4-21　如图 4-28 所示是某公司 2010 年销售记录情况。要求利用这些数据来创建迷你图。操作步骤如下：

A2　fx　产品

	A	B	C	D	E
1	新华电器销售记录表				
2	产品	第一季度	第二季度	第三季度	第四季度
3	电视机	5677	6374	9756	6997
4	洗衣机	6123	4462	5243	3542
5	冰箱	2365	3218	4321	5422
6	空调	3561	5354	2313	2122
7					

图 4-28　某公司电器销售表

① 单击"插入"命令，切换至"插入"选项卡，在"迷你图"组中单击"柱形图"按钮，系统弹出"创建迷你图"对话框。

② 在“创建迷你图”对话框中的“数据范围”框中设置创建迷你图的数据源，如 B3：E3。在“位置范围”框中设置迷你图的单元格，如 F3（以绝对地址方式）。

③ 单击“确定”按钮，完成 F3 单元格迷你图的制作。

④ 将鼠标移至 F3 单元格右下角填充手柄上，当光标变为实心“十”字形状时，按住左键向下拖动鼠标，完成 F4：F6 单元格的填充。完成效果如图 4-29 所示。

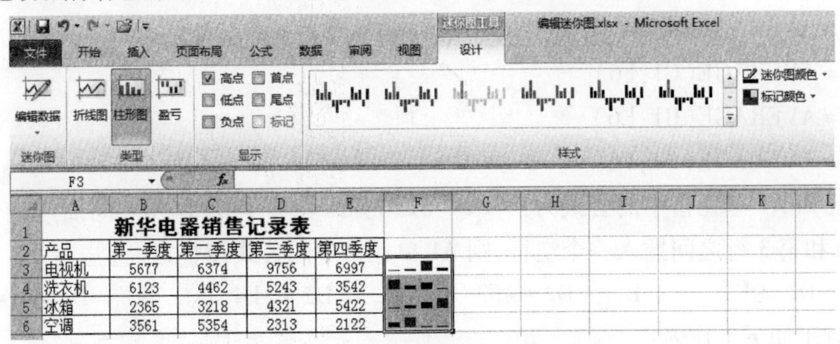

图 4-29　例 4-21 的执行结果

迷你图完成后，用户可以对它进行编辑，如更改迷你图类型、在迷你图中显示数据点、应用迷你图样式、设置迷你图和标记的颜色等。

习 题 四

一、单选题

1. 在 Excel 工作簿中，至少应含有的工作表个数是________。

A. 0　　B. 1　　C. 2　　D. 3

2. 如果要按文本格式输入学号“01014017”，以下输入操作正确的是________。

A. ″01014017　　B. ′01014017　　C. ′01014017′　　D. 01014017

3. 单击“开始”选项卡下“剪贴板”组中的“粘贴”下拉按钮，在其下拉列表中选择________命令，可以只复制单元格中的数值，而不复制单元格中的其他内容（如公式）。

A. 粘贴　　B. 选择性粘贴　　C. Office 剪贴板　　D. 填充

4. 在 Excel 工作表中，不允许使用的单元格地址是________。

A. E$22　　B. $E22　　C. E2$2　　D. C22

5. 下列 Excel 公式正确的是________。

A. =B2 * Sheet2! B2　　B. =B2 * Sheet2:B2

C. =2B * Sheet2! B2　　D. =B2 * Sheet2 $ B2

6. 在选定一列数据后自动求和时,求和的数据将被放在______。

A. 第一个数据的上边　　B. 第一个数据的右边

C. 最后一个数据的下边　　D. 最后一个数据的右边

7. 已知 A1 单元格中的公式为: = AVERAGE(B1:F6),将 B 列删除之后,A1 单元格中的公式将调整为______。

A. = AVERAGE(#REF!)

B. = AVERAGE(C1:F6)

C. = AVERAGE(B1:E6)

D. = AVERAGE(B1:F6)

8. 已知 A1 单元格中的公式为: = D2 * $E3,如果在 D 列和 E 列之间插入一个空列,在第 2 行和第 3 行之间插入一个空行,则 A1 单元格中的公式调整为______。

A. = D2 *$E2　　B. = D2 * $F3　　C. = D2 * $E4　　D. = D2 * $F4

9. 对于如下工作表:

A	B	C
3	2	1

如果将 A2 中的公式" = $A1 + B $2" 复制到区域 B2:C3 的各单元格中,则在单元格 B2 的公式为 (1) ,显示的结果为 (2) 。

(1) A. = $A1 + $C2　　B. = A $1 + C $2

C. = $A1 + C $2　　D. = A $1 + $C2

(2) A. 8　　B. 7　　C. 6　　D. 5

二、多选题

1. 在单元格中插入数据的操作顺序依次是______。

A. 键入数据　　B. 双击单元格

C. 用箭头键选定插入点　　D. 按回车键

2. 在 Excel 工作表中,要将单元格 A1 中的公式复制到区域 B1:B5 中,方法有______。

A. 选定单元格 A1 后把鼠标指针指向该单元格,按住〈Ctrl〉键的同时拖动鼠标到区域 B1:B5

B. 选定单元格 A1 后把鼠标指针指向该单元格,再拖动鼠标到区域 B1:B5

C. 选定区域 B1:B5 后,单击"开始"选项卡下"剪贴板"组中的"复制"按钮

D. 右击单元格 A1,从快捷菜单中选择"复制"命令,再选定区域 B1:B5,右击选定区域,从快捷菜单中选择"粘贴选项"中的"公式"选项

E. 选定单元格 A1 后,单击"开始"选项卡下"剪贴板"组中的"复制"按钮,再选定区域 B1:B5,单击"剪贴板"组中的"粘贴"按钮

3. 下列叙述正确的是________。

A. 要对单元格 A1 中的数值的小数位四舍五入,可用函数 INT(A1 +0.5)或 ROUND(A1,0)

B. 进行分类汇总的前提是要对数据清单按分类关键字排好序

C. 在数据清单中,Excel 既能够对汉字字段进行笔画或字母排序,也能够区分字母大小写进行排序

D. 在条件区域中,大于等于号可以写成 >=,也可以写成 =>

E. 在输入公式及函数时,文本型数据要用双撇号括起来,如 LEFT("大学生",2),但不能采用中文引号,如 LEFT("大学生",2)

三、填空题

1. Excel 的工作簿默认包含 ______ 个工作表;每个工作表可有________行 ________列;每个单元格最多输入________个字符。

2. 如果自定义数字格式为"#.0#",则键入 34 和 34.567 将分别显示为__________和__________。

3. 计算 $\sqrt{a^2+b^2}$ 的值,假设 a 和 b 的值分别存放在 A1 和 A2 单元格中,精确到小数点后第 3 位(第 4 位小数四舍五入)。请写出计算公式:__________________。

4. 工作表中 C1 单元格的内容为"学习",D3 单元格的内容为"Excel",则公式"=C1&D3"的结果是 ________。如果把公式输入成为"=C1+D3",则结果是________。

5. 将 C2 单元格的公式"=A2 - $B $4 - C1"复制到 D3 单元格,则 D3 单元格的公式是 ____________。

6. 制作九九乘法表。在工作表的表格区域 B1:J1 和 A2:A10 中分别输入数值 1 ~ 9 作为被乘数和乘数,B2:J10 用于存放乘积。在 B2 单元格中输入公式________,然后将该公式复制到表格区域 B2:J10 中,便可生成九九乘法表。

7. 写出表示下列各条件的条件区域。其中,姓名、性别、班号及成绩均为数据清单的字段。

(1) 成绩等于 80 分的所有男生,条件区域是____________。

(2) 班号为 12 和 13 的男生,条件区域是 ____________ 。

（3）成绩在60～80分（包括60分和80分）的12班女生，条件区域时＿＿＿＿＿＿＿＿＿＿＿＿。

（4）姓林的所有女生，条件区域是＿＿＿＿＿＿＿＿＿＿。

8．在Excel工作表中，单元格A1～A6中分别存放数值10、8、6、4、2.2、－1.2，则公式"＝SUM（A2：A4，INT（A5），INT（A6））"的结果是＿＿＿＿＿＿＿＿＿＿。

9．已知C1＝20，在D1单元格中输入的函数为"＝IF（C1＞80，C1＋5，C1－5）"，则D1单元格中的值是＿＿＿＿＿＿＿＿＿＿。

10．已知A1单元格中的数据为"计算机应用基础"，则下列各函数取值是什么？

（1）LEFT（RIGHT（A1，4），2）的值是＿＿＿＿＿＿＿＿＿＿。

（2）RIGHT（LEFT（A1，2），2）的值是＿＿＿＿＿＿＿＿＿＿。

（3）LEN（A1&"1234"）的值是＿＿＿＿＿＿＿＿＿＿。

（4）MID（A1，FIND（"基"，A1），2）的值是＿＿＿＿＿＿＿＿＿＿。

第5章 PowerPoint 2010 应用

PowerPoint 2010 是一种演示文稿的制作工具，它编制的文稿，以幻灯片的形式，可以在计算机屏幕上演示，也可以通过投影仪在大屏幕上放映。它是进行学术交流、产品展示、工作汇报的重要工具。

考虑到 PowerPoint 2010（以下简称 PowerPoint）的很多操作方法与 Office 的其他程序（如 Word、Excel）具有共同的特点，本章将主要介绍 PowerPoint 所独有的使用和操作方法。

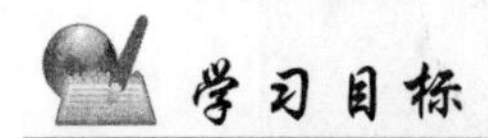

- 了解 PowerPoint 的组成，了解演示文稿的创建方法，了解幻灯片视图及切换。
- 掌握 PowerPoint 的基本编辑技术，包括增加和删除幻灯片、格式化幻灯片上的对象、插入图片与声音、插入超链接等。
- 掌握 PowerPoint 的设置方法，包括设置外观、设置版式、设置切换方式、设置自定义动画、设置放映方式等。
- 了解 PowerPoint 的播放。

5.1 PowerPoint 的基本操作与基本编辑

▶▶ 任务一　认识 PowerPoint

任务内容

- 熟悉 PowerPoint 的窗口组成、视图与版式。

任务要求

- 掌握 PowerPoint 的窗口组成，了解 PowerPoint 的 6 种视图方式及切换。

● 了解 PowerPoint 的组成与版式。

一、PowerPoint 窗口

启动 PowerPoint 后,系统打开如图 5-1 所示的窗口。PowerPoint 主窗口的基本元素与 Word、Excel 基本相同,只是中间的工作区略有差距。PowerPoint 中间区域是演示文稿的编辑区,该编辑区可根据需要选择在不同的视图下工作。

图 5-1　PowerPoint 2010 主窗口

PowerPoint 启动后进入普通视图方式,此时编辑区被分成了 3 个窗格:左侧是任务窗格,其中包括了"大纲"和"幻灯片"两个选项卡;中间是幻灯片窗格;下方是备注窗格,如图 5-1 所示。

二、视图方式

PowerPoint 提供了 6 种不同的视图方式,它们是:普通视图、幻灯片浏览视图、备注页视图、幻灯片放映视图、阅读视图和母版视图(包括幻灯片母版、讲义母版和备注母版)。

根据幻灯片编辑的需要,用户可以在不同的视图上进行演示文稿的制作。要切换视图方式,可以选择"视图"菜单命令功能区"演示文稿视图"中的相应视图命令按钮,或点击窗口底部的视图切换按钮。

(1) 普通视图

如图 5-1 所示的是普通视图方式,是主要的编辑视图,用于撰写和设计演示文稿。它将文稿编辑区分为 3 个窗格,"普通视图"综合了"阅读视图"、"幻灯片视图"和"备注页视图"三者的优点,可使用户同时观察到演示文稿中某个幻灯片的显示效果及备注内容,并使用户的整个输入和编辑工作都集中在统一的视图中。普通视图方式是文稿编辑工作中最常用的视图方式。

用户可以按需选择在哪一个窗格中编辑幻灯片。拖动窗格分界线,可以调整窗格的尺寸。

① 幻灯片窗格:在幻灯片窗格中显示的是当前幻灯片,可以进行幻灯片的编辑、文本的输入和格式化处理、对象的插入等。

② 任务窗格:任务窗格的上方有“大纲”选项卡和“幻灯片”选项卡两个标签,通过这两个标签可以控制任务窗格的显示格式(大纲显示格式和幻灯片缩略图)。

在“大纲”选项卡下,浏览窗格中仅显示幻灯片中的文本内容,其他对象不显示出来,如表格、艺术字、图形和图片等。

③ 备注窗格:在备注窗格中可以查看和编辑当前幻灯片的演讲者备注文字,每张幻灯片都有一个备注文字页,其中可以写入在幻灯片中没列出来的其他重要内容,以便于演讲之前或演讲过程中查阅,也可以在播放幻灯片的同时展示给观众。

(2) 幻灯片浏览视图

在这种视图方式下,幻灯片缩小显示,因此在窗口中可同时显示多张幻灯片,可以重新对幻灯片进行快速排序,还可以方便地增加或删除某些幻灯片。

(3) 备注页视图

用于显示和编辑备注页,即可以插入文本内容,又可以插入图片等对象信息。

注意 在普通视图的备注窗格中不能显示和插入图片等对象信息。

(4) 阅读视图

用于在方便审阅的窗口中查看演示文稿,而不是使用全屏的幻灯片放映视图。如果要更改演示文稿,可随时从阅读视图切换至某个其他视图。

(5) 幻灯片放映视图

在这种视图方式下,可以在计算机上播放幻灯片,并可以看到图形、计时、电影、动画在实际演示中的具体效果。

(6) 母版视图

包括幻灯片母版视图、讲义母版视图和备注母版视图,是存储有关演示文稿的信息的主要幻灯片,其中包括背景、颜色、字体、效果、占位符大小和位置。使用母版视图的一个主要优点在于,在幻灯片母版、备注母版或讲义母版上,可以对与演示文稿关联的每个幻灯片、备注页或讲义的样式进行全局更改。

三、相关概念介绍

1. 演示文稿

使用 PowerPoint 创建的文档称为演示文稿,文件扩展名为. pptx。一个 PowerPoint 演示文稿由一系列幻灯片组成,就如同 Word 中的文档由一至多页组成,Excel 中的工作簿由一至多张工作表组成一样。

如图 5-2 所示的是一个演示文稿,用于介绍"环球科技有限公司"情况,其文档名为 p1. pptx,该演示文稿由 4 张幻灯片组成。本章将以本演示文稿为主要案例,介绍演示文稿的制作方法。

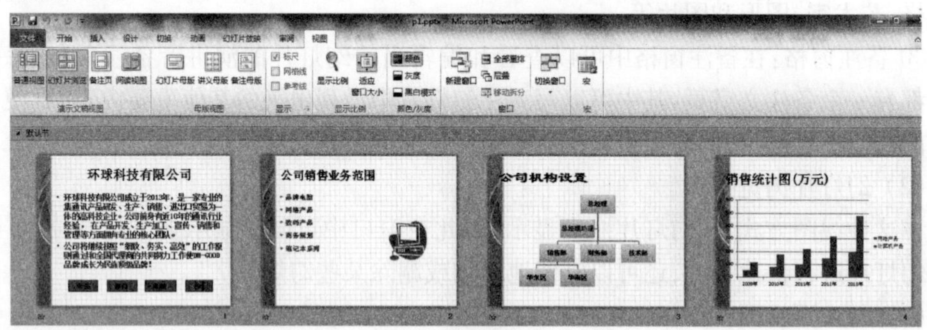

图 5-2 演示文稿 P1

2. 幻灯片

幻灯片是演示文稿的基本组成部分。幻灯片的大小统一、风格一致,可以通过页面设置和母版的设计来确定。在新插入一张幻灯片时,系统将母版的样式生成一张具有一定版式的空幻灯片,用户再按照自己的需要对其进行编辑。

3. 幻灯片组成

幻灯片一般由编号、标题、占位符和文本框、图形、声音、表格等元素组成。

① 编号:幻灯片的编号即它的顺序号,决定各片的排列次序和播放顺序。它是插入幻灯片时自动加入的。对幻灯片的增删,也会引起后面幻灯片序号的改变。

② 标题:通常每一张幻灯片都需要加入一个标题,它在大纲窗格中作为幻灯片的名称显示出来,也起着该幻灯片主题的作用。

③ 占位符:幻灯片上的标题、文本、图形等对象在幻灯片上所占的位置称为占位符。占位符的大小和位置一般由幻灯片版式确定,用户也可以按照自己的需求修改。各种对象的占位符以虚线框出,单击它即可确定,双击它可以插入相应的对象。

在图 5-1 中,幻灯片窗格中有两个分别标示"单击此处添加标题"和"单击此处添加副标题"的虚线框,就是占位符。

4. 版式

版式是幻灯片上的标题、文本、图片、表格等内容的布局形式。在“幻灯片版式”任务窗格(图5-3)中，PowerPoint 提供了4大类共31种幻灯片版式(也称布局)，用户可以从中选择一种，默认选择为第一种。每种版式预定义了新建幻灯片的布局形式，其中各种占位符以虚线框出。

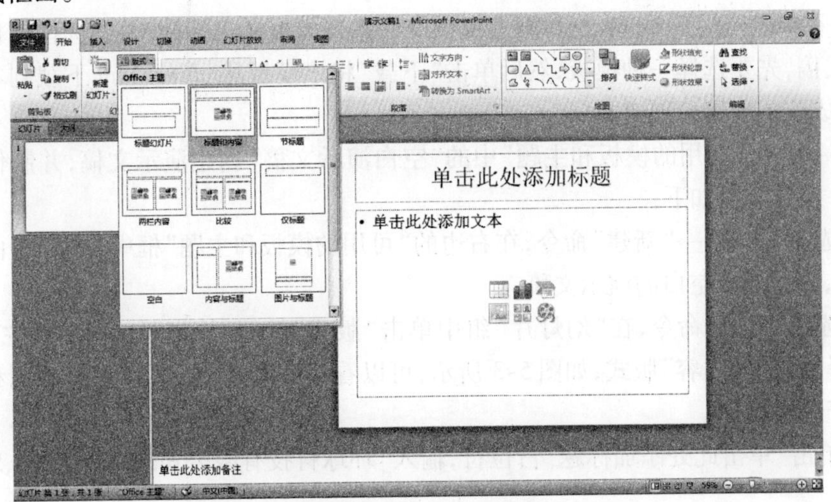

图5-3 选择幻灯片版式

▶▶ 任务二 演示文稿的建立与编辑

任务内容

- PowerPoint 演示文稿的建立。
- PowerPoint 演示文稿的基本编辑技术。

任务要求

- 掌握创建 PowerPoint 演示文稿的方法。
- 掌握 PowerPoint 演示文稿的基本编辑技术，包括文本的输入与编辑、文本的格式化、幻灯片的增加与删除、幻灯片的复制与移动等基本操作。

一、创建演示文稿

在主窗口中，选择“文件”→“新建”命令，再在右边的“可用模板”框中选择“空白演示文稿”，即可创建名为“演示文稿1”的空白演示文稿，如图5-1所示。PowerPoint 提供了多种创建演示文稿的方式，主要有：利用“可用的模板和主题”创建和根据“office. com 模板”创建。用户可以从中选择一种方式来创建新的演示文稿。

（1）用“可用的模板和主题”创建演示文稿

用户可以充分利用 PowerPoint 提供的内置模板和主题等选择自己所需要的样式，如“空白演示文稿”、“我的模板”、“主题”等。系统提供的空白演示文稿不包含任何颜色和任何样式。

（2）根据“office. com 模板”创建演示文稿

Office. com 模板是 office. com 网上提供的一系列模板样式，可以通过选择模板类别来创建新文稿，先要选择一种模板，然后单击“下载”将该模板从 office. com 下载到本地驱动器上，完成演示文稿的创建。

例 5-1 用“可用的模板和主题”中的“空白演示文稿”创建演示文稿，并制作第一张幻灯片。操作步骤如下：

① 选择“文件”→“新建”命令，在右边的“可用的模板和主题”框中双击“空白演示文稿”类别，打开一个空白的演示文稿。

② 选择“开始”命令，在“幻灯片”组中单击“版式”按钮，从打开的“office 主题”列表框中选择“标题和内容”版式，如图 5-3 所示，可以看到编辑窗口显示出含有标题和文本两个占位符的幻灯片。

③ 单击“单击此处添加标题”占位符，输入“环球科技有限公司”，采用楷体、54 磅字，加粗。

④ 单击“单击此处添加文本”占位符，输入“环球科技有限公司成立于 2013 年……”内容，采用宋体、28 磅字，加粗。

输入后，第一张幻灯片如图 5-4 所示。

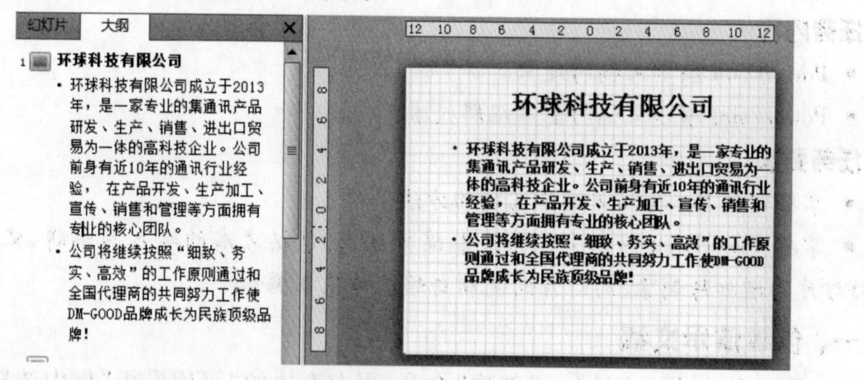

图 5-4 第一张幻灯片

二、幻灯片文本的编辑

一个演示文稿的制作过程实际上就是一张幻灯片的制作过程。编辑幻灯片一般是在普通视图方式下进行。

1. **输入文本**

如果幻灯片中包含有文本占位符,单击文本占位符就可以开始输入文本。与 Word 一样,在文本区内输入文字也是自动换行的,不需要按回车键。

2. **文本的编辑**

在对文本进行操作之前,需要先选定它。利用鼠标拖动可以选定文本,双击可以选定一个单词,三击可以选定一个段落。

在 PowerPoint 中对文本进行删除、插入、复制、移动等操作,与 Word 操作方法基本相同。但要注意的是,PowerPoint 中只有插入状态,不能通过按〈Insert〉键从插入状态切换为改写状态。

3. **文本的格式化**

文本的格式化包括字体、字形、字号、颜色及效果(效果又包括下划线、上/下标、阴影等)。要对文本进行格式化处理,先要选定该文本,再选择“开始”命令,并单击“字体”组中右下方“字体”对话框启动器,在打开的“字体”对话框中进行设置,或单击“开始”命令功能区下的“字体”组有关按钮进行设置。

4. **段落的格式化**

① 改变文本对齐方式:先选定要设置对齐方式的文本,再单击“开始”命令功能区下的“段落”组有关文本对齐按钮进行设置。

② 改变行间距:选定要改变行间距的段落,再选择“开始”命令,在“段落”组中单击右下方“段落”对话框启动器,在打开的“段落”对话框中设置“行距”、“段前”或“段后”等选项有关尺寸即可。

③ 增加或删除项目符号和编号:默认情况下,在幻灯片上各层次小标题的开头位置上会显示项目符号(如“?”),以突出小标题层次。为增加或删除项目符号和编号,最简单的方法就是单击“段落”组中的“项目符号”或“编号”按钮。

三、幻灯片的操作

1. **新建幻灯片**

打开一文稿后,用户可以按照需要新建幻灯片。

例 5-2 为演示文稿 p1 新增第二张幻灯片,使它含有标题、文本和剪贴画三部分内容。操作步骤如下:

① 选择“开始”命令,在“幻灯片”组中单击“新建幻灯片”按钮,系统打开如图 5-3 所示的“幻灯片版式”列表框。

② 在打开的列表框中选用“两栏内容”版式,此时在编辑窗口中将显示出含有一个标

题、两栏内容3个占位符的幻灯片。

③ 在文稿编辑区中，单击“单击此处添加标题”占位符，输入“公司销售业务范围”，采用楷体、54磅字，加粗。

④ 单击“单击此处添加文本”占位符，输入“品牌电脑”、“数码产品”等内容，采用宋体、28磅字，加粗。

⑤ 设置文本的行距、段前和段后的间距，选定刚输入文字的文本占位符，选择“开始”命令，在“段落”组中单击右下方“段落”对话框启动器，在打开的“段落”对话框中，设置“行距”、“段前”和“段后”分别为1.2行、6磅和6磅。

输入标题和文本后，幻灯片显示如图5-5所示。

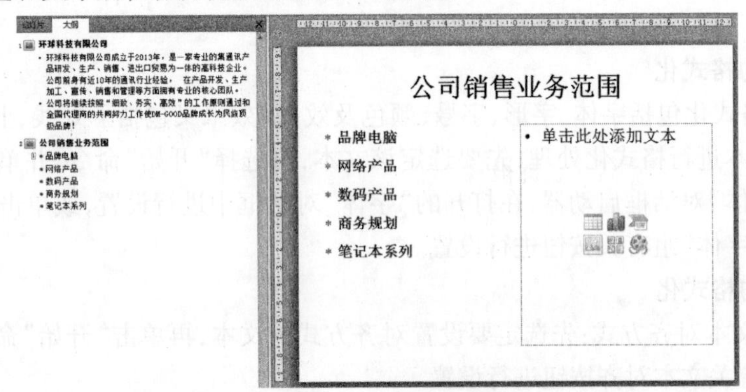

图5-5 在幻灯片中输入标题和文本

说明：每完成一张幻灯片后，可重复上述步骤建立下一张幻灯片。通常，增加的新幻灯片位于当前幻灯片之后。

2. 选定幻灯片

在对幻灯片进行操作之前，先要选定幻灯片。在幻灯片浏览视图和大纲视图中，选定幻灯片有以下方法：

① 单击指定幻灯片（或幻灯片编号），可选定该幻灯片。

② 按住〈Ctrl〉键的同时单击指定幻灯片（或幻灯片编号），可以选定多张幻灯片。

③ 单击所要选定的第一张幻灯片，再按住〈Shift〉键的同时单击最后一张幻灯片，可以选定多张连续的幻灯片。

④ 按下〈Ctrl〉+〈A〉键（或单击“编辑”组中的“全选”命令）可以选定全部幻灯片。

若要放弃被选定的幻灯片，单击幻灯片以外的任何空白区域即可。

3. 删除幻灯片

删除幻灯片的方法是：先选定要删除的幻灯片，然后按〈Delete〉键或单击“剪贴板”组中的“剪切”按钮,或选择快捷菜单中的“删除幻灯片”命令。

4. 复制和移动幻灯片

(1) 使用复制、剪切和粘贴功能复制和移动幻灯片

① 切换到幻灯片浏览视图或大纲窗格方式。

② 选定要复制或移动的幻灯片。

③ 单击“剪贴板”组中的“复制”或“剪切”按钮,或按下〈Ctrl〉+〈C〉键或〈Ctrl〉+〈X〉键,或选择快捷菜单中“复制”或“剪切”命令。

④ 选定要在其后放置复制或剪切内容的幻灯片。

⑤ 单击“剪贴板”组的“粘贴”按钮,或选择快捷菜单中的“粘贴”命令。

(2) 采取拖动方法复制或移动幻灯片

① 在幻灯片浏览视图(或大纲窗格方式)下,将鼠标指针指向所要移动的幻灯片。

② 按住鼠标左键并拖动鼠标,将插入标记(一竖线)移动到某两幅幻灯片之间。

③ 松开鼠标左键,幻灯片就被移动到新的位置。

▶▶ 任务三 在幻灯片上添加对象

任务内容

- 在 PowerPoint 幻灯片中添加各种对象。

任务要求

- 掌握 PowerPoint 幻灯片中艺术字和图片的插入方法。
- 掌握 PowerPoint 幻灯片中组织结构图的插入方法。
- 掌握 PowerPoint 幻灯片中图表的插入方法。
- 掌握 PowerPoint 幻灯片中文本框和表格的插入方法。
- 掌握 PowerPoint 幻灯片中声音和视频的插入方法。

幻灯片上面除了文字以外,还可以插入图片、文本框、图表、表格、声音、影片等对象,使整个演示文稿更加生动、形象。

一、插入艺术字和图片

与 Word 一样,PowerPoint 也可以在幻灯片上插入艺术字、图片、文本框和表格等对象。

例 5-3 在如图 5-5 所示的幻灯片上插入“电脑”剪贴画。操作步骤如下:

① 在普通视图方式下,选定该幻灯片为当前幻灯片。

② 在幻灯片窗格中双击剪贴画占位符,屏幕右侧出现“剪贴画”任务窗格。

③ 在该任务窗格的"搜索文字"框中输入"computer",单击"搜索"按钮,列表框中将显示所需要的剪贴画。

④ 双击列表框中的剪贴画,则可把该图片插入剪贴画占位符中,再适当调整图片的大小,如图 5-6 所示。

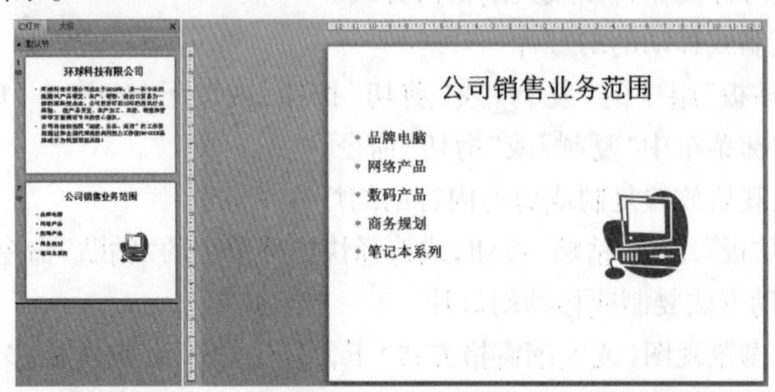

图 5-6 插入剪切画

二、插入组织结构图

组织结构图由一系列的图框和连线组成,表示一定的等级和层次关系。在 PowerPoint 中创建一个组织结构图有两种方法:一种是在演示文稿中插入一个带有组织结构图占位符的新幻灯片;另一种是在已有的幻灯片上插入一个组织结构图。

例 5-4 为演示文稿 p1 创建第三张幻灯片,使它含有组织结构图。操作步骤如下:

① 选择"开始"命令,在"幻灯片"组中单击"新建幻灯片"按钮,系统打开如图 5-3 所示的"幻灯片版式"列表框。

② 在打开的列表框中选用"标题和内容"版式,此时在编辑窗口中将显示出含有标题和内容两个占位符的幻灯片。

③ 单击"标题"占位符,输入"公司机构设置",采用隶书、54 磅字,加粗。

④ 双击"插入 SmartArt 图形"图标,弹出"选择 SmartArt 图形"对话框,切换至"层次结构"选项面板,选定所需要的图形类型,如"组织结构图",再单击"确定"按钮,打开如图 5-7(a)所示的"组织结构"编辑窗口。

⑤ 在已有的方框中分别输入"总经理"、"总经理助理"、"销售部"、"财务部"和"技术部"。

⑥ 右击"销售部"所在的方框,从快捷菜单中选择"添加形状"→"在下方添加形状"项,则在"销售部"下方出现一个新方框,在此方框中输入"华东区",同样的方法,可以在"销售部"下方添加一个"华东区"方框。

⑦ 单击"组织结构图"占位符以外的位置,可退出该"组织结构图"的编辑状态。

制作完成的组织结构图如图 5-7(b)所示。

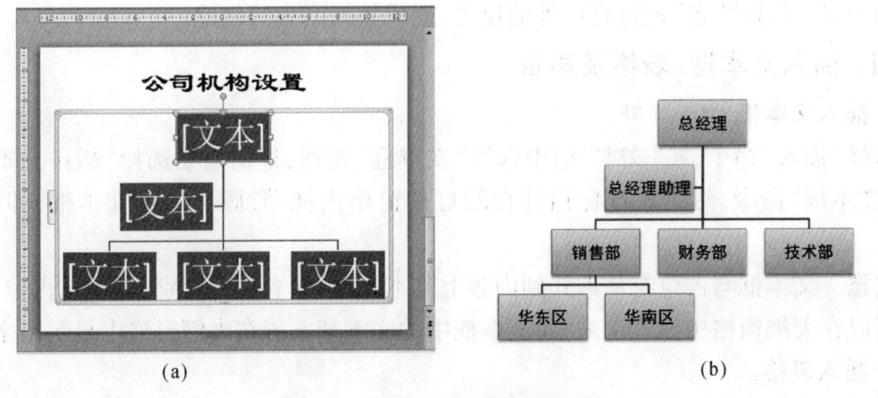

(a) (b)

图 5-7 “组织结构图”编辑窗口

三、插入数据图表

PowerPoint 可以新建一个带有数据图表的幻灯片,也可以在已有的幻灯片上添加数据图表。

例 5-5 为演示文稿 p1 创建第四张幻灯片,使它含有数据图表。操作步骤如下:

① 选择“开始”命令,在“幻灯片”组中,单击“新建幻灯片”按钮,系统打开如图 5-3 所示的“幻灯片版式”列表框。

② 在打开的列表框中选用“标题和内容”版式,此时在编辑窗口中将显示出含有标题和内容两个占位符的幻灯片。

③ 单击“标题”占位符,输入“销售统计图(万元)”采用隶书、54 磅字,加粗。

④ 双击“插入图表”图标,启动如图 5-8 所示的 Microsoft Graph 程序。利用 Microsoft Graph 程序,用户可以在“数据表”框中输入所需数据以取代示例数据,此时,幻灯片上的图表会随输入的数据的变化而发生相应的变化。

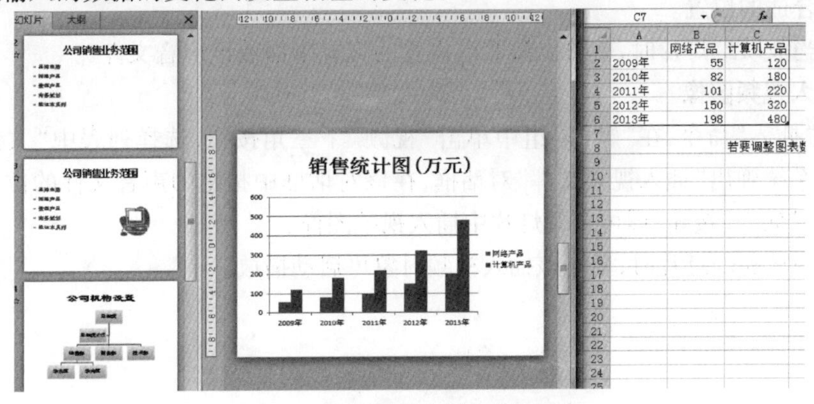

图 5-8 在幻灯片中插入数据图表

⑤ 单击“数据图表”占位符以外的位置,完成数据图表的创建。

四、插入文本框、表格及声音

1. 插入文本框

选择“插入”命令,在“文本”组中选择“文本框”按钮,根据需要选择“横排文本框”或“垂直文本框”命令,然后用鼠标指针在幻灯片窗格内拖动,画出一个文本框,即可输入内容。

注意 文本框与占位符从形式到内容上基本相似,但有一定区别。例如,占位符中的文本可以在大纲窗格中显示出来,而文本框中的文本却不能在大纲窗格中显示出来。

2. 插入表格

选择“插入”命令,在“表格”组中选择“表格”按钮,或双击幻灯片上的表格占位符,根据需要设定表格的行数和列数后,即可产生一个简易表格。

像在 Word 中一样,可在表格单元中输入内容,并可设置表格内的字体格式、对齐方式,设置表格边框的粗细、颜色及表格的填充颜色等。

3. 插入声音

为使放映时同时播放解说词或音乐,可在幻灯片中插入声音对象。操作方法如下:

① 在幻灯片窗格中,选定要插入声音的幻灯片。

② 选择“插入”命令,在“媒体”组中单击“音频”下三角按钮,选择列表中“文件中的声音”命令,系统弹出“插入音频”对话框。

③ 指定声音文件的位置及文件名,再单击“插入”按钮。

④ 切换至“音频工具”的“播放”上下文选项卡,用户可根据需要设置“音频选项”组中的选项,如“音量”、“开始”等。

设置后在幻灯片中央位置上将出现一个小喇叭图标,用户通过拖动可以把该图标放置在其他合适的位置。

以后当放映幻灯片时,就可以按照已设置的方式来播放该声音文件。

4. 插入视频图像

选择“插入”命令,在“媒体”组中单击“视频”下三角按钮,选择列表中“文件中的视频”命令,系统弹出“插入视频文件”对话框,在该对话框中指定的声音文件的位置及文件名,再单击“插入”按钮,即可在幻灯片中插入视频图像。

以后当放映幻灯片时,单击该插入视频对象可启动播放。

5.2 幻灯片的设置与放映

▶▶ 任务一 设置幻灯片外观

任务内容

- PowerPoint 幻灯片外观的设置。

任务要求

- 掌握设置 PowerPoint 幻灯片母版的方法。
- 掌握设置 PowerPoint 幻灯片背景和主题的方法。

通常,要求一个文稿中所有的幻灯片具有统一的外观,如背景图样、标题字样、标头形式、标志等,为此,PowerPoint 提供了两种常用的控制手段:母版和模板。

一、使用幻灯片母版

每个文稿都有 4 个母版,即标题母版、幻灯片母版、备注母版和讲义母版。幻灯片母版用来设置文稿中所有幻灯片的文本格式,如字体、字形或背景对象等。通过修改幻灯片母版,可以统一改变文稿中所有幻灯片的文本外观。

要查看和编辑文稿中所有幻灯片母版,操作步骤如下:

① 选择“视图”命令。

② 在“母版视图”组中选择“幻灯片母版”选项,屏幕显示出当前文稿的幻灯片母版。

③ 对幻灯片母版进行编辑。

幻灯片母版类似于其他一般的幻灯片,用户可以在其上面添加文本、图形、边框等对象,也可以设置背景对象。以下仅介绍两种常用的编辑方法。

- 改变母版的背景效果:单击“幻灯片母版”选项卡中“背景”组中右下方“背景”对话框启动器,系统将弹出“设置背景格式”对话框,根据需要进行“填充颜色”等相关设置即可。

- 加入时间和页码(幻灯片编号):选择“插入”命令,在“文本组”中单击“页眉和页脚”命令,再从其对话框中选择“幻灯片”选项卡,然后选定日期、时间及幻灯片编号。

④ 幻灯片母版编辑完毕,单击“幻灯片母版视图”选项卡上的“关闭母版视图”按钮,则可返回原视图方式。

在幻灯片母版中添加对象后,该对象将出现在文稿的每张幻灯片中。

二、应用背景和主题

PowerPoint 提供了设置背景和主题效果的功能，使幻灯片具有丰富的色彩和良好的视觉效果。用户可根据幻灯片上常用的对象，如文本、背景、线条、填充等，选择不同的颜色或主题，组成不同的方案应用于个别幻灯片或整个演示文稿。

1. 设置背景

通过设置幻灯片的"背景"，可以将幻灯片的背景设置为单色、双色、图片或纹理、图案填充效果。可以为整个演示文稿设置统一的背景效果，也可以设置单张幻灯片的背景。操作步骤如下：

① 选中要设置背景的幻灯片，选择"设计"命令，在"背景"组中单击"背景样式"按钮，在打开的列表框中选择"设置背景样式"命令，或单击"背景"组中右下方"背景"对话框启动器。

② 系统弹出"设置背景格式"对话框，在"填充"选项面板中选择所需的背景设置，完成后单击"关闭"或"全部应用"按钮即可。

"填充"面板上有"纯色填充"、"渐变填充"、"图片或纹理填充"、"图案填充"、"隐藏背景图形"、"填充颜色"等选项。

选择"关闭"按钮，则所设置的背景格式只应用于选中的幻灯片；选择"全部应用"按钮，则所设置的背景格式应用于全部幻灯片。

2. 使用内置主题效果

PowerPoint 提供了多种内置的主题效果，用户可以直接选择内置的主题效果为演示文稿设置统一的外观，还可以在线使用其他 Office 主题，或者配合使用内置的其他主题颜色、主题字体、主题效果等。

例 5-6 为演示稿 p1 设置主题效果，操作步骤如下：

① 在普通视图方式下，选定要排版的幻灯片。

② 选择"设计"命令，单击"主题"组中的"快翻"按钮，在打开的列表中选择所需要的主题样式，如"波形"。

③ 单击"主题"组中的"颜色"按钮，在打开的列表框中选择需要的主题样式，如"穿越"。

④ 单击"主题"组中的"效果"按钮，在打开的列表框中选择所需要的效果，如"仙松迎客主题"。

完成效果如图 5-9 所示。

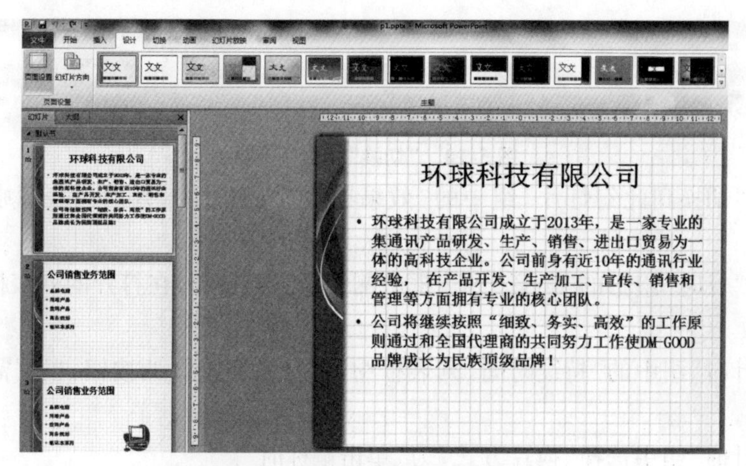

图 5-9 应用"内置主题"效果图

▶▶ 任务二 设置动画和超链接

任务内容

- 设置 PowerPoint 幻灯片中对象的动画效果和超链接效果。

任务要求

- 掌握 PowerPoint 幻灯片切换方式。
- 掌握 PowerPoint 幻灯片中对象的动画效果的设置方法。
- 掌握 PowerPoint 幻灯片中文字或图片、按钮等对象的设置超链接方法。

一、设置幻灯片的切换方式

幻灯片的切换方式是指放映时从当前的幻灯片过渡到下一张幻灯片的方式。如果不设置切换方式，则点击鼠标后屏幕上立即换成下一张幻灯片；而设置了切换方式后，下一张幻灯片就以某种特定的方式进入屏幕。例如，采用"切入"、"棋盘"方式等。设置方法通过下面例子说明。

例 5-7 在演示文稿 p1 中，把第三张幻灯片的切换方式设置为"棋盘"、"鼓掌"声及"单击鼠标换页"换片方式，操作步骤如下：

① 进入幻灯片浏览视图方式，并选定该幻灯片。

② 选择"切换"命令，单击"切换到此幻灯片"组中的"快翻"按钮，在打开的列表框中选择"棋盘"选项，如图 5-10 所示。

图 5-10 “切换”命令功能区

③ 单击“切换到此幻灯片”组中的“效果选项”按钮,在打开的列表框中选择“自左侧”选项。

④ 单击“计时”组中的“声音”列表框右侧的下三角按钮,在打开的列表框中选择“鼓掌”声音选项。

⑤ 在“计时”组中的“持续时间”列表框中,单击右侧的微调按钮,根据需要设置“持续时间”值。

⑥ 在“计时”组中选择“换片方式”为“单击鼠标时”。

⑦ 选择“切换”→“预览”命令查看上述设置效果。

二、设置动画效果

在缺省情况下,幻灯片放映效果与传统的幻灯片一样,幻灯片上的所有对象都是无声无息地同时出现的。利用 PowerPoint 提供的动画功能,可以为幻灯片上的每个对象(如层次小标题、图片、艺术字、文本框等)设置出现的顺序、方式及伴音,以突出重点,控制播放的流程和提高演示的趣味性。

在 PowerPoint 中,实现动画效果有两种方式:“预定义动画”和“自定义动画”。

1. 预定义动画

“预定义动画”提供了一组基本的动画设计效果,其特点是动画与伴音的设置一次完成。放映时,只有单击鼠标、按回车键、按〈↓〉键等时,动画对象才会出现。

在幻灯片中选定要设置动画的某个对象(文本、文本框、图形、图表等)。选择“动画”命令,再单击“动画”组中的“快翻”按钮,在打开的列表中选择“进入”选项区域中的动画选项,如“飞入”选项。还可以通过单击“动画”组中的“效果选项”按钮,设置动画进入的方向选择。

单击“预览”或“动画窗格”的“播放”按钮,可预览动画效果。

如要取消幻灯片的动画效果,可先选定该幻灯片设置动画效果的对象,然后选择“动画”命令,单击“动画”组中的“快翻”按钮,在打开的列表框中选择“无”选项即可。

2. 自定义动画

在自定义动画中,PowerPoint 提供了更多的动画形式和伴音方式,而且还可以规定动画对象出现的顺序和方式。操作步骤如下:

① 选定要添加动画效果的幻灯片。

② 选择“动画”命令，在“高级选项”组中单击“动画窗格”按钮，系统打开如图 5-11 所示的“动画窗格”任务窗格。

③ 选定要添加动画的对象。

④ 单击“高级动画”组中“添加动画”按钮，打开如图 5-12 所示的动画效果列表框。

⑤ 按照幻灯片放映时的时间不同，把对象的动画效果分为“进入”、“强调”、“退出”三个选项，同时用户还可以选择对象运动的效果（动作路径），也可以把这些效果组合起来。

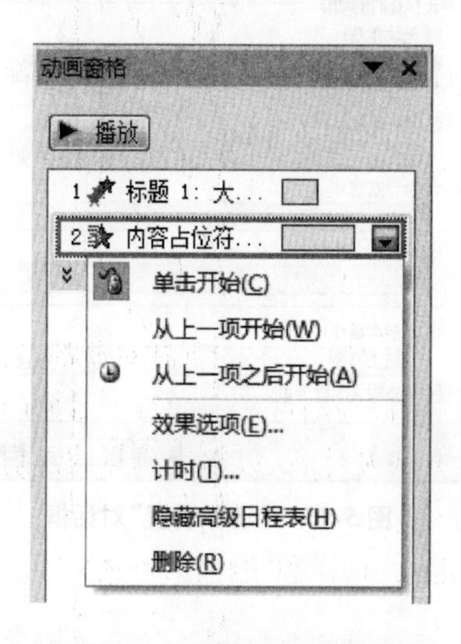

图 5-11　“动画窗格”任务窗口

图 5-12　动画效果

三、插入超链接和动作按钮

利用超链接和动作按钮可以快速跳转到不同的位置，例如，跳转到演示文稿的某一张幻灯片、其他演示文稿、Word 文档、Excel 表格等，从而使文档的播放更具有灵活性。

1. 创建超链接

创建超链接的起点（或称链接源）可以是任何文本或对象，激活超链接一般用单击鼠标的方法。建立超链接后，链接源的文本会添加下划线，并且显示系统指定的颜色。

创建超链接的方法：选定要创建链接的对象（文本或图形），选择“插入”→“超链接”命令，打开“插入超链接”对话框，然后在“地址”栏中输入超链接的目标地址。

2. 插入动作按钮

利用动作按钮，也可以创建同样效果的超链接。在编辑幻灯片时，用户可在其中加入一些特殊按钮（称为动作按钮），使演示过程中放映者可通过这些按钮跳转到演示文稿的其他幻灯片上，也可以播放音乐，还可以启动另一个应用程序或链接到 Internet 上。操作

步骤如下:

① 幻灯片窗格中,选定要插入动作按钮的幻灯片。

② 选择"插入"命令,单击"插图"组中的"形状"按钮,在下拉列表中的"动作按钮"区域中选择所需的按钮。

③ 在幻灯片合适位置处单击鼠标,打开"动作设置"对话框,如图 5-13 所示。

④ 在"单击鼠标"选项卡中选择一个选项,如"超链接到",然后从下拉列表框中选择一个项目,如下一张幻灯片、URL(Internet /Intranet 网站)、其他文件等,也可以选择"运行程序"、"播放声音"等。

⑤ 在"鼠标移过"选项卡中,可以设置当放映者将鼠标指针移到这些动作按钮上面时所要采取的动作。

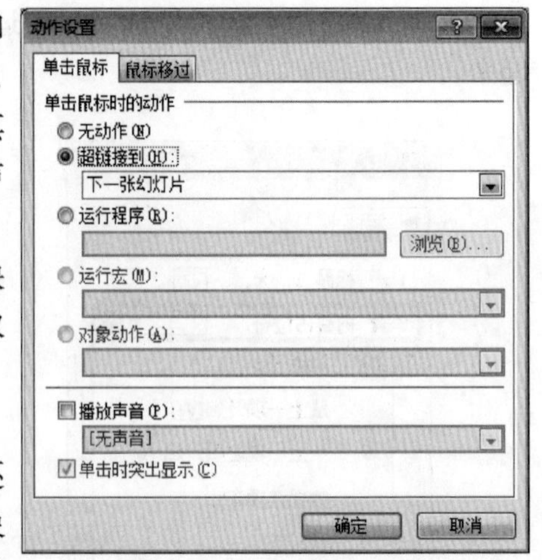

图 5-13 "动作设置"对话框

3. **为对象设置动作**

除了可以对动作按钮设置(鼠标)动作外,还可以对幻灯片上的对象设置(鼠标)动作。为对象设置动作后,当鼠标移过或单击该对象时,就能像动作按钮一样执行某种指定的动作,如跳转到其他幻灯片、播放选定的声音文件等。

在幻灯片中选定要设置动作的某个对象(如某段文字),选择"插入"命令,在"链接"组中单击"动作"按钮,打开如图 5-13 所示的"动作设置"对话框,从中进行设置(类似动作按钮的设置方法)。

例 5-8 为演示文稿 p1 中的第一张幻灯片设置 4 个"单击鼠标"动作按钮,如图 5-14 所示,使之能分别跳转到第二张幻灯片、第三张幻灯片、第四张幻灯片和结束放映,前 3 个动作按钮名分别为"业务"、"部门"和"业绩"。操作步骤如下:

① 在幻灯片窗格中,选定第一张幻灯片。

② 建立第一个"动作按钮"(名称为"业务",链接到第二张幻灯片),方法如下:

- 选择"插入"命令,单击"插图"组中的"形状"按钮,在下拉列表中的"动作按钮"区域中选择"动作按钮:自定义"按钮,再把鼠标指针移到幻灯片上单击左键,此时在幻灯片上出现按钮的同时,将打开如图 5-13 所示的"动作设置"对话框。

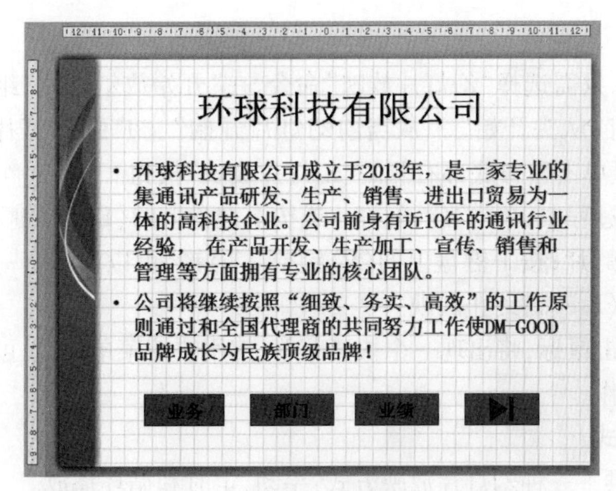

图 5-14　在第一张幻灯片上设置 4 个“动作按钮”

• 从“单击鼠标”选项卡中选择“超链接到”选项，再从下拉列表框中选择“幻灯片”项目，打开“超链接到幻灯片”对话框。从“幻灯片标题”框中选择“2. 销售业务范围”，单击“确定”按钮，即可在幻灯片上生成一个链接到第二张幻灯片的“动作按钮”。

• 调整动作按钮的位置和大小。从动作按钮的快捷菜单中选择“编辑文本”命令，再输入文本“业务”作为该按钮的名称。

③ 用类似②的方法，可在幻灯片上生成其他两个“动作”按钮，名称为“部门”和“业绩”，分别连接到第三张幻灯片和第四张幻灯片上。

④ 建立“结束放映”动作按钮的方法如下：

• 选择“插入”命令，单击“插图”组中的“形状”按钮，在下拉列表中的“动作按钮”区域中选择“动作按钮：结束”按钮，再把鼠标指针移到幻灯片上单击左键，此时，在幻灯片上出现按钮的同时，将打开“动作设置”对话框。

• 从“单击鼠标”选项卡中选择“超链接到”选项，再从下拉列表框中选择“结束放映”项目。单击“确定”按钮，即可在幻灯片上生成一个“结束放映”的动作按钮。

▶▶ 任务三　演示文稿的播放

任务内容

• PowerPoint 演示文稿的放映设置与播放。

任务要求

• 掌握 PowerPoint 幻灯片的放映方式设置方法。

• 了解幻灯片的隐藏与取消隐藏。

1. 放映幻灯片

要放映幻灯片,只需选择“幻灯片放映”命令,在“开始放幻灯片”组中,根据需要选择所需放映的方式(有“从头开始”、“从当前幻灯片开始”、“广播幻灯片”和“自定义幻灯片”4 种方式),也可单击窗口底部右侧的“幻灯片放映”按钮。

在放映幻灯片过程中,单击当前幻灯片或按下键盘上的〈Enter〉键、〈N〉键或〈↓〉键,可以进到下一张幻灯片;按下键盘上的〈P〉键或〈↑〉键,可以回到上一张幻灯片;直到放映完最后一张或按〈Esc〉键终止放映。

在幻灯片上右击鼠标,将出现一个快捷菜单,使用快捷菜单命令,可以进行任意定位、结束放映状态等操作。

2. 设置放映方式

PowerPoint 提供了三种幻灯片放映方式:手动、定时和循环播放。

选择“幻灯片放映”命令,单击“设置”组中的“设置放映方式”按钮,系统弹出“设置放映方式”对话框,从中指定放映方式。

① 选择“放映类型”。本选项框的默认选项为“演讲者放映(全屏幕)”。如果放映时有人照管,可以选择这一放映类型。

若放映演示文稿的地方是在类似于会议、展览中心的场所,同时又允许观众自己动手操作的话,可以选择“观众自行浏览(窗口)”的放映类型。

如果幻灯片放映时无人看管,可以选择使用“在展台浏览(全屏幕)”方式。使用这种方式,演示文稿会自动全屏幕放映。

② 在“放映幻灯片”选项框中指定放映的幻灯片范围。

③ 在“换片方式”选项框中指定一种幻灯片进片方式。

如果已经进行了排练计时(如已预先确定每张幻灯片需要停留的时间),可以选择“手动”控制演示进度或使用已设置的放映时间自动控制放映进度。

④ 选择“放映选项”,如“放映时不加动画”、“放映时不加旁白”等。

3. 隐藏幻灯片和取消隐藏

在 PowerPoint 中,允许将某些暂时不用的幻灯片隐藏起来,从而在幻灯片放映时不放映这些幻灯片。

① 隐藏幻灯片方法。选定这些幻灯片,然后选择“幻灯片放映”→“隐藏幻灯片”命令,此时,被隐藏的幻灯片编号上将出现一个斜杠,标志该幻灯片被隐藏。

② 取消隐藏的方法。选定要取消隐藏的幻灯片,然后再次选择“幻灯片放映”→“隐藏幻灯片”命令,即可取消隐藏。

习题五

一、单选题

1．下列操作中，不能关闭 PowerPoint 程序的操作是________。

A．双击标题栏左侧的控制菜单按钮

B．单击标题栏右边的“关闭”按钮

C．执行“文件”→“关闭”按钮

D．执行“文件”→“退出”命令

2．在________方式下，可采用拖放方法来改变幻灯片的顺序。

A．幻灯片窗格　　B．幻灯片放映视图

C．幻灯片浏览视图　　D．幻灯片备注页视图

3．下列操作中，不能放映幻灯片的操作是________。

A．执行“视图”→“幻灯片浏览”命令

B．执行“幻灯片放映”→“从头开始”命令

C．单击主窗口右下角的“幻灯片放映”按钮

D．直接按〈F5〉键

4．在幻灯片放映中，要前进到下一张幻灯片，不可以按________。

A．〈P〉键　　B．右箭头键　　C．回车键　　D．空格键

5．在演示文稿放映中，能直接转到放映某张幻灯片，可以按________来操作。

A．右箭头键　　B．键入数字编号，然后按〈Enter〉键

C．空格键　　D．直接按〈Enter〉键

6．在大纲窗格中，不可以进行操作的是________。

A．创建新的幻灯片　　B．编辑幻灯片中的文本内容

C．删除幻灯片中的图片　　D．移动幻灯片的排列位置

7．下列关于占位符的叙述错误的是________。

A．占位符是一种文字、图形等对象的容器

B．占位符中有提示性的信息

C．占位符由 PowerPoint 程序自动生成

D．占位符不能为空

8．在演示文稿中，插入超链接中所链接的目标不能是________。

A．同一演示文稿的某一张幻灯片　　B．幻灯片中的某一对象

C. 其他应用程序的文档　　　　D. 另一个演示文稿

9. 在组织结构中,不能添加________。

A. 助手　　B. 同事　　C. 下属　　D. 上司

10. 在 PowerPoint 中,下列选项中的________不是幻灯片中的对象。

A. 文本框　　B. 图片　　C. 占位符　　D. 图表

11. 为使在每张幻灯片上都有一张相同的图片,最方便的方法是通过________来实现。

A. 在幻灯片中插入图片　　　　B. 在版式中插入图片

C. 在模板中插入图片　　　　D. 在幻灯片母版中插入图片

二、填空题

1. PowerPoint 中默认的第一个演示文稿的文件名是__________。

2. 在 PowerPoint 普通视图中,集成了__________、__________和__________3 个窗格。

3. 执行__________菜单中的“新建幻灯片”命令,可以添加一张新幻灯片。

4. 在演示文稿的播放过程中,如果要终止幻灯片的放映,可以按__________键。

5. 要对幻灯片中的文本框内的文字进行编辑修改,应在__________窗格中进行。

第6章 计算机网络基础与Internet

计算机网络近年来获得了飞速发展。现在计算机通信网络以及Internet已成为人们社会结构的一个基本组成部分。网络被应用于工商业的各个方面,包括电子银行、电子商务、现代化的企业管理、信息服务业等都以计算机网络系统为基础。从学校远程教育到政府日常办公乃至现在的电子社区,很多方面都离不开网络技术。可以毫不夸张地说,网络在当今世界无处不在。

计算机网络技术的发展逐渐成为当今世界高新技术发展的核心之一。

学习目标

- 掌握计算机网络的概念、功能和分类。
- 掌握计算机网络的组成,熟悉组成网络的相关设备。
- 了解常用的网络操作系统及网络安全的相关知识。
- 掌握IE浏览器的使用方法。
- 掌握Internet的常用术语。
- 掌握Outlook Express的使用方法。
- 了解IPv6。

6.1 计算机网络概述

本节主要学习计算机网络涉及的基本概念以及网络设备的组成,认识常用的网络操作系统,了解网络安全的相关知识。

▶▶ 任务一　了解计算机网络的基本概念、功能、分类和特点

任务内容

- 计算机网络的基本概念。
- 计算机网络的功能和分类。
- 计算机网络的特点。

任务要求

- 了解计算机网络的基本概念。
- 熟悉计算机网络的主要功能。
- 掌握计算机网络从不同角度的分类情况。

1. 计算机网络的基本概念

计算机网络(Computer Network)是近代计算机技术和通信技术密切结合的产物,是随着社会对信息共享和信息传递的要求而发展起来的。所谓计算机网络,就是利用通信设备和通信线路将地理位置分散、功能独立的多个计算机系统相互连接起来,以功能完善的网络软件来实现网络中信息传输和资源共享的系统。

计算机之间可以用双绞线、电话线、同轴电缆和光纤等有线通信,也可以使用微波、卫星等无线媒体将它们连接起来。

2. 计算机网络的功能

计算机网络的出现,不仅使计算机的作用范围超越了地理位置的限制,方便了用户,而且也增强了计算机本身的功能,更充分地发挥计算机软硬件资源的能力。计算机网络的主要功能如下:

(1) 系统资源共享

充分利用计算机系统软硬件资源是组建计算机网络的主要目的之一。网络中的用户可以共享网络中分散在不同地点的各种软硬件资源,网络资源共享的功能不仅方便了用户,而且也节约了投资。

(2) 集中管理和分布处理

由于计算机网络提供的资源共享能力,使得在一台或多台服务器上管理其他计算机上的资源成为可能。这一功能在某些部门显得尤为重要,如银行系统通过计算机网络,可以将分布于各地的计算机上的财务信息传到服务器来实现集中管理。事实上,银行系统之所以能够实现“通存通兑”,就是由于广泛采用了网络技术。

在计算机网络中,还可以将一个比较大的问题或任务分解为若干个子问题或子任务,分散到网络的各个计算机中进行处理。这种分布处理能力对于一些重大课题的研究开发

是卓有成效的。

(3) 远程通信

计算机与计算机之间能快速地相互传送信息,这是计算机网络的最基本功能。在一个覆盖范围较大的网络(如后面要讲到的广域网)中,即使是相隔很远的计算机用户也可以通过计算机网络互相交换信息。这种通信手段是电话、信件和传真等现有通信方式的补充,而且具有很高的实用价值。一个典型的例子是通过 Internet 可以将信息发送到世界范围内的任何一个用户,而所需的费用相比电话和信件低得多。

3. 计算机网络的分类

计算机网络的分类有多种方法。

(1) 按所覆盖的地域范围划分

可以分为局域网 LAN(Local Area Network)、城域网 MAN(Metropolitan Area Network)和广域网 WAN(Wide Area Network)。与日常工作和生活最密切的是局域网,如企业网和校园网;有线电视网属于城域网;广域网多为电信部门组建,向社会开放,如电话网、公用数据网。

(2) 按采用的交换技术划分

可以分为电路交换网、分组交换网和信元交换网(ATM 网)。

(3) 按用途划分

可以分为:专用网(如金融网、教育网、税务网)和公用网(如帧中继网、DDN 网、X.25 网)。

(4) 按描述网络的连接形状和组成形式的网络拓扑结构划分

提示　计算机网络的拓扑结构是引用拓扑学中研究与大小、形状无关的点、线关系的方法。把网络中的计算机和通信设备抽象为一个点,把传输介质抽象为一条线,由点和线组成的几何图形就是计算机网络的拓扑结构。通俗点说,计算机连接的方式就叫作"网络拓扑结构"(Topology)。网络拓扑是指用传输媒体互联各种设备的物理布局,特别是计算机分布的位置以及电缆如何通过它们。

① 星型结构。星型结构是以一个节点为中心的处理系统,各种类型的入网机器均与该中心处理机有物理链路直接相连,与其他节点间不能直接通信,与其他节点通信时需要通过该中心处理机转发,因此中心节点必须有较强的功能和较高的可靠性。

星型结构的优点是结构简单、建网容易、控制相对简单,缺点是属于集中控制、主机负载过重、可靠性低、通信线路利用率低,如图 6-1 所示。

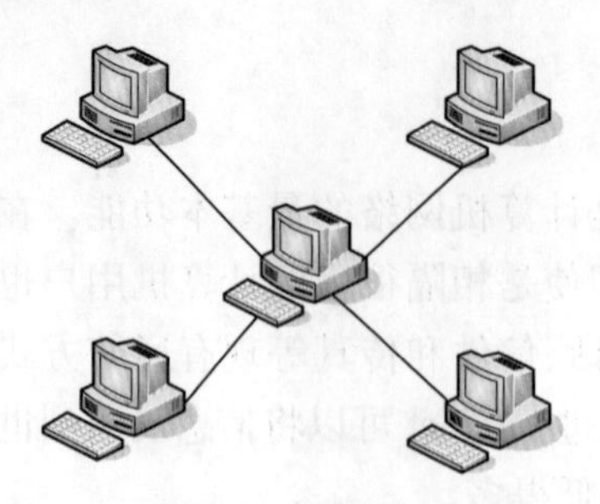

图 6-1 星型结构

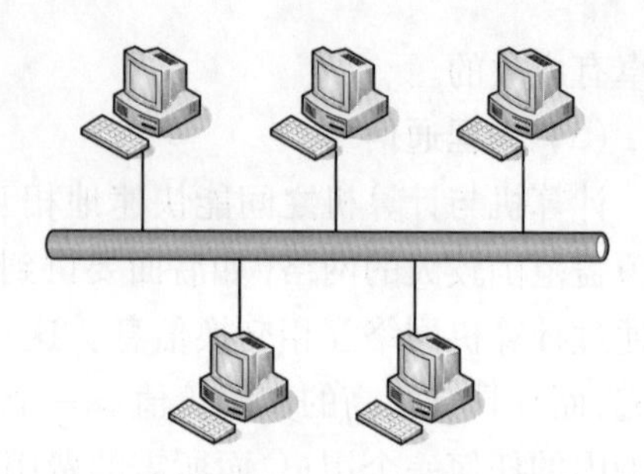

图 6-2 总线结构

② 总线结构。将所有的入网计算机均接入到一条通信传输线上,为防止信号反射,一般在总线两端连有终结器匹配线路阻抗。总线结构的优点是信道利用率较高,结构简单,价格相对便宜;缺点是同一时刻只能有两个网络节点相互通信,网络延伸距离有限,网络容纳节点数有限,且在总线上只要有一个节点连接出现问题,会影响整个网络的正常运行,如图 6-2 所示。

③ 环型结构。环型结构将各个联网的计算机由通信线路连接成一个闭合的环。在环型结构的网络中,信息按固定方向流动,或顺时针方向,或逆时针方向。其传输控制机制较简单,实时性强,但可靠性较差,网络扩充复杂,如图 6-3 所示。

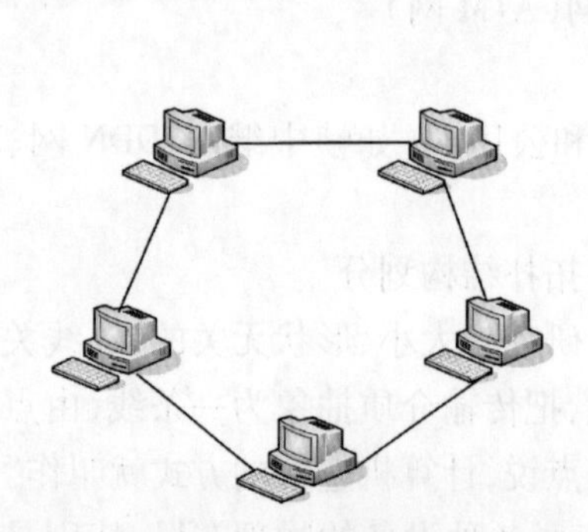

图 6-3 环型结构

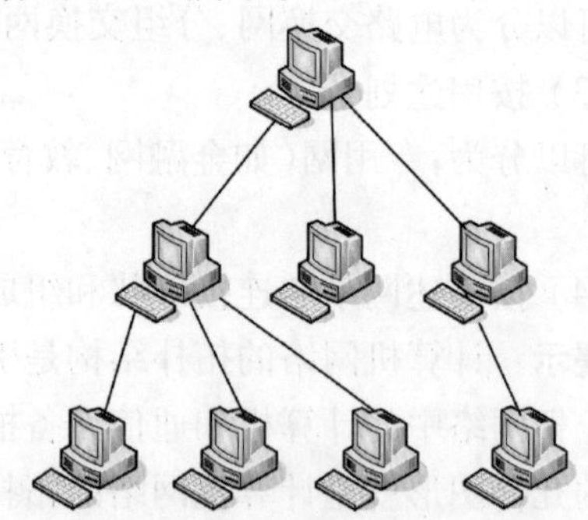

图 6-4 树型结构

④ 树型结构。树型结构实际上星型结构的一种变形,它将原来用单独链路直接连接的节点通过多级处理主机进行分级连接。这种结构与星型结构相比降低了通信线路的成本,但增加了网络复杂性。网络中除最底层节点及其连线外,任一节点或连线的故障均影响其所在支路网络的正常工作,如图 6-4 所示。

⑤ 网状结构。网状结构的优点是节点间路径多,碰撞和阻塞可大大减少;局部的故障不会影响整个网络的正常工作,可靠性高;网络扩充和主机入网比较灵活、简单。但这种网络关系复杂,建网不易,网络控制机制复杂。广域网中一般采用网状结构,如图 6-5 所示。

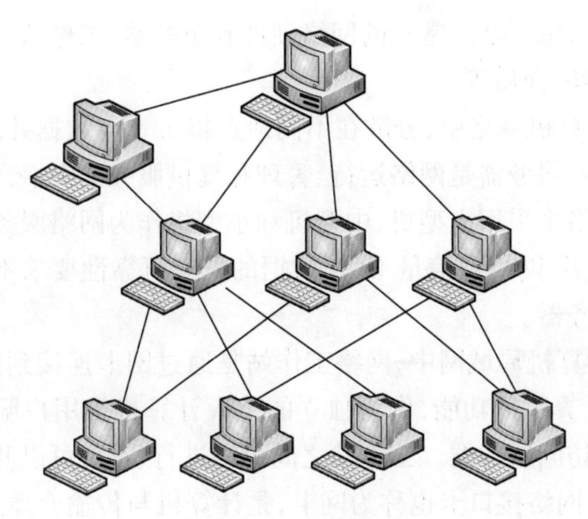

图 6-5　网状结构

(5) 按传输介质分

可以分为有线网和无线网两大类。有线传输介质有双绞线、同轴电缆、光纤,最常用的为双绞线和光纤;无线传输介质有微波、红外线和激光。目前卫星通信、移动通信、无线通信发展迅速,对于计算机网络来说,无线通信是有线通信的补充。

▶▶ 任务二　了解计算机网络的组成以及网络相关设备

任务内容

- 计算机网络的软硬件组成情况。
- 计算机网络的相关设备。

任务要求

- 了解计算机网络的软硬件组成。
- 初步认识计算机网络相关的基本设备。

1. 计算机网络的组成

计算机网络系统是由网络硬件和网络软件组成的。在网络系统中,硬件的选择对网络起着决定的作用,就像"躯体",而网络软件则是联系网络硬件设备的纽带,是挖掘网络潜力的工具,就像"灵魂"。

(1) 网络硬件

网络硬件是计算机网络系统的物质基础。要构成一个计算机网络系统,首先要将计算机及其附属硬件设备与网络中的其他计算机系统连接起来,实现物理连接。不同的计算机网络系统,在硬件方面是有差别的。随着计算机技术和网络技术的发展,网络硬件日趋多样化,且功能更强,更复杂。常见的网络硬件有服务器、工作站、网络接口卡、集线器、调制解调器、终端及传输介质等。

① 服务器。在计算机网络中,分散在不同地点担负一定数据处理任务和提供资源的计算机被称为服务器。服务器是网络运行、管理和提供服务的中枢,它影响着网络的整体性能。一般在大型网络中采用大型机、中型机和小型机作为网络服务器,可以保证网络的可靠性。对于网点不多、网络通信量不大、数据的安全可靠性要求不高的网络,可以选用高档微机作为网络服务器。

② 工作站。在计算机局域网中,网络工作站是通过网卡连接到网络上的一台个人计算机,它仍保持原有计算机的功能,作为独立的个人计算机为用户服务,同时它又可以按照被授予的一定权限访问服务器。工作站之间可以进行通信,可以共享网络的其他资源。

③ 网络接口卡。网络接口卡也称为网卡,是计算机与传输介质进行数据交互的中间部件,主要进行编码转换。在接收传输介质上传送的信息时,网卡把传来的信息按照网络上信号的编码要求和帧的格式接收并交给主机处理。在主机向网络发送信息时,网卡把发送的信息按照网络传送的要求装配成帧的格式,然后采用网络编码信号向网络发送出去。

④ 调制解调器。调制解调器(Modem)是调制器和解调器的简称,是实现计算机通信的外部设备。调制解调器是一种进行数字信号与模拟信号转换的设备。计算机处理的是数字信号,而电话线传输的是模拟信号,在计算机和电话线之间需要一个连接设备,将计算机输出的数字信号变换为适合电话线传输的模拟信号,在接收端再将接收到的模拟信号变换为数字信号由计算机处理。因此,调制解调器成对使用。

⑤ 终端。终端设备是用户进行网络操作所使用的设备,它的种类很多,可以是具有键盘及显示功能的一般终端,也可以是一台计算机。

⑥ 传输介质。传输介质是传送信号的载体,在计算机网络中通常使用的传输介质有双绞线、同轴电缆、光纤、微波及卫星通信等。它们可以支持不同的网络类型,具有不同的传输速率和传输距离。

(2) 网络软件

在网络系统中,网络中的每个用户都可享用系统中的各种资源,所以系统必须对用户进行控制,否则就会造成系统混乱,造成信息数据的破坏和丢失。为了协调系统资源,系统需要通过软件工具对网络资源进行全面的管理,进行合理的调度和分配,并采取一系列的安全保密措施,防止用户不合理地对数据和信息进行访问,防止数据和信息的破坏与丢失。

网络软件是实现网络功能所不可缺少的软环境。通常网络软件包括网络协议软件、网络通信软件和网络操作系统。

▶▶ 任务三　了解网络操作系统的特点及认识常用网络操作系统

任务内容

- 网络操作系统的特点。
- 常见网络操作系统。

任务要求

- 了解网络操作系统的特点。
- 认识常用的网络操作系统。

1. 网络操作系统概述

操作系统是计算机系统中用来管理各种软硬件资源,提供人机交互使用的软件。网络操作系统可实现操作系统的所有功能,并且能够对网络中的资源进行管理和共享。目前应用较为广泛的网络操作系统有:Microsoft 公司的 Windows Server 系列、Novell 公司的 NetWare、UNIX 和 Linux 等。

(1) 操作系统的功能

操作系统是提供人与计算机交互使用的平台,具有进程管理、存储管理、设备管理、文件管理和作业管理五大基本功能。

① 进程管理:主要对处理机进行管理,负责进程的启动和关闭,为提高利用率采用多道程序技术。

② 存储管理:负责内存分配、调度和释放。

③ 设备管理:负责计算机中外围设备的管理和维护,包括驱动程序的加载。

④ 文件管理:负责文件存储、文件安全保护和文件访问控制。

⑤ 作业管理:负责用户向系统提交作业,以及操作系统如何组织和调度作业。

(2) 网络操作系统的功能和特点

网络操作系统作为网络用户和计算机之间的接口,通常具有复杂性、并行性、高效性和安全性等特点。一般要求网络操作系统具有如下功能:

① 支持多任务:要求操作系统在同一时间能够处理多个应用程序,每个应用程序在不同的内存空间运行。

② 支持大内存:要求操作系统支持较大的物理内存,以便应用程序能够更好地运行。

③ 支持对称多处理:要求操作系统支持多个 CPU,减少事务处理时间,提高操作系统的性能。

④ 支持网络负载平衡:要求操作系统能够与其他计算机构成一个虚拟系统,满足多

用户访问时的需要。

⑤ 支持远程管理：要求操作系统能够支持用户通过 Internet 远程管理和维护，比如 Windows Server 2003 操作系统支持的终端服务。

(3) 网络操作系统的结构

局域网的组建模式通常有对等网络和客户机/服务器网络两种。客户机/服务器网络是目前组网的标准模型。客户机/服务器网络操作系统由客户机操作系统和服务器操作系统两部分组成。Novell NetWare 是典型的客户机/服务器网络操作系统。

客户机操作系统的功能是：一方面让用户能够使用本地资源和处理本地的命令和应用程序；另一方面实现客户机与服务器的通信。

服务器操作系统的主要功能是管理服务器和网络中的各种资源，实现服务器与客户机的通信，提供网络服务和提供网络安全管理。

2. 常见网络操作系统

(1) Windows 操作系统

Windows 系列操作系统是微软开发的一种界面友好、操作简便的网络操作系统。Windows 操作系统的客户端操作系统有 Windows 95/98/ME、Windows 2000 Professional 和 Windows XP 等。Windows 操作系统的服务器端产品包括 Windows NT Server、Windows 2000 Server 和 Windows Server 2003 等。Windows 操作系统支持即插即用、多任务、对称多处理和群集等一系列功能。

(2) UNIX 操作系统

UNIX 操作系统是麻省理工学院开发的一种在时分操作系统的基础上发展起来的网络操作系统。UNIX 操作系统是目前功能最强、安全性和稳定性最高的网络操作系统，通常与硬件服务器产品一起捆绑销售。UNIX 是一个多用户、多任务的实时操作系统。

(3) Linux 操作系统

Linux 是芬兰赫尔辛基大学的学生 Linux Torvalds 开发的具有 UNIX 操作系统特征的新一代网络操作系统。Linux 操作系统的最大特征是其源代码向用户完全公开，任何一个用户可根据自己的需要修改 Linux 操作系统的内核，所以 Linux 操作系统的发展非常迅猛。Linux 操作系统具有如下特点：

① 可完全免费获得，不需要支持任何费用。

② 可在任何基于 X86 的平台和 RISC 体系结构的计算机系统上运行。

③ 可实现 UNIX 操作系统的所有功能。

④ 具有强大的网络功能。

⑤ 完全开放源代码。

▶▶ 任务四　掌握网络安全相关知识

任务内容

- 网络安全的基本概念。
- 网络病毒和黑客攻击。
- 网络安全防护的常用手段。

任务要求

- 了解网络安全的基本概念。
- 初步认识导致网络不安全的若干因素。
- 掌握网络安全防护的常用手段。

网络安全是指网络系统的硬件、软件及其系统中的数据受到保护，不受偶然的或者恶意的原因而遭到破坏、更改、泄露，系统连续可靠正常地运行，网络服务不中断。

随着计算机技术的迅速发展，在计算机上处理的业务也由基于单机的数学运算、文件处理，基于简单连接的内部网络的内部业务处理、办公自动化等发展到基于复杂的内部网（Intranet）、企业外部网（Extranet）、全球互联网（Internet）的企业级计算机处理系统和世界范围内的信息共享和业务处理。在系统处理能力提高的同时，系统的连接能力也在不断提高。但在连接能力、流通能力提高的同时，基于网络连接的安全问题也日益突出，其中最突出的两个问题就是计算机病毒和黑客。

1. 网络病毒和病毒防护

随着 Internet 的飞速发展，E-mail 日益成为人们传递信息、交流思想的重要工具，其发展速度之快、影响范围之广是其他传播手段所无法比拟的。但是随之而来的电子邮件病毒的确给我们带来了很大损失。电子邮件病毒每一次在世界范围内大规模爆发时，都会带来非常巨大的经济损失。绝大多数通过 E-mail 传播的病毒都有自我复制的能力，这正是它们的危险之处。它们能够主动选择用户邮箱的地址簿中的地址发送邮件，或用户发送邮件时，将被病毒感染的文件附到邮件上一起发送。这种成指数增长的传播速度可以使病毒在很短时间内遍布整个 Internet。而且电子邮件病毒破坏力非常大，其攻击的对象是整个计算机网络，因而其影响要远比单机染毒更大，破坏性也更强。由于其传播速度快、范围广，一台 PC 机上的病毒可以通过网络迅速感染与之相连的众多机器。当其发作时，往往造成整个网络的瘫痪，而网络瘫痪造成的损失往往是难以估计的。邮件病毒之所以会带来如此之大的危害，是与它本身的特性密不可分的。对于各电子邮件用户而言，在预防邮件病毒上各有其道。

杀毒不如防毒。无论是文件型病毒还是引导型病毒，无论是“爱虫”还是“美丽杀手”,如果用户没有运行或打开附件,病毒是不会被激活的,所以删除不明邮件与不运行不明程序是用户防止病毒的一种方法。但是,有些邮件病毒不用执行附件,在预览邮件的同时就使病毒传播扩散,这种通过预览邮件传播的病毒更是防不胜防。面对变幻莫测的邮件病毒的威胁,信息安全防范工作显得尤为迫切与重要。

以上所述的邮件传播只是网络病毒传播的一种方式,实际上在 Internet 的“海洋”中,还有很多方式会导致我们的机器被病毒“青睐”。例如,病毒可以通过浏览网页和下载软件传播,可以通过即时通讯软件传播,可以通过点对点网络技术传播,还可以通过网络游戏传播。

为了保护我们的私有信息不被泄漏,应当注意以下几点:

① 应该定期升级安装的杀毒软件,给操作系统打补丁、升级引擎和病毒定义码。

② 不要打开不熟悉的邮箱发来的邮件,不要随意下载软件,要到正规的网站去下载。同时,网上下载的程序或者文件在运行或打开前要对其进行病毒扫描。如果遇到病毒应及时清除,遇到清除不了的病毒,应及时提交给反病毒厂商。

③ 不要浏览黑客网站(包括正规的黑客网站)、色情网站。

④ 应该注意尽量不要所有的地方都使用同一个密码,这样一旦被黑客猜测出来,一切个人资料都将被泄漏。

⑤上网时不要轻易听信他人通过电子邮件或者 P2P 软件发来的消息。

⑥ 当计算机不慎感染上病毒时,应该立即将杀毒软件升级到最新版本,然后对整个硬盘进行扫描操作。清除一切可以查杀的病毒。如果病毒无法清除,或者杀毒软件不能做到对病毒体进行清晰的辨认,那么应该将病毒提交给杀毒软件公司,杀毒软件公司一般会在短期内给予用户满意的答复。

2. 防火墙

所谓防火墙是指一个由软件和硬件设备组合而成、在内部网和外部网之间、专用网与公共网之间的界面上构造的保护屏障。它是一种获取安全性方法的形象说法,通过计算机硬件和软件的结合,使 Internet 与 Intranet 之间建立起一个安全网关(Security Gateway),从而保护内部网免受非法用户或黑客的侵入。防火墙主要由服务访问政策、验证工具、包过滤和应用网关四个部分组成,具有如下功能:

(1) 防火墙是网络安全的屏障

一个防火墙(作为阻塞点、控制点)能极大地提高一个内部网络的安全性,并通过过滤不安全的服务而降低风险。由于只有经过精心选择的应用协议才能通过防火墙,所以网络环境变得更安全。如防火墙可以禁止诸如众所周知的不安全的 NFS 协议进出受保护网络,这样外部的攻击者就不可能利用这些脆弱的协议来攻击内部网络。防火墙同时可以保护网络免受基于路由的攻击,如 IP 选项中的源路由攻击和 ICMP 重定向中的重定向路径。防火墙应该可以拒绝所有以上类型攻击的报文并通知防火墙管理员。

(2) 防火墙可以强化网络安全策略

通过以防火墙为中心的安全方案配置,能将所有安全软件(如口令、加密、身份认证、审计等)配置在防火墙上。与将网络安全问题分散到各个主机上相比,防火墙的集中安全管理更经济。例如,在网络访问时,一次一密口令系统和其他的身份认证系统完全可以不必分散在各个主机上,而集中在防火墙上。

(3) 对网络存取和访问进行监控审计

如果所有的访问都经过防火墙,那么防火墙就能记录下这些访问并做出日志记录,同时也能提供网络使用情况的统计数据。当发生可疑动作时,防火墙能进行适当的报警,并提供网络是否受到监测和攻击的详细信息。另外,收集一个网络的使用和误用情况也是非常重要的,不仅可以清楚防火墙是否能够抵挡攻击者的探测和攻击,而且可以清楚防火墙的控制是否充足。而网络使用统计对网络需求分析和威胁分析等也是非常重要的。

(4) 防止内部信息的外泄

通过利用防火墙对内部网络的划分,可实现内部网重点网段的隔离,从而限制局部重点或敏感网络安全问题对全局网络造成的影响。再则,隐私是内部网络非常关心的问题,一个内部网络中不引人注意的细节可能包含了有关安全的线索而引起外部攻击者的兴趣,甚至因此而暴露了内部网络的某些安全漏洞。使用防火墙就可以隐蔽那些透漏内部细节如 Finger、DNS 等服务。Finger 显示了主机的所有用户的注册名、真名,最后登录时间和使用 Shell 类型等。但是 Finger 显示的信息非常容易被攻击者所获悉。攻击者可以知道一个系统使用的频繁程度,这个系统是否有用户正在连线上网,这个系统是否在被攻击时引起注意等。防火墙可以同样阻塞有关内部网络中的 DNS 信息,这样一台主机的域名和 IP 地址就不会被外界所了解。

实训任务 1

1. 体验网络的一个小功能:在局域网中使用"net send"命令进行相互通信。

(1) 确定两台机器(机器 A 和机器 B)可以互相通信。

(2) 在两台机器上打开"控制面板"→"管理工具"→"服务",确认 Messenger 服务已经开启。

(3) 在两台机器上打开"控制面板"→"系统"→"计算机名",记录机器的计算机名。

(4) 在机器 A 上单击"开始"→"运行"命令,在"运行"对话框中输入"net send 对方机器名消息"命令,如 net send PC_B hello。

(5) 随后检查机器 B 上是否出现对话框。收到的消息应和机器 A 发送的消息一致。

2. 搜集当前使用机器相关网络应用信息。

(1) 观察当前使用机器的网络操作系统类型及其版本号,并记录。

(2) 查看系统中是否安装杀毒软件,如有则记录软件名称及其病毒库的版本号。

(3) 是否安装防火墙,如有请记录名称。

6.2 Internet 与浏览器的使用

▶▶ 任务一 了解 Internet 的起源与发展

任务内容

- Internet 的起源。
- Internet 在世界上和我国的发展状况。

任务要求

- 了解 Internet 的起源。
- 了解 Internet 在世界上和我国的发展状况。

Internet 这个庞大的网络,它的由来可以追溯到 20 世纪 60 年代初。1969 年,美国国防部国防高级研究计划署(DOD/DARPA)资助建立了一个名为 ARPANet(即"阿帕网")的网络,这个网络把位于洛杉矶的加利福尼亚大学,位于圣芭芭拉的加利福尼亚大学、斯坦福大学,以及位于盐湖城的犹他州州立大学的计算机主机连接起来,位于各个节点的大型计算机采用分组交换技术,通过专门的通信交换机和专门的通信线路相互连接。这个阿帕网就是 Internet 最早的雏形。

1974 年,IP(Internet 协议)和 TCP(传输控制协议)问世,合称 TCP/IP 协议。这两个协议定义了一种在计算机网络间传送报文(文件或命令)的方法。随后,美国国防部决定向全世界无条件地免费提供 TCP/IP,即向全世界公布解决计算机网络之间通信的核心技术。TCP/IP 协议的核心技术的公开最终导致了 Internet 的大发展。

Internet 的又一次快速发展源于美国国家科学基金会(National Science Foundation, NSF)的介入,即建立 NSFNET。20 世纪 80 年代初,美国一大批科学家呼吁实现全美的计算机和网络资源共享,以改进教育和科研领域的基础设施建设,抵御欧洲和日本先进教育和科技进步的挑战和竞争。20 世纪 80 年代中期,美国国家科学基金会(NSF)为鼓励大学和研究机构共享他们非常昂贵的 4 台巨型计算机,希望各大学、研究所的计算机与这4 台巨型计算机连接起来。最初 NSF 曾试图使用 ARPANet 作 NSFNET 的通信干线,但由于 ARPANet 的军用性质,并且受控于政府机构,这个决策没有成功;于是他们决定自己出资,利用 ARPANet 发展出来的 TCP/IP 通信协议,建立名为 NSFNET 的广域网。

1986 年,NSF 投资在美国普林斯顿大学、匹兹堡大学、加州大学圣地亚哥分校、依利诺斯大学和康纳尔大学建立 5 个超级计算中心,并通过 56Kbps 的通信线路连接形成 NSFNET 的雏形。1987 年,NSF 公开招标对 NSFNET 进行升级、营运和管理,结果 IBM、MCI 和由多家大学组成的非营利性机构 Merit 获得 NSF 的合同。1989 年 7 月,NSFNET 的通信线路速度升级到了 T1(1.5Mbps),并且连接了 13 个骨干节点,采用 MCI 提供的通信线路和 IBM 提供的路由设备,Merit 则负责 NSFNET 的营运和管理。由于 NSF 的鼓励和资助,很多大学、政府机构甚至私营的研究机构纷纷把自己的局域网并入 NSFNET 中,1986 年至 1991 年,NSFNET 的子网从 100 个迅速增加到 3000 多个。NSFNET 的正式营运以及实现与其他已有和新建网络的连接开始真正成为 Internet 的基础。

进入 20 世纪 90 年代初期,Internet 事实上已成为一个"网际网":各个子网分别负责自己的架设和运作费用,而这些子网又通过 NSFNET 互联起来。NSFNET 连接全美上千万台计算机,拥有几千万用户,是 Internet 最主要的成员网。随着计算机网络在全球的拓展和扩散,美洲以外的网络也逐渐接入 NSFNET 主干或其子网。

1987 年至 1993 年是 Internet 在中国的起步阶段,国内的科技工作者开始接触 Internet 资源。在此期间,以中科院高能物理所为首的一批科研院所与国外机构合作开展一些与 Internet 联网的科研课题,通过拨号方式使用 Internet 的 E-mail 电子邮件系统,并为国内一些重点院校和科研机构提供国际 Internet 电子邮件服务。

1994 年 1 月,美国国家科学基金会接受我国正式接入 Internet 的要求。1994 年 3 月,我国开通并测试了 64Kbps 专线,中国获准加入 Internet。1994 年 4 月初,中科院副院长胡启恒院士在中美科技合作联委会上,代表中国政府向美国国家科学基金会(NSF)正式提出要求连入 Internet,并得到认可。至此,中国终于打通了最后的关节,1994 年 4 月 20 日,以 NCFC 工程连入 Internet 国际专线为标志,中国与 Internet 全面接触。同年 5 月,中国联网工作全部完成。中国政府对 Internet 进入中国表示认可。中国网络的域名也最终确定为 CN。此事被我国新闻界评为 1994 年中国十大科技新闻之一,被国家统计公报列为中国 1994 年重大科技成就之一。

从 1994 年开始至今,中国实现了和因特网的 TCP/IP 连接,逐步开通了因特网的全功能服务。随着大型计算机网络项目正式启动,因特网在我国进入了飞速发展时期。

▶▶ 任务二　了解 Internet 提供的服务

任务内容

- Internet 提供的服务。

任务要求

- 了解 Internet 提供的服务。
- 熟悉 Internet 提供的几种最常用服务。

Internet 提供的服务包括 WWW 服务、电子邮件(E-mail)、文件传输(FTP)、远程登录(Telnet)、新闻论坛(Usenet)、新闻组(News Group)、电子布告栏(BBS)等。全球用户可以通过 Internet 提供的这些服务,获取 Internet 上提供的信息和功能。这里我们简单地介绍以下最常用的服务:

1. 收发 E-mail(E-mail 服务)

电子邮件(E-mail)服务是 Internet 所有信息服务中用户最多和接触面最广泛的一类服务。电子邮件不仅可以到达那些直接与 Internet 连接的用户以及通过电话拨号可以进入 Internet 节点的用户,还可以用来同一些商业网(如 CompuServe、America Online)以及世界范围的其他计算机网络(如 BITNET)上的用户通信联系。电子邮件的收发过程和普通信件的工作原理非常相似。

电子邮件和普通信件的不同在于它传送的不是具体的实物而是电子信号,因此它不仅可以传送文字、图形,甚至连动画或程序都可以寄送。电子邮件当然也可以传送订单或书信。由于不需要印刷费及邮费,所以大大节省了成本。通过电子邮件,如同杂志般贴有许多照片厚厚的样本都可以简单地传送出去。同时,只要在可以上网的地方,都可以收到别人寄来的邮件,而不像信件,必须回到收信的地址才能拿到。Internet 为用户提供了完善的电子邮件传递与管理服务。电子邮件(E-mail)系统的使用非常方便。

2. 共享远程的资源(远程登录服务 Telnet)

远程登录是指允许一个地点的用户与另一个地点的计算机上运行的应用程序进行交互对话。远程登录使用支持 Telnet 协议的 Telnet 软件。Telnet 协议是 TCP/IP 通信协议中的终端机协议。

假设 A、B 两地相距很远,A 地的人想使用位于 B 地的巨型机的资源,他应该怎么办呢?乘坐交通工具从 A 地转移到 B 地,然后利用位于 B 地的终端来调用巨型机资源。这种方法既费钱又费时,不可取。那把 B 地的终端搬回 A 地,不就好了?但是 A、B 两地相距太远了,即使可以把终端搬回去,线也无法连接了,这种方法也是不可行的。

但是有了 Internet 的远程登录服务,位于 A 地的用户就可以通过 Internet 很方便地使用 B 地巨型机的资源了。Telnet 使你能够从与 Internet 连接的一台主机进入 Internet 上的任何计算机系统，只要你是该系统的注册用户。

3. FTP 服务

FTP 是文件传输的最主要工具。它可以传输任何格式的数据。用 FTP 可以访问 Internet的各种 FTP 服务器。访问 FTP 服务器有两种方式：一种访问是注册用户登录到服务器系统；另一种访问是用“匿名”(anonymous)进入服务器。

Internet 上有许多公用的免费软件，允许用户无偿转让、复制、使用和修改。这些公用的免费软件种类繁多，从多媒体文件到普通的文本文件，从大型的 Internet 软件包到小型的应用软件和游戏软件，应有尽有。充分利用这些软件资源，能大大节省我们的软件编制时间，提高效率。用户要获取 Internet 上的免费软件，可以利用文件传输服务(FTP)这个工具。FTP 是一种实时的联机服务功能，它支持将一台计算机上的文件传到另一台计算机上。工作时用户必须先登录到 FTP 服务器上。使用 FTP 几乎可以传送任何类型的文件，如文本文件、二进制可执行文件、图形文件、图像文件、声音文件、数据压缩文件等。

由于现在越来越多的政府机构、公司、大学、科研机构将大量的信息以公开的文件形式存放在 Internet 中，因此使用 FTP 几乎可以获取任何领域的信息。

4. 高级浏览 WWW

WWW(World Wide Web，万维网)是当前 Internet 上最受欢迎、最为流行、最新的信息检索服务系统。它把 Internet 上现有资源统统连接起来，使用户能为 Internet 上已经建立了 WWW 服务器的所有站点提供超文本媒体资源文档。这是因为，WWW 能把各种类型的信息(静止图像、文本声音和音像)无缝地集成起来。WWW 不仅提供了图形界面的快速信息查找，还可以通过同样的图形界面(GUI)与 Internet 的其他服务器对接。

由于 WWW 为全世界的人们提供查找和共享信息的手段，所以也可以把它看作世界上各种组织机构、科研机关、大学、公司厂商热衷于研究开发的信息集合，它是基于 Internet 的查询。WWW 已经实现的部分是，给计算机网络上的用户提供一种兼容的手段，以简单的方式去访问各种媒体。它是第一个真正的全球性超媒体网络，改变了人们观察和创建信息的方法。因而，整个世界迅速掀起了研究开发使用 WWW 的巨大热潮。

WWW 诞生于 Internet 之中，后来成为 Internet 的一部分，而今天，WWW 几乎成了 Internet的代名词。Internet 社会的公民们(包括机构和个人)，把他们需要公之于众的各类信息以主页(HomePage)的形式嵌入 WWW，主页中除了文本外还包括图形、声音和其他媒体形式，可以说包罗万象，无所不有，如图 6-6 所示。

图 6-6 万维网(World Wide Web)

▶▶ 任务三 Internet 常用术语及上网方式学习

任务内容

- Internet 相关的常用术语。
- Internet 接入方式。

任务要求

- 了解 Internet 相关的常用术语。
- 了解 Internet 接入方式。
- 掌握几种常用的 Internet 接入方式。

1. 与 Internet 相关的常用术语

(1) URL

描述了 Web 浏览器请求和显示某个特定资源所需要的全部信息,包括使用的传输协议、提供 Web 服务的主机名、HTML 文档在远程主机上的路径和文件名以及客户与远程主机连接时使用的端口号。

(2) TCP/IP 协议

世界上有各种不同类型的计算机,也有不同的操作系统,要想让这些装有不同操作系统的不同类型计算机互相通信,就必须有统一的标准。目前,TCP/IP 协议就是一种被各方面遵从的网际互联工业标准。

(3) IP 地址(v4)

当前广泛使用的是 IPv4 网络,即其 IP 协议的版本号为 4。IPv4 地址是 32 位的二进制数值,用于在 TCP/IP 通信协议中标记每台计算机的地址。通常我们使用点式十进制来表示,如 192.168.1.6 等。也就是说 IP 地址有两种表示形式:二进制和点式十进制,一个 32 位 IP 地址的二进制是由 4 个 8 位域组成的,即 11000000 10101000 00000001 00000110 (192.168.1.6)。

每个 IP 地址又可分为两部分:网络号和主机号,网络号表示其所属的网络段编号,主机号则表示该网段中该主机的地址编号。按照网络规模的大小,IP 地址可以分为 A、B、C、D、E 五类,其中 A、B、C 类是三种主要的类型地址,D 类是专供多目传送用的多目地址,E 类是用于扩展备用的地址。

① A 类 IP 地址:一个 A 类 IP 地址由 1 个字节的网络地址和 3 个字节的主机地址组成,网络地址的最高位必须是“0”,地址范围从 1.0.0.0 到 126.255.255.255。可用的 A 类网络有 126 个,每个网络能容纳 1 亿多个主机。需要注意的是网络号不能为 127,因为该网络号被保留用做回路及诊断功能。

② B 类 IP 地址:一个 B 类 IP 地址由 2 个字节的网络地址和 2 个字节的主机地址组成,网络地址的最高位必须是“10”,地址范围从 128.0.0.0 到 191.255.255.255。可用的 B 类网络有 16382 个,每个网络能容纳 6 万多个主机。

③ C 类 IP 地址:一个 C 类 IP 地址由 3 个字节的网络地址和 1 个字节的主机地址组成,网络地址的最高位必须是“110”。范围从 192.0.0.0 到 223.255.255.255。C 类网络可达 209 万余个,每个网络能容纳 254 个主机。

④ D 类地址:D 类 IP 地址第一个字节以“1110”开始,它是一个专门保留的地址。它并不指向特定的网络,目前这一类地址被用在多点广播中。多点广播地址用来一次寻址一组计算机,它标识共享同一协议的一组计算机。

⑤ E 类 IP 地址:以“11110”开始,为将来使用保留,全“0”的 IP 地址(0.0.0.0)对应于当前主机,全“1”的 IP 地址(255.255.255.255)是当前子网的广播地址。

IP 地址由因特网信息中心统一分配,以保证 IP 地址的唯一性,但有一类 IP 地址是不用申请可直接用于企业内部网的,这就是私有地址,私有地址不会被 Internet 上的任何路由器转发,欲接入 Internet 必须要通过地址转换,以公有 IP 的形式接入。

这些私有地址如下:

10.0.0.0~10.255.255.255(一个A类网络)

172.16.0.0~172.31.255.255(16个B类网络)

192.168.0.0~192.168.255.255(256个C类网络)

那么,我们如何区分网络号和主机号呢?这就涉及一个概念:子网掩码。

(4)子网掩码

子网掩码不能单独存在,它必须结合IP地址一起使用。子网掩码只有一个作用,就是将某个IP地址划分成网络地址和主机地址两部分。

子网掩码的设定必须遵循一定的规则。与IP地址相同,子网掩码的长度也是32位,左边是网络位,用二进制数字“1”表示;右边是主机位,用二进制数字“0”表示。例如,IP地址192.168.1.1的二进制形式为11000000.10101000.00000001.00000001,子网掩码255.255.255.0的二进制形式为11111111.11111111.11111111.00000000,对照一下。其中,子网掩码中的“1”有24个,代表与此相对应的IP地址左边24位是网络号;“0”有8个,代表与此相对应的IP地址右边8位是主机号。这样,子网掩码就确定了一个IP地址的32位二进制数字中哪些是网络号、哪些是主机号。这对于采用TCP/IP协议的网络来说非常重要,只有通过子网掩码,才能表明一台主机所在的子网与其他子网的关系,使网络正常工作。例如,上例中的网络号是192.168.1,主机号是1。

子网掩码不是一个地址,但是可以确定一个网络层地址哪一部分是网络号、哪一部分是主机号。掩码为1的部分代表网络号,掩码为0的部分代表主机号。子网掩码的作用就是获取主机IP的网络地址信息,用于区别主机通信的不同情况,由此选择不同的路径。其中,A类网络的子网掩码为255.0.0.0,B类网络的子网掩码为255.255.0.0,C类网络的子网掩码为255.255.255.0。

(5)DNS

DNS是域名系统(Domain Name System)的缩写,该系统用于命名组织到域层次结构中的计算机和网络服务。在Internet上域名与IP地址之间是一一对应的,域名虽然便于人们记忆,但机器之间只能互相认识IP地址,它们之间的转换工作称为域名解析,域名解析需要由专门的域名解析服务器来完成。DNS命名用于Internet等TCP/IP网络中,输入的网址只有通过域名解析找到相对应的IP地址,才能上网。其实,域名的最终指向是IP。上网时键入域名后,DNS就会将它翻译成IP地址让计算机辨识,如http://www.baidu.com/的IP地址为202.108.22.5。

(6)ISP

全称为Internet Service Provider,即因特网服务提供商,能提供拨号上网、网上浏览、下载文件、收发电子邮件等服务。

(7) E-mail

电子邮件,即我们通过计算机接发的各种电子信息(如文本、图片、软件等)的一种工具。

(8) BBS

因特网上的信息实时发布系统,相当于现代生活中的公告牌,上网用户可以在此发布各种各样的信息。

2. Internet 接入方式

通过前面的学习,我们对 Internet 有了一个基本的了解,但是我们可以通过哪些方式接入 Internet 呢?

(1) PSTN 拨号方式

即我们常说的普通拨号方式,以这种方式拨号上网需要一个设备:Modem。它是英文调制解调器的缩写,中文俗称“猫”,前面已有介绍。这种拨号接入方式是大家非常熟悉的一种接入方式,目前最高的速率为 56kbps,该速率虽远远不能够满足宽带多媒体信息的传输需求,但由于电话网非常普及,用户终端设备 Modem 很便宜,而且不需申请就可开户,只要家里有电脑,把电话线接入 Modem 就可以直接上网,因此 PSTN 拨号接入方式比较经济,至今仍是网络接入的主要手段,如图 6-7 所示。

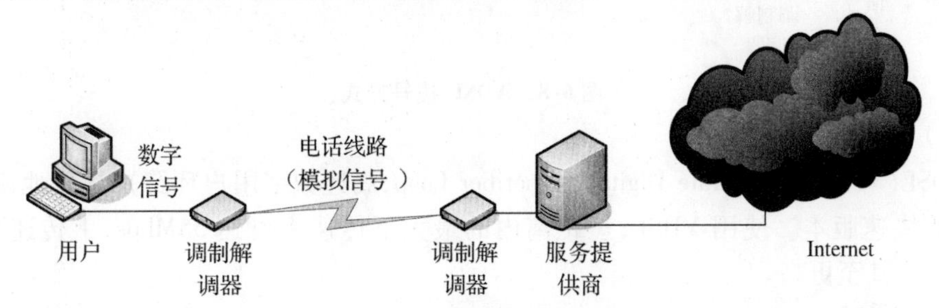

图 6-7　PSTN 拨号方式

(2) 一线通(ISDN)

ISDN(Integrated Service Digital Network)的中文名称是综合业务数字网,中国电信将其俗称为“一线通”。它是 20 世纪 80 年代末在国际上兴起的新型通信方式。同样的一对普通电话线原来只能接一部电话机,所以原先的拨号上网就意味着上网时不能打电话。而申请了 ISDN 后,通过一个称为 NT 的转换盒,就可以同时使用数个终端,用户可以一边在网上冲浪,一边打电话或进行其他数据通信。虽然仍是普通电话线,NT 的转换盒提供给用户的却是两个标准的 64KB/s 数字信道,即所谓的 2B + D 接口。一个 TA 口接电话机,一个 NT 口接计算机。它允许的最大传输速率是 128KB/s,是普通 Modem 的 3 ~4 倍,所以它的普及从某种意义上讲是对传统通信观念的重大革新。

（3）ADSL

ADSL（Asymmetric Digital Subscriber Loop，非对称数字用户环路）是运行在原有普通电话线上的一种新的高速宽带技术，它利用现有的一对电话铜线，为用户提供上、下行非对称的传输速率（带宽）。

非对称主要体现在上行速率和下行速率的非对称性上。上行（从用户到网络）为低速的传输，可达640Kbps；下行（从网络到用户）为高速传输，可达8Mbps。它最初主要是针对视频点播业务开发的，随着技术的发展，逐步成为了一种较方便的宽带接入技术，为电信部门所重视。通过网络电视的机顶盒，可以实现许多以前在低速率下无法实现的网络应用，如图6-8所示。

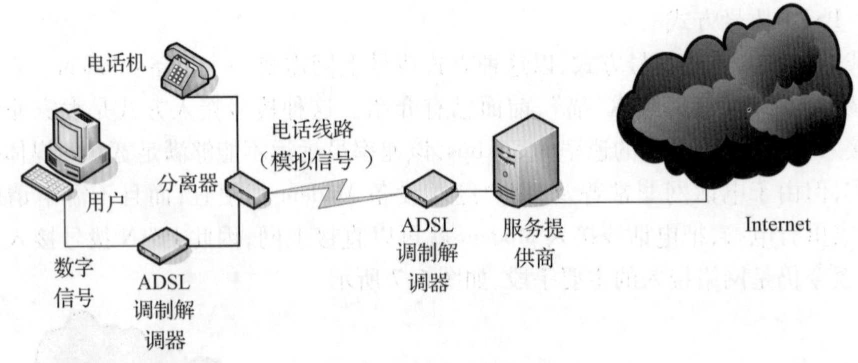

图6-8　ADSL拨号方式

（4）VDSL

VDSL（Very-high-bit-rate Digital Subscriber Loop，高速数字用户环路），简单地说，就是ADSL的快速版本。使用VDSL，短距离内的最大下传速率可达55Mbps，上传速率可达19.2Mbps，甚至更高。

（5）光纤接入网

光纤接入网（OAN）是采用光纤传输技术的接入网，即本地交换局和用户之间全部或部分采用光纤传输的通信系统。光纤具有宽带、远距离传输能力强、保密性好、抗干扰能力强等优点，是未来接入网的主要实现技术。FTTH方式指光纤直通用户家中，一般仅需1～2条用户线，短期内经济性欠佳，却是长远的发展方向和最终的接入网解决方案。

（6）FTTX＋LAN接入方式

这是一种利用光纤加五类网络线方式实现宽带接入方案，实现千兆光纤到小区（大楼）中心交换机，中心交换机和楼道交换机以百兆光纤或五类网络线相连，楼道内采用综合布线，用户上网速率可达10Mbps，网络可扩展性强，投资规模小。另有光纤到办公室、光纤到户、光纤到桌面等多种接入方式满足不同用户的需求。FTTX＋LAN方式采用星型网络拓扑,用户共享带宽。

(7) Cable-Modem(线缆调制解调器)接入方式

Cable-Modem 利用现成的有线电视(CATV)网进行数据传输,已是比较成熟的一种技术。随着有线电视网的发展壮大和人们生活质量的不断提高,通过 Cable-Modem 利用有线电视网访问 Internet 已成为越来越受业界关注的一种高速接入方式。

由于有线电视网采用的是模拟传输协议,因此网络需要用一个 Modem 来协助完成数字数据的转化。Cable-Modem 与以往的 Modem 在原理上都是将数据进行调制后在 Cable(电缆)的一个频率范围内传输,接收时进行解调,传输机理与普通 Modem 相同,不同之处在于它是通过有线电视 CATV 的某个传输频带进行调制解调的。

Cable-Modem 连接方式可分为两种:对称速率型和非对称速率型。前者的数据上传速率和数据下载速率相同,都为 500kbps ~ 2Mbps;后者的数据上传速率为 500kbps ~ 10Mbps,数据下载速率为 2Mbps ~ 40Mbps。

采用 Cable-Modem 上网的缺点是由于 Cable-Modem 模式采用的是相对落后的总线结构,这就意味着网络用户共同分享有限带宽;另外,购买 Cable-Modem 和初装费也都不算很便宜,这些都阻碍了 Cable-Modem 接入方式在国内的普及。但是,它的市场潜力是很大的,毕竟中国 CATV 网已成为世界上第一大有线电视网,其用户已达到 8000 多万。

3. 使用拨号方式上网

(1) 硬件连接

Modem 分为内置式与外置式两种。内置 Modem 是插在计算机主板上的一个卡;预装的内置 Modem 通常已经安装好了驱动程序,只需将电话线接头(俗称水晶头)接入主机箱后面的 Modem 提供的接口即可。外置 Modem 是将电话线接头插入 Modem,随设备自带了一条 Modem 与计算机的连接线,该连接线一端接 Modem,一端接计算机主机上的串行接口,具体可以参阅设备的说明书。至于驱动程序的安装,Modem 都是所谓的 PnP 设备(plug and play,即插即用),Windows 会自动探测与安装。

(2) 软件设置

① 打开“网络连接”,点击左边的“创建一个新的连接”。

② 选择“连接到 Internet”,如图 6-9 所示。

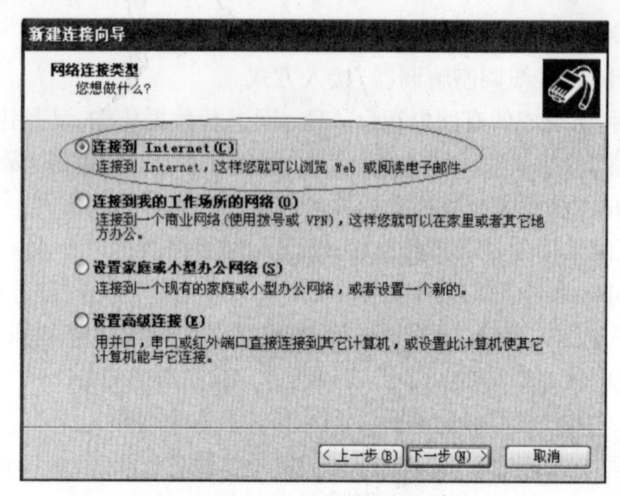

图 6-9　选择连接类型

③ 选择“手动设置我的连接”。

④ 选择连接方式,在此处选择“用拨号调制解调器连接”,如图 6-10 所示。

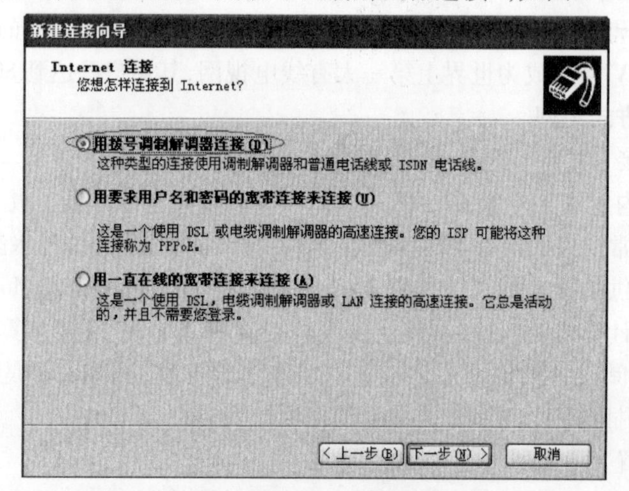

图 6-10　选择连接方式

⑤ 根据个人喜好填写服务提供商(ISP)的名称,这个名称只用来标示该连接,如图 6-11所示。

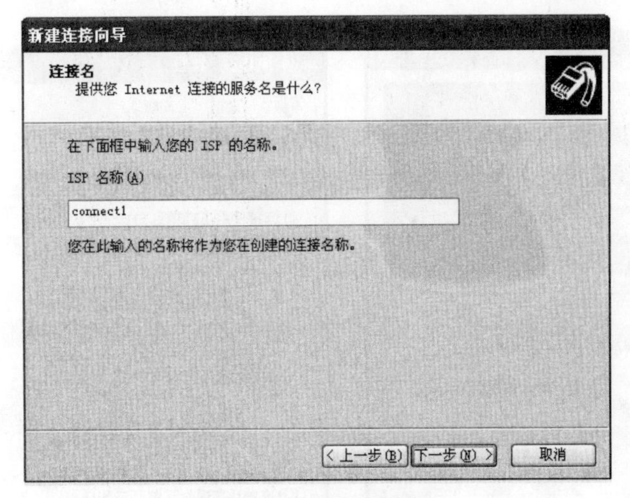

图 6-11　输入连接服务名

⑥ 输入服务提供商(购买的卡)提供的电话号码。

⑦ 单击"下一步"按钮,输入用户名和密码。用户名与拨号的号码一致,密码可以从购买的卡上获得,如图 6-12 所示。

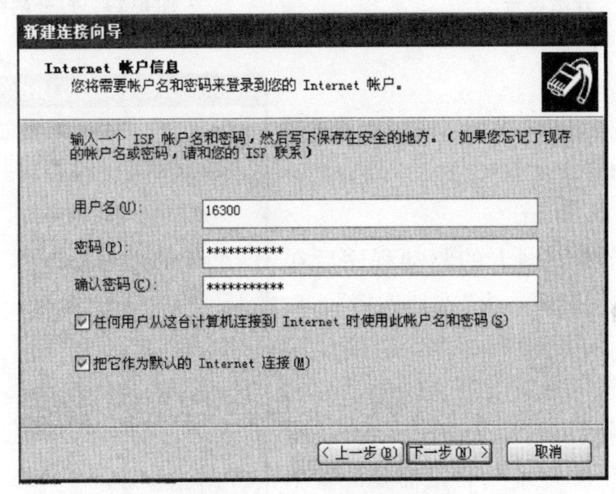

图 6-12　输入用户名和密码

⑧ 单击"下一步"按钮后在网络连接中出现配置的拨号连接。

⑨ 单击"拨号"按钮,可以开始上网,如图 6-13 所示。

图 6-13　开始拨号

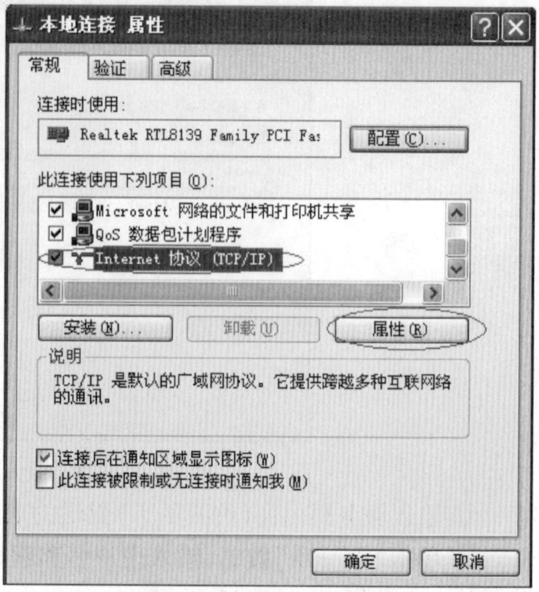

图 6-14　打开网络连接

4. 通过局域网接入

（1）硬件连接

将计算机的网卡通过双绞线连接到局域网的交换机或者 HUB 上。

（2）软件设置

① 安装好计算机上网卡的驱动程序后在“网络连接”窗口中会出现一个“本地连接”。

② 对 TCP/IP 协议进行配置，如图 6-14 所示。

③ 如果局域网网关启用了 DHCP 协议，则可以选择“自动获得 IP 地址”，否则需要配置本地的 IP 地址、子网掩码、默认网关以及 DNS 服务器，如图 6-15 所示。

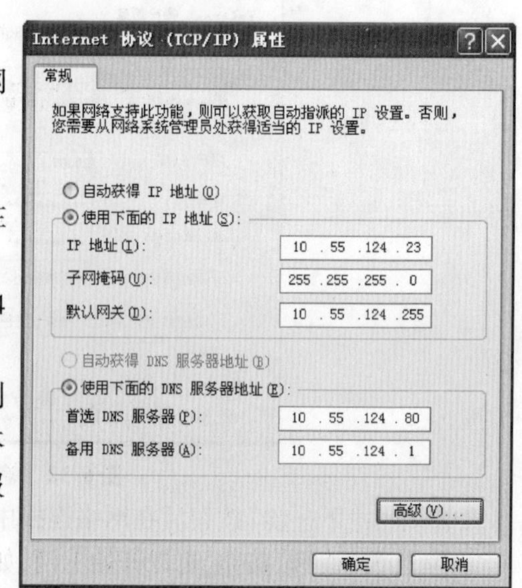

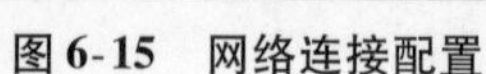
图 6-15　网络连接配置

5. 宽带 ADSL 接入

（1）硬件连接

为机器安装以太网卡驱动，将网卡和 ADSL Modem 用网线直连，ADSL Modem 通过分线盒与电话线连接。

（2）软件设置

宽带拨号设置类似于普通拨号，不同的是在连接方式上选择“用要求用户名和密码的宽带连接来连接”，即 PPPoE 方式，如图 6-16 所示。

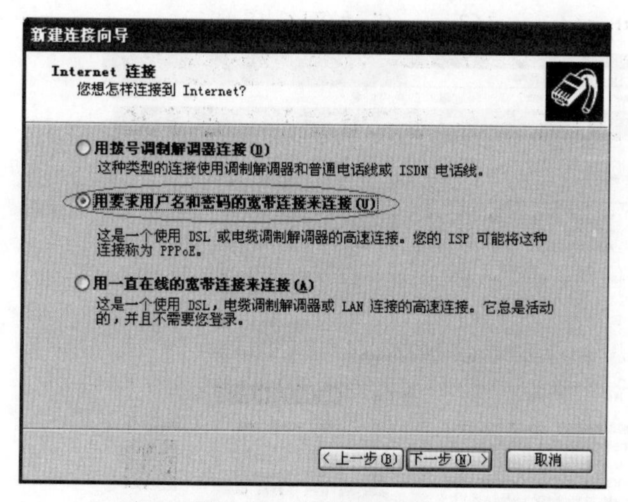

图 6-16　选择连接方式

图 6-17　互联星空拨号界面

需要说明的是，有些服务提供商提供了专用的拨号软件，在本地计算机中直接安装，可以代替之前设置的步骤，使用简单方便。例如，中国电信提供的“星空极速”软件，如图 6-17所示。

▶▶ 任务四　Internet Explorer 浏览器的使用

任务内容

- 浏览网页。
- 收藏网站。

- 通过历史记录访问网站。
- 在网络中检索信息和下载软件。
- 申请并使用免费电子邮箱。

任务要求

- 掌握使用 Internet Explorer 浏览器浏览网页的方法。
- 掌握 Internet Explorer 浏览器的收藏夹的使用方法。
- 掌握利用 Internet Explorer 浏览器的历史记录功能访问网站。
- 掌握使用 Internet Explorer 浏览器检索并下载信息或软件。
- 掌握申请及使用免费电子邮箱。

1. 使用 Internet Explorer 浏览网页

① 打开 IE,双击桌面上的 Internet Explorer 图标。

② 在 IE 的地址栏中键入地址“http://www. 163. com/”,如图 6-18 所示。

图 6-18　输入要访问的网址

③ 选择你需要的新闻,点击即可阅读。

2. 利用用 Internet Explorer 收藏网站

将喜爱的网站利用 Internet Explorer 收藏,在需要的时候可以重新打开该网站。

① 在打开某网站(例如,“网易”)的前提下,单击 IE 菜单栏中的“收藏”→“添加到收藏夹”命令,如图 6-19 所示。

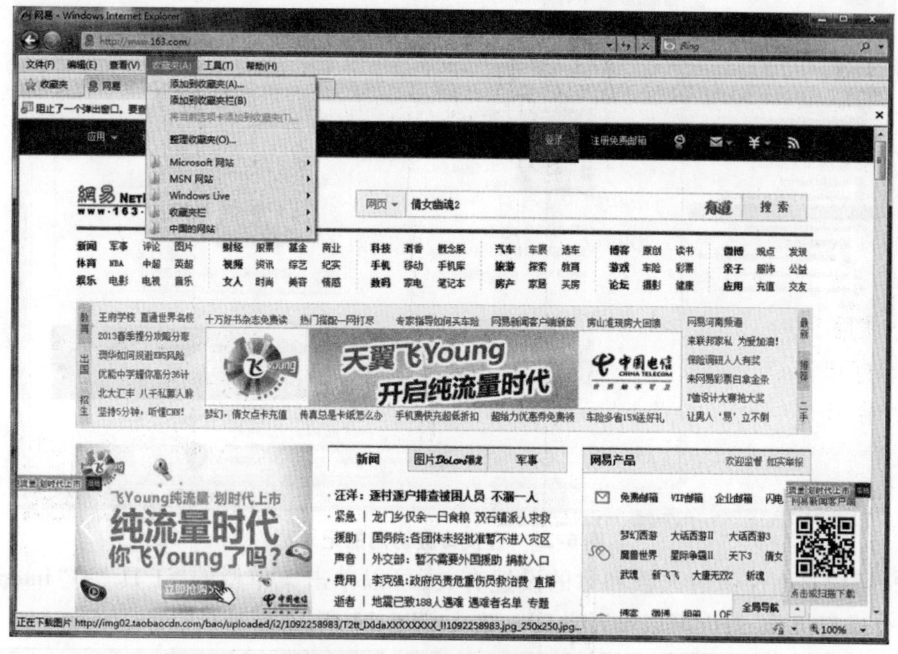

图 6-19　找到要收藏的网页

② 单击“确定”按钮,则将名称为“网易”的当前页面收藏到收藏夹的根目录下,如图 6-20所示。

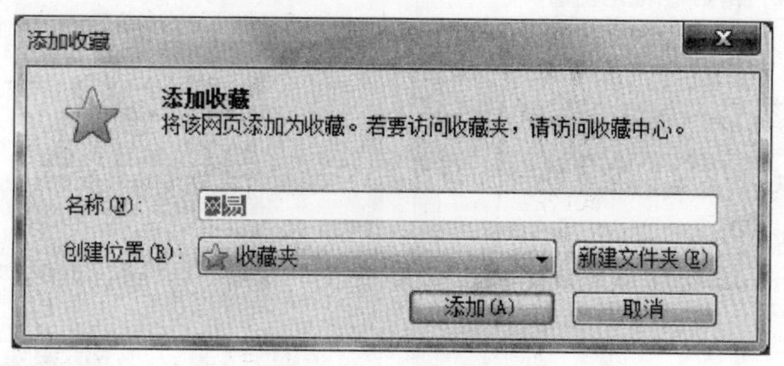

图 6-20　选择收藏的目录

③ 下次需要使用时,可以单击 IE 工具栏上的收藏夹,选择需要访问的网站即可。

3. 通过历史记录访问网站

想要再次访问先前访问过,但是已经在本机被关闭的某网站。

① 单击工具栏中的“历史”按钮,可以从左侧栏目中选择你曾经访问过的页面,如图 6-21 所示。

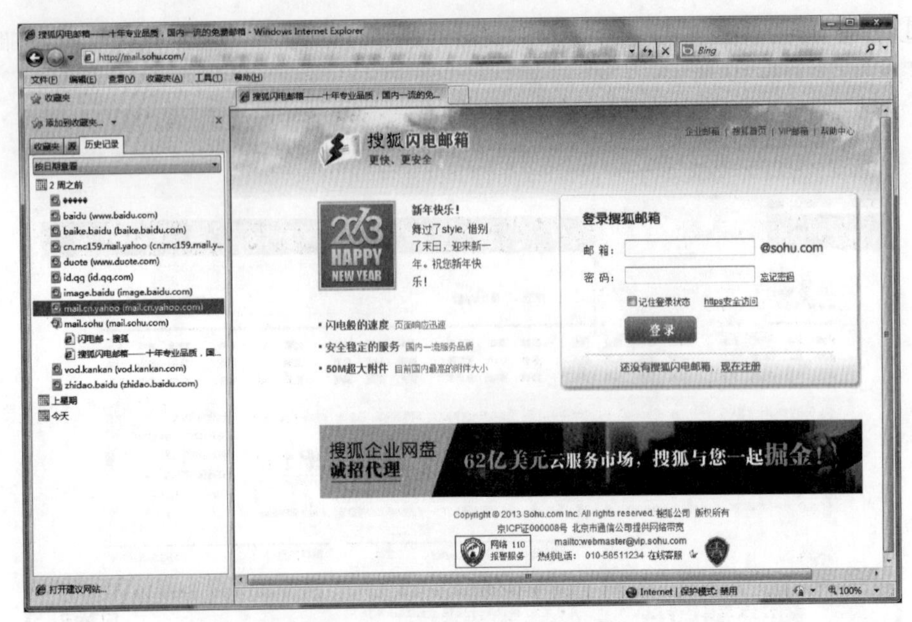

图 6-21　查找曾经访问的记录

② 历史页面保留的天数和你的设置有关，可以单击菜单栏的"工具"→"Internet 选项"命令进行设置，最大可以设置为 999 天，如图 6-22 所示。

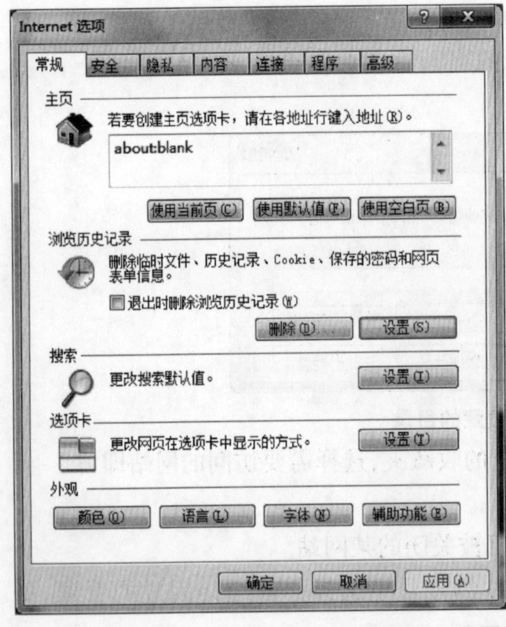

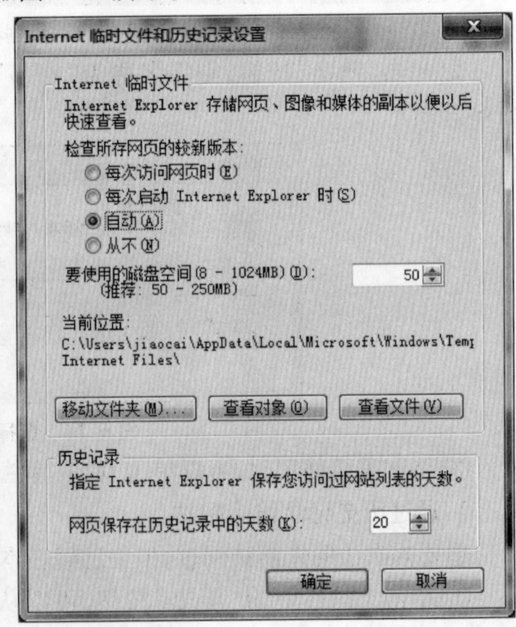

图 6-22　设置历史页面保留天数

4. 利用搜索引擎检索信息

例如,我想通过网络了解球星姚明的一些情况,步骤如下:

① 可以选择百度、谷歌、雅虎等搜索引擎,网址如下:

http://www.baidu.com/

http://www.google.cn/

http://cn.yahoo.com/

以百度为例,在 IE 的地址栏中输入百度的网址"http://www.baidu.com/"。

② 若想搜索关于姚明的新闻,输入关键字"姚明",单击"百度一下"按钮,即可看到搜索结果,在多条搜索结果中找到需要的新闻并打开,如图 6-23 所示。

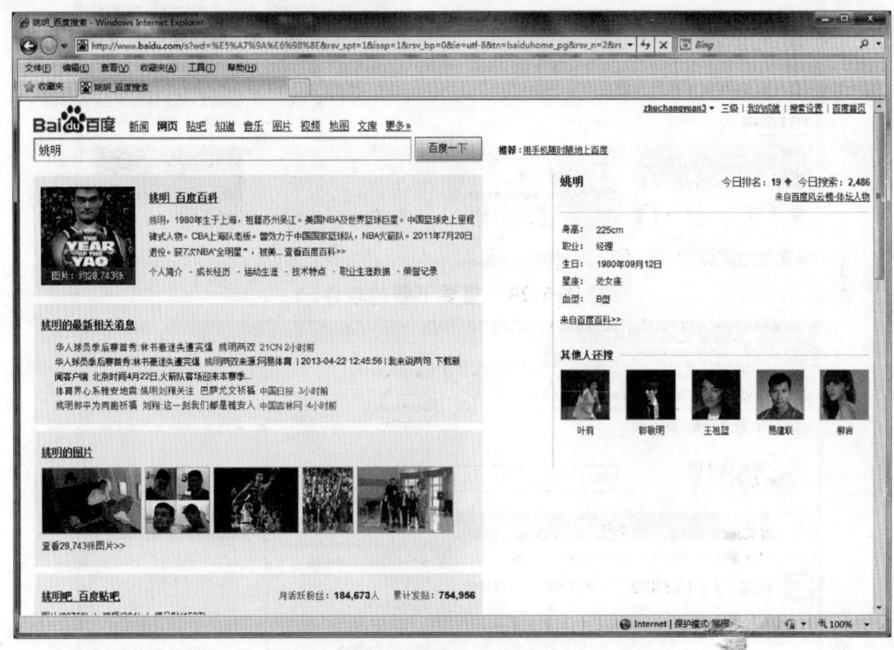

图 6-23　按照关键字搜索

5. 检索需要的软件并下载

① 利用搜索引擎检索到需要下载的软件,如图 6-24 所示。

② 找到该软件的下载链接,用鼠标右键点击该链接,选择"目标另存为"命令,如图 6-25所示。

图 6-24　需要下载的软件

图 6-25　右键选项

③ 在“另存为”对话框中选择要存放在本地的目录，单击“保存”按钮，如图6-26所示。

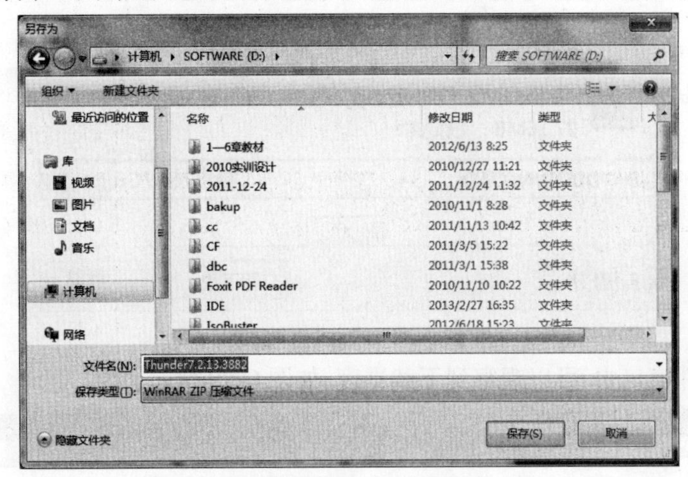

图 6-26　本地保存位置

④ 在弹出的对话框中可以看到保存进度。

也可以利用下载软件进行下载。例如，在图 6-27 中选择“使用迅雷下载”命令。

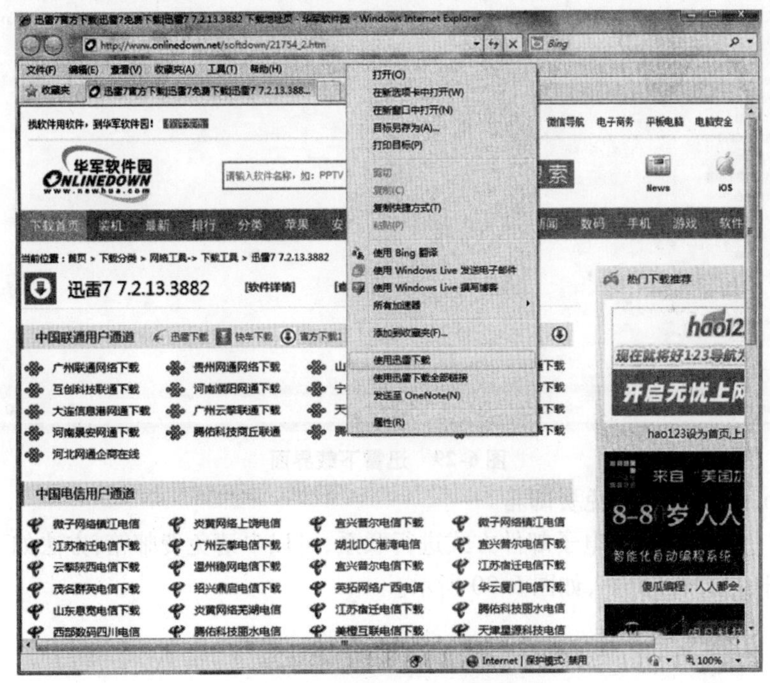

图 6-27　使用迅雷下载选项

选择下载文件存储的目录,单击“确定”按钮,如图 6-28 所示。

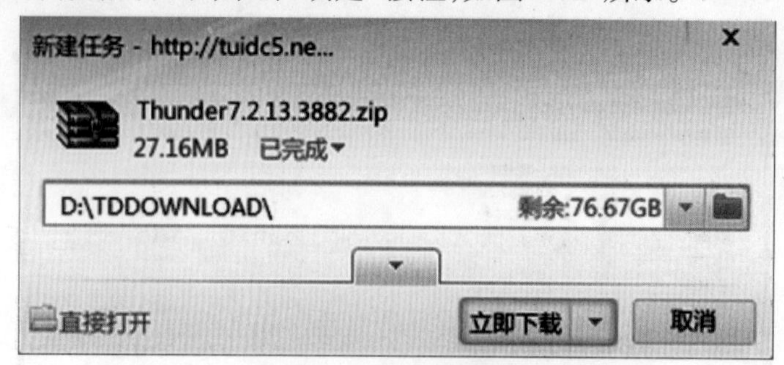

图 6-28 迅雷存储目录

在下载软件窗口中,可以观察到下载进度,如图 6-29 所示。

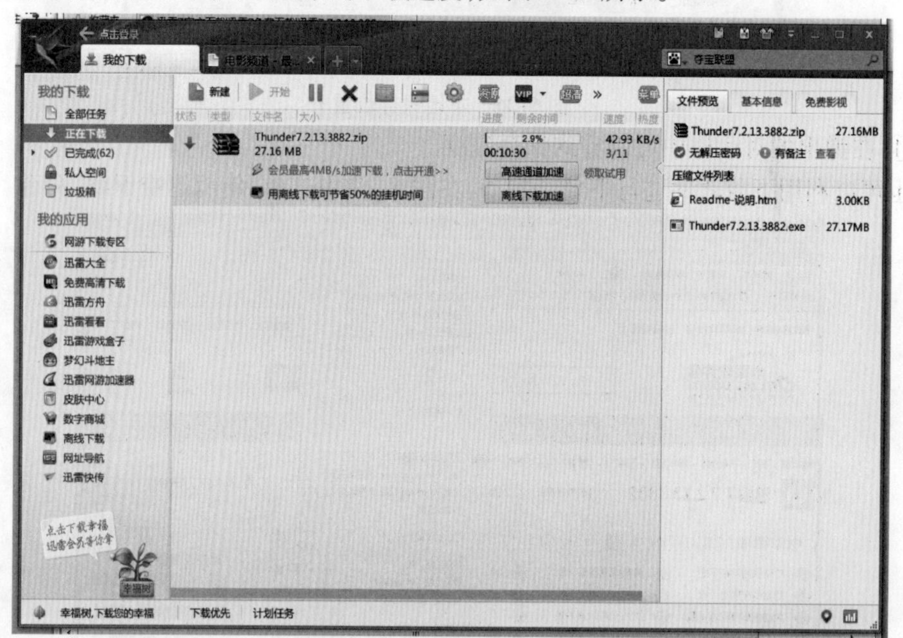

图 6-29 迅雷下载界面

6. 在 Internet 上申请免费邮箱

为了方便与朋友通过电子邮件方式进行联系,可以申请免费邮箱,方法如下:

① 打开注册邮箱界面,如图 6-30 所示。

图 6-30　注册邮箱界面

② 输入邮箱名,注意为了防止重名导致申请不成功,请点击“查看邮箱名是否可用”,如图 6-31 所示。

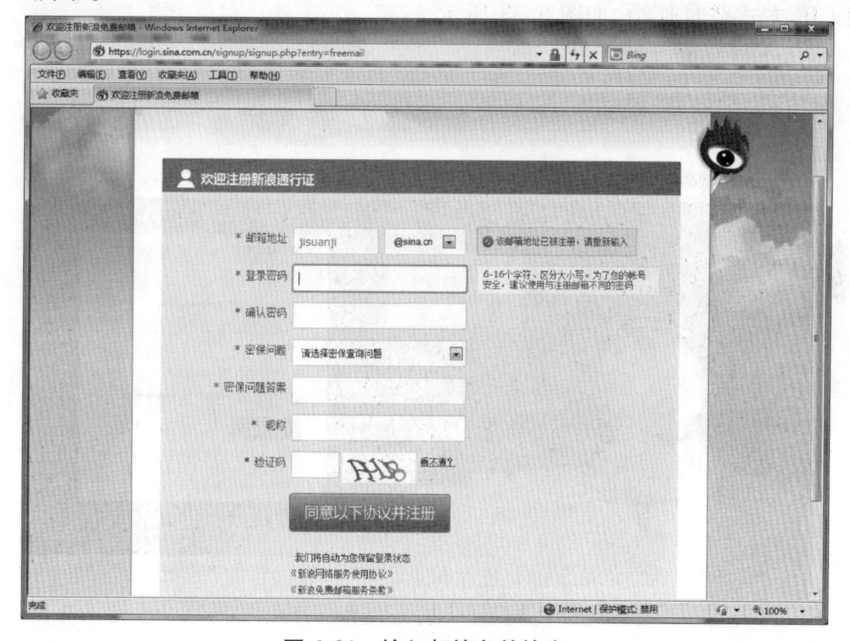

图 6-31　输入邮箱名并检查

③ 设定密码,并填写相关必填选项,注意密码尽量选择字母和数字混合,包含大小写,增强密码的强度。填写完毕后点击"提交注册信息",到此申请成功,如图 6-32 所示。

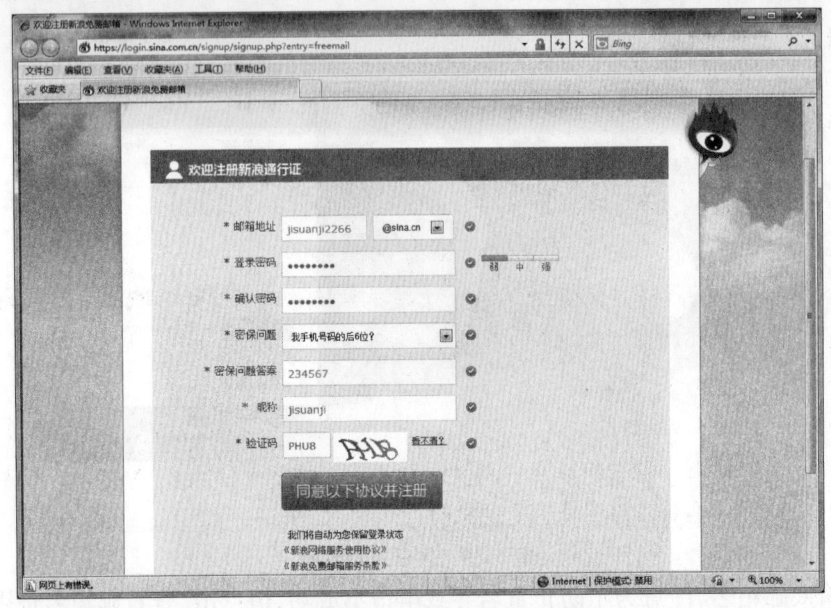

图 6-32　填写相关信息

④ 以 IE 方式登录邮箱,如图 6-33 所示。

图 6-33　以 IE 方式登录邮箱

▶▶ 任务五　使用 Outlook Express 收发邮件

任务内容

- 利用 Outlook Express 收发电子邮件。

任务要求

- 了解 Outlook Express 的功能。
- 掌握 Outlook Express 邮箱帐户的配置方法。
- 会利用 Outlook Express 接收邮件、阅读邮件、保存附件等。
- 会利用 Outlook Express 回复邮件、删除邮件、转发邮件、撰写新邮件、添加附件等。
- 了解邮件的格式设置方法。

1. Outlook Express 的功能

Microsoft Outlook Express 在桌面上实现了全球范围的联机通信。无论是与同事和朋友交换电子邮件,还是加入新闻组进行思想与信息的交流,Outlook Express 都将成为你最得力的助手。其具有如下功能:

(1) 管理多个电子邮件和新闻组帐户

如果你有几个电子邮件或新闻组帐户,可以在一个窗口中处理它们。也可以为同一个计算机创建多个用户或身份。每一个身份皆具有唯一的电子邮件文件夹和一个通讯簿。多个身份可以轻松地将工作邮件和个人邮件分开,也能保持每个用户的电子邮件是独立的。

(2) 轻松快捷地浏览邮件

邮件列表和预览窗格允许在查看邮件列表的同时阅读单个邮件。文件夹列表包括电子邮件文件夹、新闻服务器和新闻组,而且可以很方便地相互切换。还可以创建新文件夹以组织和排列邮件,并可设置邮件规则,这样接收到的邮件中符合规则的邮件会自动放在指定的文件夹里。还可以创建自己的视图用来自定义邮件的浏览方式。

(3) 在服务器上保存邮件以便从多台计算机上查看

如果 Internet 服务提供商(ISP)提供的邮件服务器使用 Internet 邮件访问协议(IMAP)来接收邮件,那么不必把邮件下载到计算机中,在服务器的文件夹中就可以阅读、存储和组织邮件。这样,就可以从任何一台能连接邮件服务器的计算机上查看邮件。

(4) 使用通讯簿存储和检索电子邮件地址

在答复邮件时,即可将姓名与地址自动保存在通讯簿中。也可以从其他程序中导入姓名与地址,或者在通讯簿中直接键入,或者通过接收到的电子邮件添加或在搜索普通 Internet 目录服务(空白页)的过程中添加它们。通讯簿支持轻型目录访问协议(LDAP)以便查看 Internet 目录服务。

（5）在邮件中添加个人签名或信纸

可以将重要的信息作为个人签名的一部分插入发送的邮件中，而且可以创建多个签名以用于不同的目的，也可以包括有更多详细信息的名片。为了使邮件更精美，可以添加信纸图案和背景，还可以更改文字的颜色和样式。

（6）发送和接收安全邮件

可使用数字标识对邮件进行数字签名和加密。数字签名邮件可以保证收件人收到的邮件确实是你发出的。加密能保证只有预期的收件人才能阅读该邮件。

（7）查找感兴趣的新闻组

想要查找感兴趣的新闻组，可以搜索包含关键字的新闻组或浏览由 Usenet 提供商提供的所有可用新闻组。查找需要定期查看的新闻组时，可以将其添加至你的“已订阅”列表，以方便日后查找。

（8）有效地查看新闻组对话

不必翻阅整个邮件列表，就可以查看新闻组邮件及其所有回复内容。查看邮件列表时，可以展开和折叠对话，以便于找到感兴趣的内容，也可以使用视图来显示要阅读的邮件。

（9）下载新闻组以便脱机阅读

为有效地利用联机时间，可以下载邮件或整个新闻组，这样无须连接到 ISP 就可以阅读邮件。可以只下载邮件标题以便脱机查看，然后标记希望阅读的邮件，这样下次连接时，Outlook Express 就会下载这些邮件的文本。另外，还可以脱机撰写邮件，然后在下次连接时发送出去。

2. Outlook Express 的使用

下面我们用一个实例来介绍 Outlook Express 的使用，步骤如下：

① 在 Outlook Express 中添加一个邮箱帐户，如图 6-34 所示。

② 输入自己的姓名，该名称将作为“发件人”字段出现在外发邮件中，如图 6-35 所示。

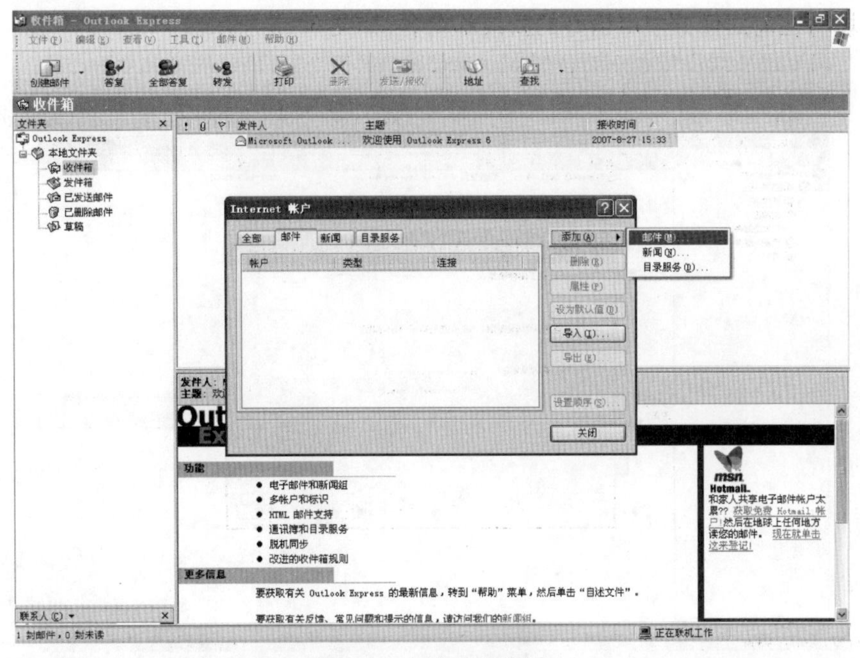

图 6-34　添加邮箱帐户

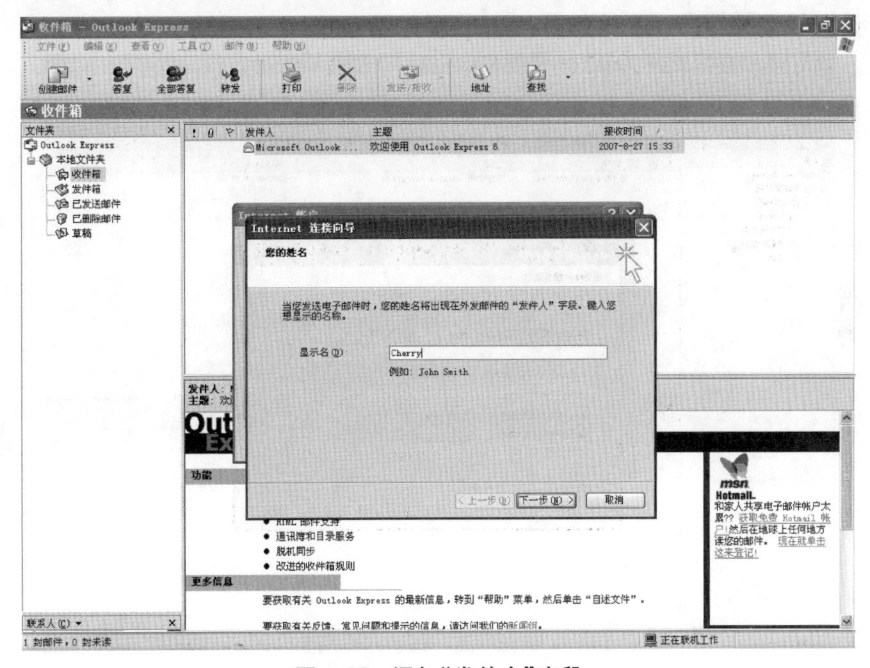

图 6-35　添加“发件人”字段

③ 填写在前面任务中申请好的新浪邮箱名，如图 6-36 所示。

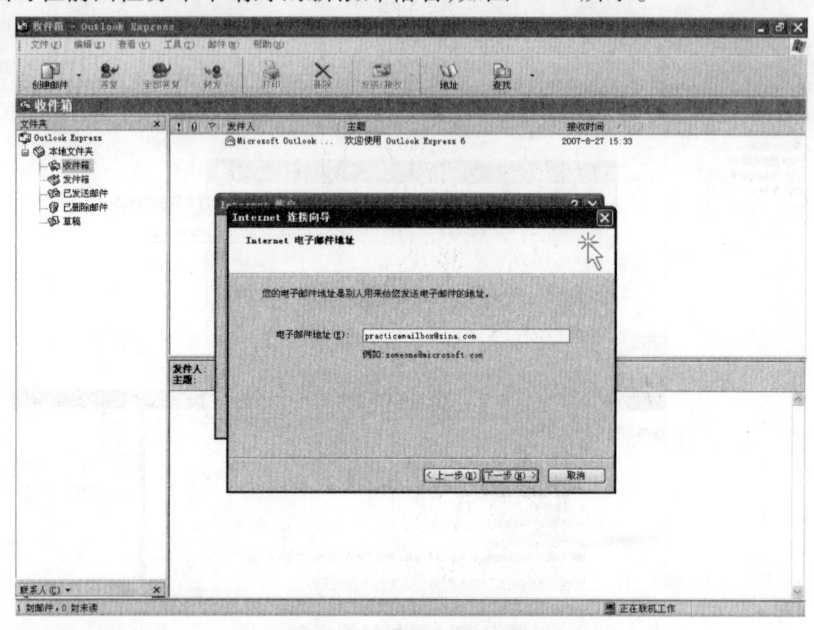

图 6-36　输入邮箱名称

④ 设置新浪邮箱的 pop 服务器和 smtp 服务器，如图 6-37 所示。

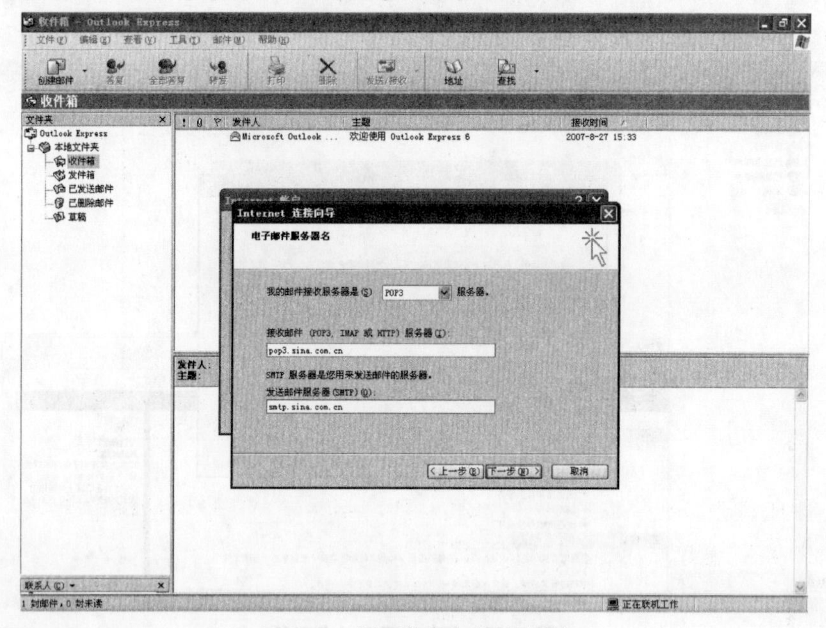

图 6-37　设置收发邮件服务器

⑤ 填写邮箱帐户名称和密码,如图 6-38 所示。

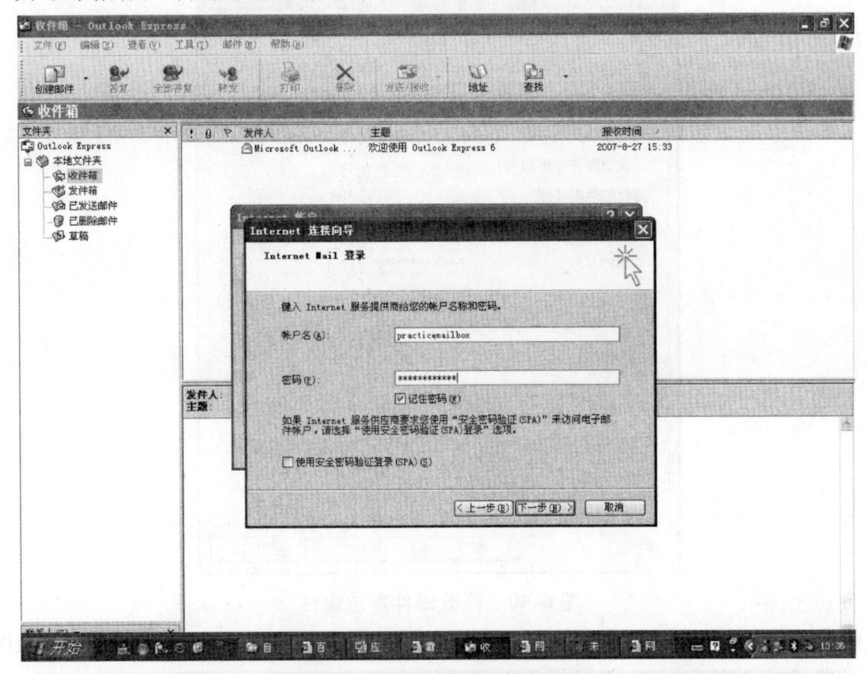

图 6-38　填写帐户名称和密码

⑥ 完成 Outlook Express 的配置后,还可以对帐户设置进行修改,如图 6-39 所示。

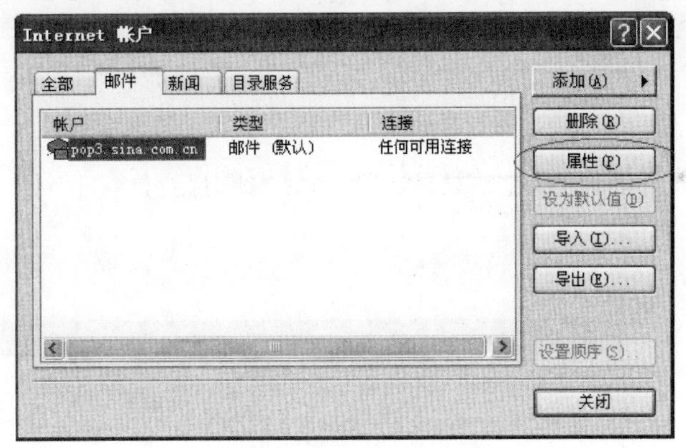

图 6-39　配置好的帐户

⑦ 如果邮件服务提供商要求身份验证,则需要在帐户属性对话框中选中“我的服务器要求身份验证”复选框,如图 6-40 所示。

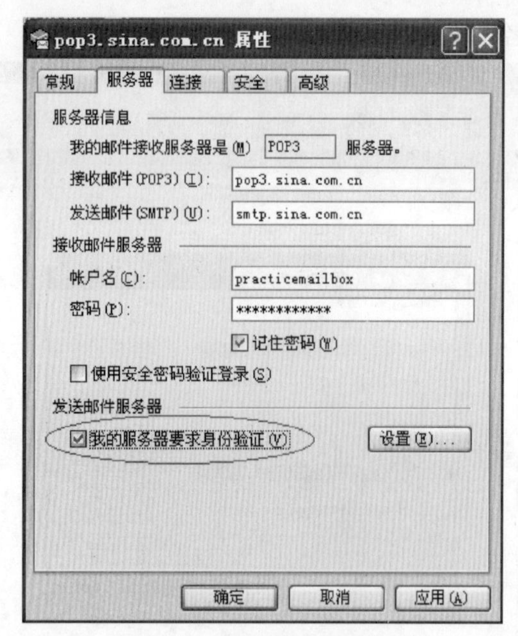

图 6-40 修改邮件发送属性

⑧ 单击“工具”→“发送和接收”→“接收全部邮件”命令可以接收邮件，如图 6-41 所示。

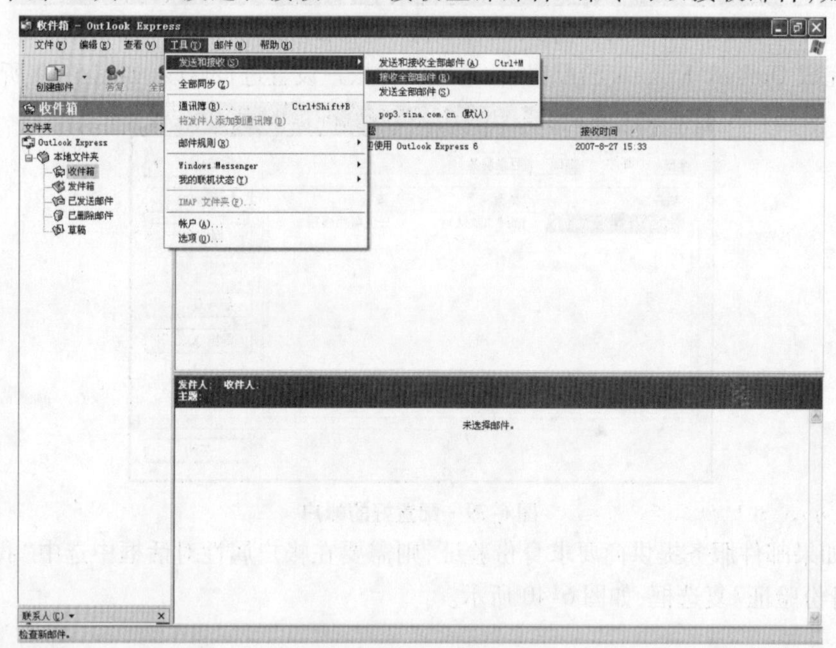

图 6-41 接收邮件界面

⑨ 单击“创建邮件”按钮,在弹出的窗口中输入收件人的邮件地址、主题和内容,单击“发送”按钮即可发送邮件,如图 6-42 所示。

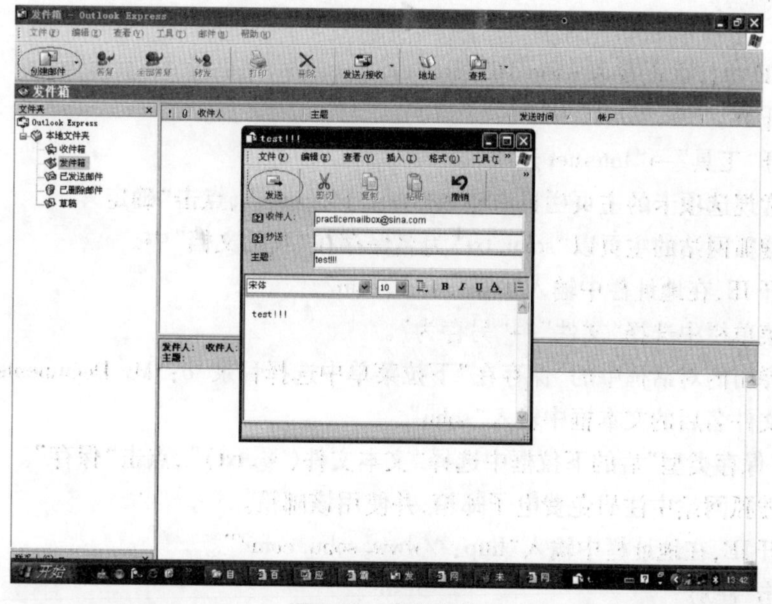

图 6-42　发送邮件

⑩ 当邮件中需要添加附件时,可选择“插入”→“文件附件”命令,如图 6-43 所示。

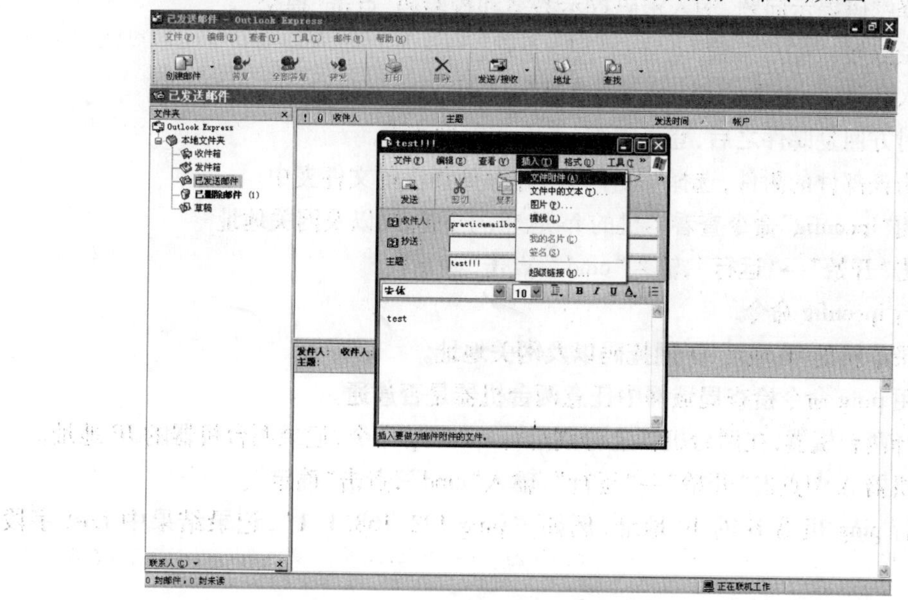

图 6-43　在邮件中添加附件

实训任务2

1. 将IE的首页设置为www.163.com。

① 打开IE。

② 打开“工具”→“Internet选项”。

③ 在常规选项卡的主页栏目中输入“www.163.com”，点击“确定”。

2. 将搜狐网站的主页以“sohu.txt”为名保存在“我的文档”中。

① 打开IE，在地址栏中输入“www.sohu.com”。

② 在菜单栏中选择“文件”→“另存为”。

③ 在弹出的对话框中的“保存在”下拉菜单中选择目录“c:\My Documents”。

④ 在文件名后的文本框中输入“sohu”。

⑤ 在“保存类型”后的下拉框中选择“文本文件（*.txt）”，点击“保存”。

3. 在搜狐网站中注册免费电子邮箱，并使用该邮箱。

① 打开IE，在地址栏中输入“http://www.sohu.com/”。

② 点击“注册”。

③ 在注册页面中输入用户名及密码。

④ 选择密码提示问题，输入密码提示答案和校验码，点击“提交”。

⑤ 登录邮箱，点击“写信”。

⑥ 填入收件人、主题、内容，点击“发送”。

⑦ 待对方回复邮件之后，登录邮箱，点击该邮件查看。

⑧ 右击该邮件的附件，选择“另存为”，保存到相应的文件夹中。

4. 使用“ipconfig”命令查看本机的ip地址，子网掩码以及网关地址

① 点击“开始”→“运行”，输入“cmd”，点击“确定”。

② 运行ipconfig命令。

③ 记录本机的IP地址，子网掩码以及网关地址。

5. 使用ping命令检查局域网中任意两台机器是否连通。

① 选择两台机器，在两台机器上分别运行ipconfig命令，记录两台机器的IP地址。

② 在机器A中点击“开始”→“运行”，输入“cmd”，点击“确定”。

③ 运行ping机器B的IP地址，例如，“ping 192.168.1.1”，记录结果中Lost字段的值。

④ Lost字段的值为0表示连通正常。

*6.3 新一代 IP 协议 IPv6 介绍

1. IPv6 的定义

目前,全球因特网所采用的协议族是 TCP/IP 协议族。IP 是 TCP/IP 协议族中网络层的协议,是 TCP/IP 协议族的核心协议。

IPv6 是 Internet Protocol Version 6 的缩写,其中 Internet Protocol 译为"互联网协议"。它是 IETF(Internet Engineering Task Force,互联网工程任务组)设计的用于替代现行版本 IP 协议(IPv4)的下一代 IP 协议。

IPv6 正处在不断发展和完善的过程中,它在不久的将来将取代目前被广泛使用的 IPv4。当前我们使用的第二代互联网 IPv4 技术,核心技术属于美国。它的最大问题是网络地址资源有限,从理论上讲,IPv4 技术可使用的 IP 地址有 43 亿个,其中北美占有 3/4,约 30 亿个,而人口最多的亚洲只有不到 4 亿个,中国只有 3000 多万个,只相当于美国麻省理工学院的数量。地址不足,严重地制约了我国及其他国家互联网的应用和发展。

随着电子技术及网络技术的发展,计算机网络将进入人们的日常生活,可能身边的每一样东西都需要连入全球因特网。但是与 IPv4 一样,IPv6 一样会造成大量的 IP 地址浪费。准确地说,使用 IPv6 的网络并没有 $2^{128}-1$ 个能充分利用的地址。首先,要实现 IP 地址的自动配置,局域网所使用的子网的前缀必须等于 64,但是很少有一个局域网能容纳 2^{64} 个网络终端;其次,由于 IPv6 的地址分配必须遵循聚类(Aggregation)的原则,地址的浪费在所难免。

但是,如果说 IPv4 实现的只是人机对话,而 IPv6 则扩展到任意事物之间的对话,它不仅可以为人类服务,还将服务于众多硬件设备,如家用电器、传感器、远程照相机、汽车等。它将是无时不在、无处不在的深入社会每个角落的真正的宽带网,而且它所带来的经济效益将非常巨大。

2. IPv6 的优势

与 IPv4 相比,IPv6 具有以下几个优势:

① IPv6 具有更大的地址空间。IPv4 中规定 IP 地址长度为 32,即有 $2^{32}-1$ 个地址;而 IPv6 中 IP 地址的长度为 128,即有 $2^{128}-1$ 个地址。

② IPv6 使用更小的路由表。IPv6 的地址分配一开始就遵循聚类的原则,这使得路由器能在路由表中用一条记录(Entry)表示一片子网,大大减小了路由器中路由表的长度,提高了路由器转发数据包的速度。

③ IPv6 增加了增强的组播(Multicast)支持以及对流的支持(Flow Control),这使得网络上的多媒体应用有了长足发展的机会,为服务质量(Quality of Service,QoS)控制提供了良好的网络平台。

④ IPv6 加入了对自动配置(Auto Configuration)的支持。这是对 DHCP 协议的改进和扩展,使得网络(尤其是局域网)的管理更加方便和快捷。

⑤ IPv6 具有更高的安全性。在使用 IPv6 的网络中用户可以对网络层的数据进行加密并对 IP 报文进行校验,极大地增强了网络的安全性。

3. IPv6 寻址及 IPv6 的地址类型

(1) IPv6 地址的形式

在 Internet 协议版本 6 (IPv6) 中,地址的长度是 128 位,且用文本表示,以下是用来将 IPv6 地址表示为文本字符串的三种常规形式:

① 冒号十六进制形式。这是首选形式,即 n:n:n:n:n:n:n:n。每个 n 都表示 8 个 16 位地址元素之一的十六进制值。例如:

3FFE:FFFF:7654:FEDA:1245:BA98:3210:4562

② 压缩形式。由于地址长度的要求,地址包含由零组成的长字符串的情况十分常见。为了简化对这些地址的写入,可以使用压缩形式,在这一压缩形式中,多个 0 块的单个连续序列由双冒号符号(::)表示。此符号只能在地址中出现一次。例如,多路广播地址 FFED:0:0:0:0:BA98:3210:4562 的压缩形式为 FFED::BA98:3210:4562,单播地址 3FFE:FFFF:0:0:8:800:20C4:0 的压缩形式为 3FFE:FFFF::8:800:20C4:0,环回地址 0:0:0:0:0:0:0:1 的压缩形式为::1,未指定的地址 0:0:0:0:0:0:0:0 的压缩形式为::。

③ 混合形式。此形式组合 IPv4 和 IPv6 地址。在此情况下,地址格式为 n:n:n:n:n:n:d.d.d.d,其中每个 n 都表示 6 个 IPv6 高序位 16 位地址元素之一的十六进制值,每个 d 都表示 IPv4 地址的十进制值。

地址中的前导位定义特定的 IPv6 地址类型,包含这些前导位的变长字段称作格式前缀(FP)。

IPv6 单播地址被划分为两部分:第一部分包含地址前缀;第二部分包含接口标识符。表示 IPv6 地址/前缀组合的简明方式为:IPv6 地址/前缀长度。

以下是具有 64 位前缀的地址的示例:

3FFE:FFFF:0:CD30:0:0:0:0/64

此示例中的前缀是 3FFE:FFFF:0:CD30。该地址还可以以压缩形式写入,如 3FFE:FFFF:0:CD30::/64。

(2) IPv6 定义的地址类型

① 单播地址。用于单个接口的标识符。发送到此地址的数据包被传递给标识的接口。通过高序位 8 位字节的值来将单播地址与多路广播地址区分开来。多路广播地址的高序列 8 位字节具有十六进制值 FF。此 8 位字节的任何其他值都标识单播地址。

以下是不同类型的单播地址:

• 链路—本地地址。这些地址用于单个链路并且具有以下形式:FE80::InterfaceID。链路—本地地址用在链路上的各节点之间,用于自动地址配置、邻居发现或未提供路由器的情况。链路—本地地址主要用于启动时以及系统尚未获取较大范围的地址之时。

• 站点—本地地址。这些地址用于单个站点并具有以下格式:FEC0::SubnetID:InterfaceID。站点—本地地址用于不需要全局前缀的站点内的寻址。

• 全局 IPv6 单播地址。这些地址可用在 Internet 上并具有以下格式:010(FP,3 位)TLAID(13 位)Reserved(8 位)NLAID(24 位)SLAID(16 位)InterfaceID(64 位)。

② 多路广播地址。一组接口的标识符(通常属于不同的节点):发送到此地址的数据包被传递给该地址标识的所有接口。多路广播地址类型代替 IPv4 广播地址。任一广播地址:一组接口的标识符(通常属于不同的节点)。发送到此地址的数据包被传递给该地址标识的唯一一个接口。这是按路由标准标识的最近的接口。任一广播地址取自单播地址空间,而且在语法上不能与其他地址区别开来。寻址的接口依据其配置确定单播和任一广播地址之间的差别。

习 题 六

一、选择题

1. 以下属于正确的主机的 IP 地址是________。

A. 127.32.5.262　　B. 162.111.111.111　　C. 202.112.5.0　　D. 224.0.0.5

2. 与 10.110.12.29 mask 255.255.255.224 属于同一网段的主机 IP 地址是________。

A. 10.110.12.0　　B. 10.110.12.30

C. 10.110.12.31　　D. 10.110.12.32

3. 224.0.0.5 代表的是________地址。

A. 主机地址　　B. 网络地址　　C. 组播地址　　D. 广播地址

4. 在计算机网络中,LAN 指的是________。

A. 局域网　　B. 广域网　　C. 城域网　　D. 以太网

5. 下列不属于计算机网络的功能的是________。

A. 系统资源共享　　B. 集中管理和分布处理
C. 数据监控　　D. 远程通信

6. 下列不属于 Internet 的接入方式的是________。

A. ADSL　　B. 广域网　　C. 局域网　　D. ISDN

7. TCP 协议属于________。

A. 文件传输协议　　B. 传输控制协议
C. 超文本传输协议　　D. 兼容协议

8. 以下关于 Internet 的知识不正确的是________。

A. 起源于美国军方的网络　　B. 可以进行网上购物
C. 可以共享资源　　D. 完全消除了安全隐患

9. 在上网设备中能够把计算机的数字信号和模拟的音频信号相互转换的是________。

A. 交换机　　B. 网卡　　C. 路由器　　D. 调制解调器

10. 要想使用 IE 查看近期访问过的站点,应该点击________按钮。

A. 主页　　B. 搜索　　C. 收藏　　D. 历史

二、填空题

1. ____________________________________叫作计算机网络。

2. 计算机网络按所覆盖的地域范围可以分为________、________和________。

3. Internet 上最基本的通信协议是________________________。

4. 计算机网络系统是由________和________组成的。

5. 星型网络拓扑结构的优点是________________________,缺点是________________________。

三、简答题

1. 学校为本办公室分配了一个 C 类地址 192.168.1.1,办公室有 4 台机器,请分别为 4 台机器配置 IP 地址、网关和子网掩码。

2. 请列举 Internet 提供的四项服务。

3. 请简述网络操作系统的特点。

附录1

全国计算机等级考试一级 MS Office 选择题

1. 天气预报能为我们的生活提供良好的帮助,它应该属于计算机的哪一类应用? ( )

A. 科学计算　B. 信息处理　C. 过程控制　D. 人工智能

2. 从2001年开始,我国自主研发通用CPU芯片,其中第一款通用的CPU是 ( )

A. 龙芯　B. AMD　C. Intel　D. 酷睿

3. 世界上公认的第一台电子计算机诞生的年份是 ( )

A. 1943　B. 1946　C. 1950　D. 1951

4. 1946年诞生的世界上公认的第一台电子计算机是 ( )

A. UNIVAC-I　B. EDVAC　C. ENIAC　D. IBM650

5. 从发展上看,计算机将向着哪两个方向发展? ( )

A. 系统化和应用化　B. 网络化和智能化

C. 巨型化和微型化　D. 简单化和低廉化

6. 人们将以下哪个作为硬件基本部件的计算机称为第一代计算机? ( )

A. 电子管　B. ROM和RAM

C. 小规模集成电路　D. 磁带与磁盘

7. 目前,制造计算机所用的电子元器件是 ( )

A. 大规模集成电路　B. 晶体管

C. 集成电路　D. 电子管

8. 现代微型计算机中所采用的电子元器件是 ( )

A. 电子管　B. 晶体管

C. 小规模集成电路　D. 大规模和超大规模集成电路

9. 在计算机运行时,把程序和数据一样存放在内存中,这是1946年由谁领导的研究

小组正式提出并论证的？（ ）

A. 图灵 B. 布尔 C. 冯·诺依曼 D. 爱因斯坦

10. 世界上第一台电子数字计算机 ENIAC 是在 1946 年研制成功的，其诞生的国家是（ ）

A. 美国 B. 英国 C. 法国 D. 瑞士

11. 以下对计算机的分类不正确的是（ ）

A. 按使用范围可以分为通用计算机和专用计算机

B. 按性能可以分为超级计算机、大型计算机、小型计算机、工作站和微型计算机

C. 按 CPU 芯片可分为单片机、单板机、多芯片机和多板机

D. 按字长可以分为 8 位机、16 位机、32 位机和 64 位机

12. 以下不是我国知名的高性能巨型计算机的是（ ）

A. 银河 B. 曙光 C. 神威 D. 紫金

13. 第二代电子计算机所采用的电子元件是（ ）

A. 继电器 B. 晶体管 C. 电子管 D. 集成电路

14. 计算机按性能可以分为超级计算机、大型计算机、小型计算机、微型计算机和（ ）

A. 服务器 B. 掌中设备 C. 工作站 D. 笔记本

15. 第一台计算机 ENIAC 在研制过程中采用了哪位科学家的两点改进意见（ ）

A. 莫克利 B. 冯·诺依曼 C. 摩尔 D. 戈尔斯坦

16. 我国自行生产并用于天气预报计算的银河-Ⅲ型计算机属于（ ）

A. 微机 B. 小型机 C. 大型机 D. 巨型机

17. 下列关于电子邮件的叙述正确的是（ ）

A. 如果收件人的计算机没有打开时，发件人发来的电子邮件将丢失

B. 如果收件人的计算机没有打开时，发件人发来的电子邮件将退回

C. 如果收件人的计算机没有打开时，当收件人的计算机打开时再重发

D. 发件人发来的电子邮件保存在收件人的电子邮箱中，收件人可随时接收

18. 计算机技术中，下列英文缩写和中文名字的对照正确的是（ ）

A. CAD—计算机辅助制造 B. CAM—计算机辅助教育

C. CIMS—计算机集成制造系统 D. CAI—计算机辅助设计

19. 电子计算机最早的应用领域是（ ）

A. 信息处理 B. 科学计算 C. 过程控制 D. 人工智能

20. 存储一个 32×32 点阵的汉字字形码需用的字节数是（ ）

A. 256　　B. 128　　C. 72　　D. 16

21. RAM 的特点是　(　)

A. 海量存储器

B. 存储在其中的信息可以永久保存

C. 一旦断电,存储在其上的信息将全部消失,且无法恢复

D. 只是用来存储数据的

22. 十进制数 126 转换成二进制数等于　(　)

A. 1111101　　B. 1101110　　C. 1110010　　D. 1111110

23. 按照需求功能的不同,信息系统已形成各种层次,计算机应用与管理是开始于　(　)

A. 信息处理　　B. 人事管理　　C. 决策支持　　D. 事务处理

24. 从应用上看,计算机将向着哪个方向发展?　(　)

A. 系统化和应用化　　B. 系统化、网络化和智能化

C. 巨型化和微型化　　D. 简单化和低廉化

25. 目前各部门广泛使用的人事档案管理、财务管理等软件,按计算机应用分类,应属于　(　)

A. 过程控制　　B. 科学计算　　C. 计算机辅助工程　　D. 信息处理

26. 计算机软件系统包括　(　)

A. 程序、数据和相应的文档　　B. 系统软件和应用软件

C. 数据库管理系统和数据库　　D. 编译系统和办公软件

27. 以下哪一项属于过程控制的应用?　(　)

A. 宇宙飞船的制导

B. 控制、指挥生产和装配产品

C. 冶炼车间由计算机根据炉温控制加料

D. 汽车车间大量使用智能机器人

28. 无符号二进制整数 1011000 转换成十进制数是　(　)

A. 76　　B. 78　　C. 88　　D. 90

29. 计算机内部采用的数制是　(　)

A. 十进制　　B. 二进制　　C. 八进制　　D. 十六进制

30. 一个字长为 6 位的无符号二进制数能表示的十进制数值范围是　(　)

A. 0 ~ 64　　B. 1 ~ 64　　C. 1 ~ 63　　D. 0 ~ 63

31. 在一个非零无符号二进制整数之后添加一个 0,则此数的值为原数的　(　)

A. 4 倍　B. 2 倍　C. 1/2 倍　D. 1/4 倍

32. 若已知一个汉字的国标码是 5E38H,则其内码是 (　)

A. DEB8　B. DE38　C. 5EB8　D. 7E58

33. 英文缩写 CAM 的中文意思是 (　)

A. 计算机辅助设计　B. 计算机辅助制造

C. 计算机辅助教学　D. 计算机辅助管理

34. 能保存网页地址的文件夹是 (　)

A. 收件箱　B. 公文包　C. 我的文档　D. 收藏夹

35. 计算机之所以能按人们的意图自动进行工作,最直接的原因是采用了 (　)

A. 二进制　B. 高速电子元件

C. 程序设计语言　D. 存储程序控制

36. 已知某汉字的区位码是 3222,则其国标码是 (　)

A. 4252D　B. 5242H　C. 4036H　D. 5524H

37. 存储 1024 个 24 × 24 点阵的汉字字形码需要的字节数是 (　)

A. 720B　B. 72KB　C. 7000B　D. 7200B

38. 计算机最早的应用领域是 (　)

A. 信息处理　B. 科学计算　C. 过程控制　D. 人工智能

39. 下列不属于计算机特点的是 (　)

A. 存储程序控制、工作自动化　B. 具有逻辑推理和判断能力

C. 处理速度快、存储量大　D. 不可靠、故障率高

40. 下列叙述正确的是 (　)

A. 一个字符的标准 ASCII 码占一个字节的存储量,其最高位二进制总为 0

B. 大写英文字母的 ASCII 码值大于小写英文字母的 ASCII 码值

C. 同一个英文字母(如字母 A) 的 ASCII 码和它在汉字系统下的全角内码是相同的

D. 标准 ASCII 码表的每一个 ASCII 码都能在屏幕上显示成一个相应的字符

41. 以下叙述正确的是 (　)

A. 十进制数可用 10 个数码,分别是 1 ~ 10

B. 一般在数字后面加一大写字母 B 表示十进制数

C. 二进制数只有两个数码:1 和 2

D. 在计算机内部都是用二进制编码形式表示的

42. 标准 ASCII 码用 7 位二进制数表示一个字符的编码,其不同的编码共有 (　)

A. 127 个　B. 128 个　C. 256 个　D. 254 个

43. 以下关于计算机4个发展阶段的描述不正确的是 ( )

A. 第一代计算机主要用于军事目的

B. 第二代计算机主要用于数据处理和事务管理

C. 第三代计算机刚出现了高级程序设计语言 BASIC

D. 第四代计算机采用大规模和超大规模集成电路

44. 现代计算机中采用二进制数字系统,其原因是 ( )

A. 代码表示简短,易读

B. 物理上容易表示和实现,运算规则简单,可节省设备且便于设计

C. 容易阅读,不易出错

D. 只有0和1两个数字符号,容易书写

45. 英文缩写 CAI 的中文意思是 ( )

A. 计算机辅助教学　　B. 计算机辅助制造

C. 计算机辅助设计　　D. 计算机辅助管理

46. 字符比较大小实际是比较它们的 ASCII 码值,下列正确的比较是 ( )

A. “A”比“B”大　　B. “H”比“h”小

C. “F”比“D”小　　D. “9”比“D”大

47. 在微型机中,普遍采用的字符编码是 ( )

A. BCD 码　　B. ASCII 码　　C. EBCD 码　　D. 补码

48. 在外部设备中,扫描仪属于 ( )

A. 输出设备　　B. 存储设备　　C. 输入设备　　D. 特殊设备

49. 拥有计算机并以拨号方式接入 Internet 的用户需要使用 ( )

A. CD-ROM　　B. 鼠标　　C. 软盘　　D. Modem

50. 计算机操作系统的主要功能是 ( )

A. 对计算机的所有资源进行控制和管理,为用户使用计算机提供方便

B. 对源程序进行翻译

C. 对用户数据文件进行管理

D. 对汇编语言程序进行翻译

51. 用高级程序设计语言编写的程序 ( )

A. 计算机能直接执行　　B. 具有良好的可读性和可移植性

C. 执行效率高但可读性差　　D. 依赖于具体机器,可移植性差

52. 对计算机操作系统的作用描述完整的是 ( )

A. 管理计算机系统的全部软、硬件资源,合理组织计算机的工作流程,以达到充分发

挥计算机资源的效率,为用户提供使用计算机的友好界面

B. 对用户存储的文件进行管理,方便用户

C. 执行用户键入的各类命令

D. 是为汉字操作系统提供运行的基础

53. 市政道路及管线设计软件属于计算机 ( )

A. 辅助教学 B. 辅助管理 C. 辅助制造 D. 辅助设计

54. 办公自动化(OA)是计算机的一大应用领域,按计算机应用的分类,它属于 ( )

A. 科学计算 B. 辅助设计 C. 过程控制 D. 信息处理

55. 在下列字符中,其 ASCII 码值最小的一个是 ( )

A. 控制符 B. 9 C. A D. a

56. 已知某汉字的区位码是 1221,则其国标码是 ( )

A. 7468D B. 3630H C. 3658H D. 2C35H

57. 已知“装”字的拼音输入码是 zhuang,而“大”字的拼音输入码是 da,则存储它们的内码分别需要的字节个数是 ( )

A. 6,2 B. 3,1 C. 2,2 D. 3,2

58. 下列的英文缩写和中文名字的对照正确的是 ( )

A. URL—用户报表清单 B. CAD—计算机辅助设计

C. USB—不间断电源 D. RAM—只读存储器

59. 下列各进制的整数中,值最小的一个是 ( )

A. 十六进制数 5A B. 十进制数 121

C. 八进制数 135 D. 二进制数 1110011

60. 已知 3 个字符为:a、X 和 5,按它们的 ASCII 码值升序排序,结果是 ( )

A. 5 < a < X B. a < 5 < X C. X < a < 5 D. 5 < X < a

61. 已知某汉字的区位码是 1551,则其国标码是 ( )

A. 2F53H B. 3630H C. 3658H D. 5650H

62. 组成计算机指令的两部分是 ( )

A. 数据和字符 B. 操作码和地址码

C. 运算符和运算数 D. 运算符和运算结果

63. 1KB 的准确数值是 ( )

A. 1024Bytes B. 1000Bytes C. 1024bits D. 1000bits

64. 已知汉字“家”的区位码是 2850,则其国标码是 ( )

A. 4870D　　B. 3C52H　　C. 9CB2H　　D. A8D0H

65. 在ASCII码表中,根据码值由小到大的排列顺序是 (　　)

A. 控制符、数字符、大写英文字母、小写英文字母

B. 数字符、控制符、大写英文字母、小写英文字母

C. 控制符、数字符、小写英文字母、大写英文字母

D. 数字符、大写英文字母、小写英文字母、控制符

66. 在计算机中,每个存储单元都有一个连续的编号,此编号称为 (　　)

A. 地址　　B. 住址　　C. 位置　　D. 序号

67. 下列各系统不属于多媒体的是 (　　)

A. 文字处理系统　　B. 具有编辑和播放功能的开发系统

C. 以播放为主的教育系统　　D. 家用多媒体系统

68. 下列各存储器存取速度最快的是 (　　)

A. CD-ROM　　B. 内存储器　　C. 软盘　　D. 硬盘

69. 在微机系统中,麦克风属于 (　　)

A. 输入设备　　B. 输出设备　　C. 放大设备　　D. 播放设备

70. 设已知一个汉字的国际码是6F32,则其内码是 (　　)

A. 3EBAH　　B. FB6FH　　C. EFB2H　　D. C97CH

71. 一个汉字的内码与它的国标码之间的差是 (　　)

A. 2020H　　B. 4040H　　C. 8080H　　D. A0A0H

72. 汉字区位码分别用十进制的区号和位号表示,其区号和位号的范围分别是 (　　)

A. 0～94,0～94　　B. 1～95,1～95

C. 1～94,1～94　　D. 0～95,0～95

73. 在标准ASCII码表中,英文字母a和A的码值之差的十进制值是 (　　)

A. 20　　B. 32　　C. －20　　D. －32

74. 下列设备组中,完全属于外部设备的一组是 (　　)

A. 激光打印机、移动硬盘、鼠标器

B. CPU、键盘、显示器

C. SRAM内存条、CD-ROM驱动器、扫描仪

D. USB优盘、内存储器、硬盘

75. 把用高级程序设计语言编写的源程序翻译成目标程序(.OBJ)的程序称为 (　　)

A. 汇编程序　B. 编辑程序　C. 编译程序　D. 解释程序

76. 下列说法正确的是　（　）

A. 同一个汉字的输入码的长度随输入方法不同而不同

B. 一个汉字的机内码与它的国标码是相同的,且均为 2 字节

C. 不同汉字的机内码的长度是不相同的

D. 同一汉字用不同的输入法输入时,其机内码是不相同的

77. 下列叙述正确的是　（　）

A. 把数据从硬盘上传送到内存的操作称为输出

B. WPS Office 2013 是一个国产的系统软件

C. 扫描仪属于输出设备

D. 将高级语言编写的源程序转换成为机器语言程序的程序叫编译程

78. 下面是与地址有关的 4 条论述,其中有错误的一条是　（　）

A. 地址寄存器是用来存储地址的寄存器

B. 地址码是指令中给出源操作数地址或运算结果的目的地址的有关信息部分

C. 地址总线上既可传送地址信息,也可传送控制信息和其他信息

D. 地址总线上除传送地址信息外,不可用于传输控制信息和其他信息

79. 下列叙述正确的是　（　）

A. 所有计算机病毒只在可执行文件中传染

B. 计算机病毒可通过读写移动存储器或 Internet 络进行传播

C. 只要把带病毒优盘设置成只读状态,此盘上的病毒就不会因读盘而传染给另一台计算机

D. 计算机病毒是由于光盘表面不清洁而造成的

80. 计算机技术中,下列不是度量存储器容量的单位是　（　）

A. KB　B. MB　C. GHz　D. GB

81. 下列设备组中,完全属于计算机输出设备的一组是　（　）

A. 喷墨打印机、显示器、键盘　B. 激光打印机、键盘、鼠标器

C. 键盘、鼠标器、扫描仪　D. 打印机、绘图仪、显示器

82. 微型计算机键盘上的〈Tab〉键是　（　）

A. 退格键　B. 控制键　C. 删除键　D. 制表定位键

83. 下列各进制的整数中,值最大的一个是　（　）

A. 十六进制数 178　B. 十进制数 210

C. 八进制数 502　D. 二进制数 11111110

84. 已知 a = 00111000B 和 b = 2FH，两者比较正确的不等式是 ( )

A. a > b　　B. a = b　　C. a < b　　D. 不能比较

85. 已知某汉字的区位码是2256，则其国标码是 ( )

A. 7468D　　B. 3630H　　C. 3658H　　D. 5650H

86. 下列各类计算机程序语言中，不属于高级程序设计语言的是 ( )

A. Visual Basic　　B. FORTRAN 语言

C. Pascal 语言　　D. 汇编语言

87. 已知英文字母 m 的 ASCII 码值为 6DH，那么字母 q 的 ASCII 码值是 ( )

A. 70H　　B. 71H　　C. 72H　　D. 6FH

88. 计算机技术中，英文缩写 CPU 的中文译名是 ( )

A. 控制器　　B. 运算器　　C. 中央处理器　　D. 寄存器

89. 在下列字符中，其 ASCII 码值最小的一个是 ( )

A. 9　　B. p　　C. Z　　D. a

90. 在下列字符中，其 ASCII 码值最大的一个是 ( )

A. Z　　B. 9　　C. 控制符　　D. a

91. 已知 a = 00101010B 和 b = 40D，下列关系式成立的是 ( )

A. a > b　　B. a = b　　C. a < b　　D. 不能比较

92. 组成计算机硬件系统的基本部分是 ( )

A. CPU、键盘和显示器　　B. 主机和输入/输出设备

C. CPU 和输入/输出设备　　D. CPU、硬盘、键盘和显示器

93. 在计算机中，鼠标器属于 ( )

A. 输出设备　　B. 菜单选取设备

C. 输入设备　　D. 应用程序的控制设备

94. 在所列的软件中属于应用软件的有：①WPS Office 2013；②Windows 2008；③财务管理软件；④UNIX；⑤学籍管理系统；⑥MS-DOS；⑦Linux。 ( )

A. ①②③　　B. ①③⑤　　C. ①③⑤⑦　　D. ②④⑥⑦

95. 计算机的操作系统是 ( )

A. 计算机中使用最广的应用软件　　B. 计算机系统软件的核心

C. 微机的专用软件　　D. 微机的通用软件

96. 下列各存储器中，存取速度最快的一种是 ( )

A. Cache　　B. 动态 RAM(DRAM)

C. CD-ROM　　D. 硬盘

97. USB 1.1 和 USB 2.0 的区别之一在于传输率不同,USB 1.1 的传输率是 ( )

A. 150Kb/s B. 12Mb/s C. 480Mb/s D. 48Mb/s

98. 根据汉字国标码 GB 2312—80 的规定,将汉字分为常用汉字(一级)和次常用汉字(二级)两级汉字。一级常用汉字的排列是按 ( )

A. 偏旁部首 B. 汉语拼音字母

C. 笔画多少 D. 使用频率多少

99. 汉字国标码 GB 2312—80 把汉字分成 ( )

A. 简化字和繁体字 2 个等级

B. 一级汉字、二级汉字和三级汉字 3 个等级

C. 一级常用汉字、二级次常用汉字 2 个等级

D. 常用字、次常用字、罕见字 3 个等级

100. 一个汉字的国标码需用 ( )

A. 1 个字节 B. 2 个字节 C. 4 个字节 D. 8 个字节

101. 下列关于计算机病毒的叙述错误的是 ( )

A. 计算机病毒具有潜伏性

B. 计算机病毒具有传染性

C. 感染过计算机病毒的计算机具有对该病毒的免疫性

D. 计算机病毒是一个特殊的寄生程序

102. 假设某台式计算机的内存储器容量为 128MB,硬盘容量为 10GB。硬盘的容量是内存容量的 ( )

A. 40 倍 B. 60 倍 C. 80 倍 D. 100 倍

103. 在计算机指令中,规定其所执行操作功能的部分称为 ( )

A. 地址码 B. 源操作数 C. 操作数 D. 操作码

104. 下列叙述正确的是 ( )

A. 计算机能直接识别并执行用高级程序语言编写的程序

B. 用机器语言编写的程序可读性最差

C. 机器语言就是汇编语言

D. 高级语言的编译系统是应用程序

105. 已知 3 个字符为:a、Z 和 8,按它们的 ASCII 码值升序排序,结果是 ( )

A. 8,a,Z B. a,8,Z C. a,Z,8 D. 8,Z,a

106. 根据汉字国标 GB 2312-80 的规定,存储一个汉字的内码需用的字节个数是 ( )

A. 4　　B. 3　　C. 2　　D. 1

107. 汉字输入码可分为有重码和无重码两类,下列属于无重码类的是　（　）

A. 全拼码　　B. 自然码　　C. 区位码　　D. 简拼码

108. 下列设备中,可以作为微机输入设备的是　（　）

A. 打印机　　B. 显示器　　C. 鼠标器　　D. 绘图仪

109. 下列叙述正确的是　（　）

A. 高级程序设计语言的编译系统属于应用软件

B. 高速缓冲存储器(Cache)一般用 SRAM 来实现

C. CPU 可以直接存取硬盘中的数据

D. 存储在 ROM 中的信息断电后会全部丢失

110. 已知某汉字的区位码是 1234,则其国标码是　（　）

A. 2338D　　B. 2C42H　　C. 3254H　　D. 422CH

111. 以下列出的 6 个软件中,属于系统软件的是:①字处理软件 ②Linux ③UNIX ④学籍管理系统 ⑤Windows 2008 ⑥Office 2010　（　）

A. ①②③　　B. ②③⑤　　C. ①②③⑤　　D. 全部都不是

112. 根据汉字国标码 GB 2312—80 的规定,总计有各类符号和一级、二级汉字个数是　（　）

A. 6763 个　　B. 7445 个　　C. 3008 个　　D. 3755 个

113. 下列叙述正确的是　（　）

A. 用高级程序语言编写的程序称为源程序

B. 计算机能直接识别并执行用汇编语言编写的程序

C. 机器语言编写的程序执行效率最低

D. 高级语言编写的程序的可移植性最差

114. 在标准 ASCII 编码表中,数字码、小写英文字母和大写英文字母的前后次序是　（　）

A. 数字、小写英文字母、大写英文字母

B. 小写英文字母、大写英文字母、数字

C. 数字、大写英文字母、小写英文字母

D. 大写英文字母、小写英文字母、数字

115. 在标准 ASCII 码表中,英文字母 A 的十进制码值是 65,英文字母 a 的十进制码值是　（　）

A. 95　　B. 96　　C. 97　　D. 91

116. 能直接与 CPU 交换信息的存储器是 （ ）

A. 硬盘存储器 B. CD-ROM C. 内存储器 D. 软盘存储器

117. 下列关于随机存取存储器(RAM)的叙述正确的是 （ ）

A. RAM 分静态 RAM(SRAM)和动态 RAM(DRAM)两大类

B. SRAM 的集成度比 DRAM 高

C. DRAM 的存取速度比 SRAM 快

D. DRAM 中存储的数据无须刷新

118. 操作系统是计算机的软件系统中 （ ）

A. 最常用的应用软件 B. 最核心的系统软件

C. 最通用的专用软件 D. 最流行的通用软件

119. CD-ROM 是 （ ）

A. 大容量可读可写外存储器 B. 大容量只读外部存储器

C. 可直接与 CPU 交换数据的存储器 D. 只读内部存储器

120. 多媒体信息不包括 （ ）

A. 音频、视频 B. 声卡、光盘 C. 影像、动画 D. 文字、图形

121. 计算机的硬件主要包括:中央处理器(CPU)、存储器、输出设备和 （ ）

A. 键盘 B. 鼠标 C. 输入设备 D. 显示器

122. CPU 的指令系统又称为 （ ）

A. 汇编语言 B. 机器语言 C. 程序设计语言 D. 符号语言

123. 下列说法正确的是 （ ）

A. 硬盘的容量远大于内存的容量 B. 硬盘的盘片是可以随时更换的

C. 优盘的容量远大于硬盘的容量 D. 硬盘安装在机箱内,它是主机的组成部分

124. 计算机网络分为局域网、城域网和广域网,下列属于局域网的是 （ ）

A. ChinaDDN 网 B. Novell 网 C. Chinanet 网 D. Internet

125. 用于汉字信息处理系统之间或者与通信系统之间进行信息交换的汉字代码是 （ ）

A. 国标码 B. 存储码 C. 机外码 D. 字形码

126. 一个完整的计算机软件应包含 （ ）

A. 系统软件和应用软件 B. 编辑软件和应用软件

C. 数据库软件和工具软件 D. 程序、相应数据和文档

127. 以下表示随机存储器的是 （ ）

A. RAM B. ROM C. FLOPPY D. CD-ROM

128. 并行端口常用于连接 ( )

A. 键盘 B. 鼠标器 C. 打印机 D. 显示器

129. 全拼或简拼汉字输入法的编码属于 ( )

A. 音码 B. 形声码 C. 区位码 D. 形码

130. 为了防治计算机病毒,应采取的正确措施之一是 ( )

A. 每天都要对硬盘和软盘进行格式化 B. 必须备有常用的杀毒软件

C. 不用任何磁盘 D. 不用任何软件

131. UPS 的中文译名是 ( )

A. 稳压电源 B. 不间断电源 C. 高能电源 D. 调压电源

132. 下列英文缩写和中文名字的对照错误的是 ( )

A. CPU—控制程序部件 B. ALU—算术逻辑部件

C. CU—控制部件 D. OS—操作系统

133. 自然码汉字输入法的编码属于 ( )

A. 音码 B. 音形码 C. 区位码 D. 形码

134. 在标准 ASCII 码表中,已知英文字母 A 的 ASCII 码是 01000001,则英文字母 E 的 ASCII 码是 ( )

A. 01000011 B. 01000100 C. 01000101 D. 01000010

135. 组成 CPU 的主要部件是 ( )

A. 运算器和控制器 B. 运算器和存储器

C. 控制器和寄存器 D. 运算器和寄存器

136. 在微机中,1GB 等于 ( )

A. 1024 × 1024 Bytes B. 1024 KB

C. 1024 MB D. 1000 MB

137. 下列关于显示器的叙述正确的是 ( )

A. 显示器是输入设备 B. 显示器是输入/输出设备

C. 显示器是输出设备 D. 显示器是存储设备

138. 对 CD-ROM 可以进行的操作是 ( )

A. 读或写 B. 只能读不能写

C. 只能写不能读 D. 能存不能取

139. 下列各组软件中,完全属于应用软件的一组是 ( )

A. UNIX、WPS Office 2013、MS-DOS

B. AutoCAD、Photoshop、PowerPoint 2010

C. Oracle、FORTRAN 编译系统、系统诊断程序

D. 物流管理程序、Sybase、Windows 2008

140. 下列关于计算机病毒的 4 条叙述有错误的是 （ ）

A. 计算机病毒是一个标记或一个命令

B. 计算机病毒是人为制造的一种程序

C. 计算机病毒是一种通过磁盘、网络等媒介传播、扩散,并能传染其他程序的程序

D. 计算机病毒是能够实现自身复制,并借助一定的媒体存在的具有潜伏性、传染性和破坏性的程序

141. 用来控制、指挥和协调计算机各部件工作的是 （ ）

A. 运算器 B. 鼠标器 C. 控制器 D. 存储器

142. 在微机的硬件设备中,有一种设备在程序设计中既可以当作输出设备,又可以当作输入设备,这种设备是 （ ）

A. 绘图仪 B. 扫描仪 C. 手写笔 D. 硬盘

143. 通常所说的微型机主机是指 （ ）

A. CPU 和内存 B. CPU 和硬盘

C. CPU、内存和硬盘D. CPU、内存与 CD-ROM

144. 下列叙述错误的是 （ ）

A. 硬盘在主机箱内,它是主机的组成部分

B. 硬盘属于外部设备

C. 硬盘驱动器既可做输入设备又可做输出设备

D. 硬盘与 CPU 之间不能直接交换数据

145. 以下设备中不是计算机输出设备的是 （ ）

A. 打印机 B. 鼠标 C. 显示器 D. 绘图仪

146. 下列计算机技术词汇的英文缩写和中文名字对照错误的是 （ ）

A. CPU—中央处理器 B. ALU—算术逻辑部件

C. CU—控制部件 D. OS—输出服务

147. 多媒体技术的主要特点是 （ ）

A. 实时性和信息量大 B. 集成性和交互性

C. 实时性和分布性 D. 分布性和交互性

148. SRAM 指的是 （ ）

A. 静态随机存储器 B. 静态只读存储器

C. 动态随机存储器 D. 动态只读存储器

149. 王码五笔字型输入法属于 ( )

A. 音码输入法　　B. 形码输入法

C. 音形结合的输入法　　D. 联想输入法

150. 在计算机中,信息的最小单位是 ( )

A. bit　B. Byte　C. Word　D. Double Word

151. 计算机操作系统是 ( )

A. 一种使计算机便于操作的硬件设备

B. 计算机的操作规范

C. 计算机系统中必不可少的系统软件

D. 对源程序进行编辑和编译的软件

152. DVD-ROM 属于 ( )

A. 大容量可读可写外存储器　　B. 大容量只读外部存储器

C. CPU 可直接存取的存储器　　D. 只读内存储器

153. 多媒体计算机是指 ( )

A. 必须与家用电器连接使用的计算机

B. 能处理多种媒体信息的计算机

C. 安装有多种软件的计算机

D. 能玩游戏的计算机

154. Cache 的中文译名是 ( )

A. 缓冲器　　B. 只读存储器

C. 高速缓冲存储器　　D. 可编程只读存储器

155. 汉字国标码 GB 2312—80 把汉字分成两个等级。其中一级常用汉字的排列顺序是按 ( )

A. 汉语拼音字母顺序　　B. 偏旁部首

C. 笔划多少　　D. 以上都不对

156. 下列说法正确的是 ( )

A. 计算机冷启动和热启动都要进行系统自检

B. 计算机冷启动要进行系统自检,而热启动不要进行系统自检

C. 计算机热启动要进行系统自检,而冷启动不要进行系统自检

D. 计算机冷启动和热启动都不要进行系统自检

157. 计算机软件分系统软件和应用软件两大类,系统软件的核心是 ( )

A. 数据库管理系统　　B. 操作系统

C. 程序语言系统　　D. 财务管理系统

158. 显示或打印汉字时,系统使用的是汉字的　　(　　)

A. 机内码　　B. 字形码　　C. 输入码　　D. 国标码

159. 既可作为输入设备又可作为输出设备的是　　(　　)

A. 扫描仪　　B. 绘图仪　　C. 鼠标器　　D. 磁盘驱动器

160. 下列4种设备中,属于计算机输入设备的是　　(　　)

A. UPS　　B. 服务器　　C. 绘图仪　　D. 扫描仪

161. 域名 MH. BIT. EDU. CN 中主机名是　　(　　)

A. MH　　B. EDU　　C. CN　　D. BIT

162. TCP 协议的主要功能是　　(　　)

A. 对数据进行分组　　B. 确保数据的可靠传输

C. 确定数据传输路径　　D. 提高数据传输速度

163. 下列软件中,属于应用软件的是　　(　　)

A. Windows 7　　B. PowerPoint 2010

C. UNIX　　D. Linux

164. 下列的英文缩写和中文名字的对照错误的是　　(　　)

A. URL—统一资源定位器　　B. ISP—因特网服务提供商

C. ISDN—综合业务数字网　　D. ROM—随机存取存储器

165. 微型计算机使用的键盘上的〈Backspace〉键称为　　(　　)

A. 控制键　　B. 上档键　　C. 退格键　　D. 功能键

166. 用户在 ISP 注册拨号入网后,其电子邮箱建在　　(　　)

A. 用户的计算机上　　B. 发件人的计算机上

C. ISP 的邮件服务器上　　D. 收件人的计算机上

167. CPU 的中文名称是　　(　　)

A. 控制器　　B. 不间断电源　　C. 算术逻辑部件　　D. 中央处理器

168. 下列存储器存取周期最短的是　　(　　)

A. 硬盘存储器　　B. CD-ROM　　C. DRAM　　D. SRAM

169. 下列软件属于应用软件的是　　(　　)

A. Windows 7　　B. UNIX　　C. Linux　　D. WPS Office 2013

170. 根据域名代码规定,表示教育机构网站的域名代码是　　(　　)

A. net　　B. com　　C. edu　　D. org

171. 用高级程序设计语言编写的程序,要转换成等价的可执行程序,必须经过 ( )

A. 汇编　　B. 编辑　　C. 解释　　D. 编译和连接

172. 计算机在工作中尚未进行存盘操作,如果突然断电,则计算机哪部分信息全部丢失,再次通电后也不能完全恢复 ( )

A. ROM 与 RAM 中的信息　　B. RAM 中的信息

C. ROM 中的信息　　D. 硬盘中的信息

173. 当前流行的移动硬盘或优盘进行读/写利用的计算机接口是 ( )

A. 串行接口　　B. 平行接口　　C. USB　　D. UBS

174. 假设某台式计算机的内存储器容量为256MB,硬盘容量为20GB。硬盘的容量是内存容量的 ( )

A. 40 倍　　B. 60 倍　　C. 80 倍　　D. 100 倍

175. 下列叙述正确的是 ( )

A. C + +是高级程序设计语言的一种

B. 用C + +程序设计语言编写的程序可以直接在机器上运行

C. 当代最先进的计算机可以直接识别、执行任何语言编写的程序

D. 机器语言和汇编语言是同一种语言的不同名称

176. 计算机操作系统通常具有的5大功能是 ( )

A. CPU 的管理、显示器管理、键盘管理、打印机管理和鼠标器管理

B. 硬盘管理、软盘驱动器管理、CPU 的管理、显示器管理和键盘管理

C. CPU 的管理、存储管理、文件管理、设备管理和作业管理

D. 启动、打印、显示、文件存取和关机

177. 计算机主要技术指标通常是指 ( )

A. 所配备的系统软件的版本

B. CPU 的时钟频率和运算速度、字长、存储容量

C. 显示器的分辨率、打印机的配置

D. 硬盘容量的大小

178. 操作系统中的文件管理系统为用户提供的功能是 ( )

A. 按文件作者存取文件　　B. 按文件名管理文件

C. 按文件创建日期存取文件　　D. 按文件大小存取文件

179. 操作系统的主要功能是 ( )

A. 对用户的数据文件进行管理,为用户管理文件提供方便

B. 对计算机的所有资源进行统一控制和管理,为用户使用计算机提供方便

C. 对源程序进行编译和运行

D. 对汇编语言程序进行翻译

180. 鼠标器是当前计算机中常用的 ( )

A. 控制设备 B. 输入设备 C. 输出设备 D. 浏览设备

181. 组成微型计算机主机的硬件除 CPU 外,还有 ( )

A. RAM B. RAM、ROM 和硬盘

C. RAM 和 ROM D. 硬盘和显示器

182. 下列叙述正确的是 ( )

A. Word 文档不会带计算机病毒

B. 计算机病毒具有自我复制的能力,能迅速扩散到其他程序上

C. 清除计算机病毒的最简单办法是删除所有感染了病毒的文件

D. 计算机杀病毒软件可以查出和清除任何已知或未知的病毒

183. 度量处理器 CPU 时钟频率的单位是 ( )

A. MIPS B. MB C. MHz D. Mbps

184. 下列不属于计算机病毒特征的是 ( )

A. 破坏性 B. 潜伏性 C. 传染性 D. 免疫性

185. 下列度量单位,用来度量计算机内存空间大小的是 ( )

A. Mb/s B. MIPS C. GHz D. MB

186. 下列度量单位,用来度量计算机外部设备传输率的是 ( )

A. Mb/s B. MIPS C. GHz D. MB

187. 操作系统管理用户数据的单位是 ( )

A. 扇区 B. 文件 C. 磁道 D. 文件夹

188. 下列说法错误的是 ( )

A. 硬盘驱动器和盘片是密封在一起的,不能随意更换盘片

B. 硬盘可以是多张盘片组成的盘片组

C. 硬盘的技术指标除容量外,另一个是转速

D. 硬盘安装在机箱内,属于主机的组成部分

189. 当用各种清病毒软件都不能清除软盘上的系统病毒时,则应对此软盘 ( )

A. 丢弃不用 B. 删除所有文件

C. 重新格式化 D. 删除 command. com

190. 把内存中的数据保存到硬盘上的操作称为 ( )

A. 显示　　B. 写盘　　C. 输入　　D. 读盘

191. 根据汉字国标 GB 2312—80 的规定,二级次常用汉字个数是 (　　)

A. 3000 个　　B. 7445 个　　C. 3008 个　　D. 3755 个

192. 操作系统是计算机系统中的 (　　)

A. 主要硬件　　B. 系统软件　　C. 工具软件　　D. 应用软件

193. 根据汉字国标 GB 2312—80 的规定,一个汉字的内码码长为 (　　)

A. 8bits　　B. 12bits　　C. 16bits　　D. 24bits

194. 下列不属于显示器主要技术指标的是 (　　)

A. 分辨率　　B. 重量　　C. 像素的点距　　D. 显示器的尺寸

195. 下列关于计算机病毒的叙述正确的是 (　　)

A. 计算机病毒只感染. exe 或. com 文件

B. 计算机病毒可通过读写移动存储设备或通过 Internet 进行传播

C. 计算机病毒是通过电网进行传播的

D. 计算机病毒是由于程序中的逻辑错误造成的

196. 下列关于 USB 优盘的描述错误的是 (　　)

A. 优盘有基本型、增强型和加密型三种

B. 优盘的特点是重量轻、体积小

C. 优盘多固定在机箱内,不便携带

D. 断电后,优盘还能保持存储的数据不丢失

197. ROM 中的信息是 (　　)

A. 由生产厂家预先写入的

B. 在安装系统时写入的

C. 根据用户需求不同,由用户随时写入的

D. 由程序临时存入的

198. 计算机系统软件中最核心的是 (　　)

A. 语言处理系统　　B. 操作系统

C. 数据库管理系统　　D. 诊断程序

199. 下列软件不是操作系统的是 (　　)

A. Linux　　B. UNIX　　C. MS DOS　　D. MS Office

200. 目前流行的 Pentium(奔腾)微机的字长是 (　　)

A. 8 位　　B. 16 位　　C. 32 位　　D. 64 位

201. 按操作系统的分类,UNIX 操作系统是 (　　)

A. 批处理操作系统　　B. 实时操作系统

C. 分时操作系统　　D. 单用户操作系统

202. 随机存储器中,有一种存储器需要周期性的补充电荷以保证所存储信息的正确,它称为　　（　）

A. 静态 RAM(SRAM)　　B. 动态 RAM(DRAM)

C. RAM　　D. Cache

203. 下列各组软件中,全部属于系统软件的一组是　　（　）

A. 程序语言处理程序、操作系统、数据库管理系统

B. 文字处理程序、编辑程序、操作系统

C. 财务处理软件、金融软件、网络系统

D. WPS Office、Excel、Windows

204. 运算器的主要功能是进行　　（　）

A. 算术运算　　B. 逻辑运算　　C. 加法运算　　D. 算术和逻辑运算

205. 下列软件属于系统软件的是　　（　）

A. C + +编译程序　　B. Excel 2010

C. 学籍管理系统　　D. 财务管理系统

206. 在现代的 CPU 芯片中又集成了高速缓冲存储器(Cache),其作用是　　（　）

A. 扩大内存储器的容量

B. 解决 CPU 与 RAM 之间的速度不匹配问题

C. 解决 CPU 与打印机的速度不匹配问题

D. 保存当前的状态信息

207. 在计算机网络中,英文缩写 WAN 的中文名是　　（　）

A. 局域网　　B. 无线网　　C. 广域网　　D. 城域网

208. CPU 主要性能指标是　　（　）

A. 字长和时钟主频　　B. 可靠性

C. 耗电量和效率　　D. 发热量和冷却效率

209. 下列属于数据通信系统的主要技术指标之一的是　　（　）

A. 误码率　　B. 重码率　　C. 分辨率　　D. 频率

210. 计算机病毒除通过读写或复制移动存储器上带病毒的文件传染外,另一条主要的传染途径是　　（　）

A. 网络　　B. 电源电缆　　C. 键盘　　D. 输入有逻辑错误的程序

211. 目前,打印质量最好的打印机是　　（　）

A. 针式打印机　B. 点阵打印机　C. 喷墨打印机　D. 激光打印机

212. 根据汉字国标 GB 2312—80 的规定,1KB 存储容量可以存储汉字的内码个数是　(　)

A. 1024　B. 512　C. 256　D. 约 341

213. 把硬盘上的数据传送到计算机内存中去的操作称为　(　)

A. 读盘　B. 写盘　C. 输出　D. 存盘

214. 随着 Internet 的发展,越来越多的计算机感染病毒的可能途径之一是　(　)

A. 从键盘上输入数据

B. 通过电源线

C. 所使用的光盘表面不清洁

D. 通过 Internet 的 E-mail,在电子邮件的信息中

215. 计算机网络最突出的优点是　(　)

A. 精度高　B. 共享资源　C. 运算速度快　D. 容量大

216. 下列度量单位中,用来度量计算机运算速度的是　(　)

A. Mb/s　B. MIPS　C. GHz　D. MB

217. 显示器的什么指标越高,显示的图像越清晰　(　)

A. 对比度　B. 亮度　C. 对比度和亮度　D. 分辨率

218. 组成微型机主机的部件是　(　)

A. CPU、内存和硬盘　B. CPU、内存、显示器和键盘

C. CPU 和内存　D. CPU、内存、硬盘、显示器和键盘

219. 〈Caps Lock〉键的功能是　(　)

A. 暂停　B. 大小写锁定　C. 上档键　D. 数字/光标控制转换

220. KB(千字节)是度量存储器容量大小的常用单位之一,1KB 等于　(　)

A. 1000 个字节　B. 1024 个字节　C. 1000 个二进制位　D. 1024 个字

221. 计算机存储器中,组成一个字节的二进制位数是　(　)

A. 4bits　B. 8bits　C. 16bits　D. 32bits

222. 目前,在市场上销售的微型计算机中,标准配置的输入设备是　(　)

A. 键盘 + CD-ROM 驱动器　B. 鼠标器 + 键盘

C. 显示器 + 键盘　D. 键盘 + 扫描仪

223. 下列叙述正确的是　(　)

A. 内存中存放的是当前正在执行的应用程序和所需的数据

B. 内存中存放的是当前暂时不用的程序和数据

C. 外存中存放的是当前正在执行的程序和所需的数据

D. 内存中只能存放指令

224. 下列用户 XUEJY 的电子邮件地址正确的是 ( )

A. XUEJY @ bj163. com　　B. XUEJY&bj163. com

C. XUEJY#bj163. com　　D. XUEJY@ bj163. com

225. 一台微机性能的好坏主要取决于 ( )

A. 内存储器的容量大小　　B. CPU 的性能

C. 显示器的分辨率高低　　D. 硬盘的容量

226. Internet 提供的最常用、便捷的通信服务是 ( )

A. 文件传输(FTP)　　B. 远程登录(Telnet)

C. 电子邮件(E-mail)　　D. 万维网(WWW)

227. 正确的 IP 地址是 ( )

A. 202.112.111.1　　B. 202.2.2.2.2

C. 202.202.1　　D. 202.257.14.13

228. 通常用 GB、KB、MB 表示存储器容量,三者之间最大的是 ( )

A. GB　　B. KB　　C. MB　　D. 三者一样大

229. Pentium 4/1.7G 中的 1.7G 表示 ( )

A. CPU 的运算速度为 1.7GMIPS　　B. CPU 为 Pentium4 的 1.7GB 系列

C. CPU 的时钟主频为 1.7GHz　　D. CPU 与内存间的数据交换频率是 1.7GB/S

230. 影响一台计算机性能的关键部件是 ( )

A. CD-ROM　　B. 硬盘　　C. CPU　　D. 显示器

231. Modem 是计算机通过电话线接入 Internet 时所必需的硬件,它的功能是 ( )

A. 只将数字信号转换为模拟信号　　B. 只将模拟信号转换为数字信号

C. 为了在上网的同时能打电话　　D. 将模拟信号和数字信号互相转换

232. 目前,PC 中所采用的主要功能部件(如 CPU)是 ( )

A. 小规模集成电路　　B. 大规模集成电路

C. 晶体管　　D. 光器件

233. 将高级语言编写的程序翻译成机器语言程序,采用的两种翻译方式是 ( )

A. 编译和解释　　B. 编译和汇编

C. 编译和连接　　D. 解释和汇编

234. 用高级程序设计语言编写的程序称为源程序,它 ( )

A. 只能在专门的机器上运行　　B. 无须编译或解释,可直接在机器上运行

C. 可读性不好　　D. 具有良好的可读性和可移植性

235. 字长是CPU的主要性能指标之一,它表示 （ ）

A. CPU一次能处理二进制数据的位数　B. 最长的十进制整数的位数

C. 最大的有效数字位数　D. 计算结果的有效数字长度

236. 下列叙述正确的是 （ ）

A. CPU能直接读取硬盘上的数据

B. CPU能直接存取内存储器

C. CPU由存储器、运算器和控制器组成

D. CPU主要用来存储程序和数据

237. 目前市售的USB Flash Disk(俗称优盘)是一种 （ ）

A. 输出设备　B. 输入设备　C. 存储设备　D. 显示设备

238. 在计算机中,条码阅读器属于 （ ）

A. 输入设备　B. 存储设备　C. 输出设备　D. 计算设备

239. 下列关于磁道的说法正确的是 （ ）

A. 盘面上的磁道是一组同心圆

B. 由于每一磁道的周长不同,所以每一磁道的存储容量也不同

C. 盘面上的磁道是一条阿基米德螺线

D. 磁道的编号是最内圈为0,并按次序由内向外逐渐增大,最外圈的编号最大

240. 下列关于CPU的叙述正确的是 （ ）

A. CPU能直接读取硬盘上的数据

B. CPU能直接与内存储器交换数据

C. CPU主要组成部分是存储器和控制器

D. CPU主要用来执行算术运算

241. 计算机的内存储器与外存储器相比较 （ ）

A. 内存储器比外存储器容量小,但存取速度快,价格便宜

B. 内存储器比外存储器容量大,但存取速度慢,价格昂贵

C. 内存储器比外存储器容量小,价格昂贵,但存取速度快

D. 内存储器存取速度慢,价格昂贵,而且没有外存储器的容量大

242. 下列关于ROM的叙述错误的是 （ ）

A. ROM中的信息只能被CPU读取

B. ROM主要用来存放计算机系统的程序和数据

C. 我们不能随时对ROM改写

D. ROM一旦断电信息就会丢失

243. 对计算机病毒的防治也应以预防为主。下列各项措施错误的是 ( )

A. 将重要数据文件及时备份到移动存储设备上

B. 用杀毒软件定期检查计算机

C. 不要随便打开/阅读身份不明的发件人发来的电子邮件

D. 在硬盘中再备份一份

244. 下列关于电子邮件的说法正确的是 ( )

A. 收件人必须有E-mail地址,发件人可以没有E-mail地址

B. 发件人必须有E-mail地址,收件人可以没有E-mail地址

C. 发件人和收件人都必须有E-mail地址

D. 发件人必须知道收件人住址的邮政编码

245. 关于键盘操作,以下叙述正确的是 ( )

A. 按住〈Shift〉键,再按A键必然输入大写字母A

B. 功能键〈F1〉、〈F2〉等的功能对不同的软件是相同的

C. 〈End〉键的功能是将光标移至屏幕最右端

D. 键盘上的〈Ctrl〉键是控制键,它总是与其他键配合使用

246. 下列叙述错误的是 ( )

A. 移动硬盘的容量比优盘的容量大

B. 移动硬盘和优盘均有重量轻、体积小的特点

C. 闪存(Flash Memory)的特点是断电后还能保持存储的数据不丢失

D. 移动硬盘和硬盘都不易携带

247. 当计算机病毒发作时,主要造成的破坏是 ( )

A. 对磁盘片的物理损坏

B. 对磁盘驱动器的损坏

C. 对CPU的损坏

D. 对存储在硬盘上的程序、数据甚至系统的破坏

248. WPS和Word等文字处理软件属于 ( )

A. 管理软件　　B. 网络软件　　C. 应用软件　　D. 系统软件

249. 下列设备组中,完全属于输入设备的一组是 ( )

A. CD-ROM驱动器、键盘、显示器　　B. 绘图仪、键盘、鼠标器

C. 键盘、鼠标器、扫描仪　　D. 打印机、硬盘、条码阅读器

250. 用高级程序设计语言编写的程序 ( )

A. 计算机能直接执行　　B. 可读性和可移植性好
C. 可读性差但执行效率高　　D. 依赖于具体机器，不可移植

251. 假设某台计算机的内存容量为256MB，硬盘容量为40GB。硬盘容量是内存容量的　　(　　)
A. 80倍　　B. 100倍　　C. 120倍　　D. 160倍

252. 下列关于随机存取存储器(RAM)的叙述正确的是　　(　　)
A. 静态RAM(SRAM)集成度低，但存取速度快且无须刷新
B. DRAM的集成度高且成本高，常做Cache用
C. DRAM的存取速度比SRAM快
D. DRAM中存储的数据断电后不会丢失

253. 下列度量单位，用来度量CPU的时钟主频的是　　(　　)
A. Mb/s　　B. MIPS　　C. GHz　　D. MB

254. 用GHz来衡量计算机的性能，它指的是计算机的　　(　　)
A. CPU时钟主频　　B. 存储器容量　　C. 字长　　D. CPU运算速度

255. 操作系统对磁盘进行读/写操作的单位是　　(　　)
A. 磁道　　B. 字节　　C. 扇区　　D. KB

256. 下列关于多媒体系统的描述不正确的是　　(　　)
A. 多媒体系统一般是一种多任务系统
B. 多媒体系统是对文字、图像、声音、活动图像及其资源进行管理的系统
C. 多媒体系统只能在微型计算机上运行
D. 数字压缩是多媒体处理的关键技术

257. 计算机能直接识别的语言是　　(　　)
A. 高级程序语言　　B. 机器语言　　C. 汇编语言　　D. C++语言

258. CPU主要技术性能指标有　　(　　)
A. 字长、运算速度和时钟主频　　B. 可靠性和精度
C. 耗电量和效率　　D. 冷却效率

259. 下列设备组中，完全属于外部设备的一组是　　(　　)
A. CD-ROM驱动器、CPU、键盘、显示器
B. 激光打印机、键盘、CD-ROM驱动器、鼠标器
C. 内存储器、CD-ROM驱动器、扫描仪、显示器
D. 打印机、CPU、内存储器、硬盘

260. 电话拨号连接是计算机个人用户常用的接入因特网的方式，称为非对称数字用

户线的接入技术的英文缩写是 ( )

A. ADSL B. ISDN C. ISP D. TCP

261. 以下正确的电子邮箱地址的格式是 ( )

A. wang. 163. com B. wang@ 163. com

C. wang#163. com D. www. wang. 163. com

262. 把存储在硬盘上的程序传送到指定的内存区域中,这种操作称为 ( )

A. 输出 B. 写盘 C. 输入 D. 读盘

263. 为了提高软件开发效率,开发软件时应尽量采用 ( )

A. 汇编语言 B. 机器语言 C. 指令系统 D. 高级语言

264. 下列关于 USB 的叙述错误的是 ( )

A. USB 接口的尺寸比并行接口大得多

B. USB 2.0 的数据传输率大大高于 USB 1.1

C. USB 具有热插拔与即插即用的功能

D. 在 Windows 2000 中,使用 USB 接口连接的外部设备(如移动硬盘、U 盘等)不需要驱动程序

265. 在计算机领域中通常用 MIPS 来描述 ( )

A. 计算机的运算速度 B. 计算机的可靠性

C. 计算机的可运行性 D. 计算机的可扩充性

266. 显示器的主要技术指标之一是 ( )

A. 分辨率 B. 亮度 C. 彩色 D. 对比度

267. 电子邮件地址用来分隔主机域名和用户名的符号是 ( )

A. @ B. a C. ! D. #

268. 下列关于 CD-R 光盘的描述错误的是 ( )

A. 只能写入一次,可以反复读出的一次性写入光盘

B. 可多次擦除型光盘

C. 以用来存储大量用户数据的一次性写入的光盘

D. CD-R 是 Compact Disc Recordable 的缩写

269. 对于微机用户来说,为了防止计算机意外故障而丢失重要数据,对重要数据应定期进行备份。下列移动存储器中,最不常用的一种是 ( )

A. 软盘 B. USB 移动硬盘 C. USB 优盘 D. 磁带

270. 一个汉字的机内码与国标码之间的差别是 ( )

A. 前者各字节的最高位二进制值各为 1,而后者为 0

B. 前者各字节的最高位二进制值各为0,而后者为1

C. 前者各字节的最高位二进制值各为1、0,而后者为0、1

D. 前者各字节的最高位二进制值各为0、1,而后者为1、0

271. 下列叙述错误的是 ( )

A. 把数据从内存传输到硬盘叫写盘

B. WPS Office 2013 属于系统软件

C. 把源程序转换为机器语言的目标程序的过程叫编译

D. 在计算机内部,数据的传输、存储和处理都使用二进制编码

272. 英文缩写 ROM 的中文译名是 ( )

A. 高速缓冲存储器　　B. 只读存储器

C. 随机存取存储器　　D. 优盘

273. 当电源关闭后,下列关于存储器的说法正确的是 ( )

A. 存储在 RAM 中的数据不会丢失　　B. 存储在 ROM 中的数据不会丢失

C. 存储在软盘中的数据会全部丢失　　D. 存储在硬盘中的数据会丢失

274. 在计算机网络中,英文缩写 LAN 的中文名是 ( )

A. 局域网　　B. 城域网　　C. 广域网　　D. 无线网

275. 下列叙述正确的是 ( )

A. Cache 一般由 DRAM 构成　　B. 汉字的机内码就是它的国标码

C. 数据库管理系统 Oracle 是系统软件　　D. 指令由控制码和操作码组成

276. 在下列网络的传输介质中,抗干扰能力最好的一个是 ( )

A. 光缆　　B. 同轴电缆　　C. 双绞线　　D. 电话线

277. 为了用 ISDN 技术实现电话拨号方式接入 Internet,除了要具备一条直拨外线和一台性能合适的计算机外,另一个关键硬件设备是 ( )

A. 网卡　　B. 集线器

C. 服务器　　D. 内置或外置调制解调器(Modem)

278. 计算机技术中,下列度量存储器容量的单位最大的是 ( )

A. KB　　B. MB　　C. Byte　　D. GB

279. 计算机感染病毒的可能途径之一是 ( )

A. 从键盘上输入数据

B. 随意运行外来的、未经反病毒软件严格审查的优盘上的软件

C. 所使用的光盘表面不清洁

D. 电源不稳定

280. 在CD光盘上标记有CD-RW字样,此标记表明这光盘 （ ）
A. 只能写入一次,可以反复读出的一次性写入光盘
B. 可多次擦除型光盘
C. 只能读出,不能写入的只读光盘
D. RW是Read and Write的缩写
281. 在因特网技术中,ISP的中文全名是 （ ）
A. 因特网服务提供商(Internet Service Provider)
B. 因特网服务产品(Internet Service Product)
C. 因特网服务协议(Internet Service Protocol)
D. 因特网服务程序(Internet Service Program)
282. 下列属于计算机感染病毒迹象的是 （ ）
A. 设备有异常现象,如显示怪字符,磁盘读不出
B. 在没有操作的情况下,磁盘自动读写
C. 装入程序的时间比平时长,运行异常
D. 以上说法都是
283. 计算机的系统总线是计算机各部件间传递信息的公共通道,它分为 （ ）
A. 数据总线和控制总线　　B. 地址总线和数据总线
C. 数据总线、控制总线和地址总线　　D. 地址总线和控制总线
284. 随机存取存储器(RAM)的最大特点是 （ ）
A. 存储量极大,属于海量存储器
B. 存储在其中的信息可以永久保存
C. 一旦断电,存储在其上的信息将全部丢失,且无法恢复
D. 计算机中,只是用来存储数据的
285. 下列关于计算机病毒的认识不正确的是 （ ）
A. 计算机病毒是一种人为的破坏性程序
B. 计算机被病毒感染后,只要用杀毒软件就能清除全部的病毒
C. 计算机病毒能破坏引导系统和硬盘数据
D. 计算机病毒也能通过下载文件或电子邮件传播
286. 以下关于电子邮件的说法不正确的是 （ ）
A. 电子邮件的英文简称是E-mail
B. 加入因特网的每个用户通过申请都可以得到一个电子信箱
C. 在一台计算机上申请的电子信箱,以后只有通过这台计算机上网才能收信

D. 一个人可以申请多个电子信箱

287. 下列的英文缩写和中文名字的对照正确的是 ( )

A. WAN—广域网　　B. ISP—因特网服务程序

C. USB—不间断电源　　D. RAM—只读存储器

288. 硬盘属于 ( )

A. 内部存储器　B. 外部存储器　C. 只读存储器　D. 输出设备

289. 在计算机的硬件技术中,构成存储器的最小单位是 ( )

A. 字节(Byte)　　B. 二进制位(bit)

C. 字(WorD.　　D. 双字(Double WorD.

290. 下列度量单位,用来度量计算机网络数据传输速率(比特率)的是 ( )

A. Mb/s　B. MIPS　C. GHz　D. bps

291. 目前主要应用于银行、税务、商店等的票据打印的打印机是 ( )

A. 针式打印机　B. 点阵式打印机　C. 喷墨打印机　D. 激光打印机

292. 防止软盘感染病毒的有效方法是 ( )

A. 对软盘进行写保护　　B. 不要把软盘与病毒的软盘放在一起

C. 保持软盘的清洁　　D. 定期对软盘进行格式化

293. 写邮件时,除了发件人地址之外,另一项必须要填写的是 ( )

A. 信件内容　B. 收件人地址　C. 主题　D. 抄送

294. 下列各项中,非法的 Internet 的 IP 地址是 ( )

A. 202.96.12.14　　B. 202.196.72.140

C. 112.256.23.8　　D. 201.124.38.79

295. 计算机网络的目标是实现 ( )

A. 数据处理　　B. 文献检索

C. 资源共享和信息传输　　D. 信息传输

296. 下列关于计算机病毒的叙述错误的是 ( )

A. 反病毒软件可以查、杀任何种类的病毒

B. 计算机病毒是人为制造的、企图破坏计算机功能或计算机数据的一段小程序

C. 反病毒软件必须随着新病毒的出现而升级,提高查、杀病毒的功能

D. 计算机病毒具有传染性

297. 下列关于计算机病毒的叙述正确的是 ( )

A. 所有计算机病毒只在可执行文件中传染

B. 计算机病毒可通过读写移动硬盘或 Internet 络进行传播

C. 只要把带毒优盘设置成只读状态,盘上的病毒就不会因读盘而传染给另一台计算机

D. 清除病毒的最简单的方法是删除已感染病

298. 根据域名代码规定,GOV 代表 ( )

A. 教育机构　B. 网络支持中心　C. 商业机构　D. 政府部门

299. Internet 实现了分布在世界各地的各类网络的互联,其最基础和核心的协议是 ( )

A. HTTP　B. TCP/IP　C. HTML　D. FTP

300. 调制解调器(Modem)的作用是 ( )

A. 将数字脉冲信号转换成模拟信号

B. 将模拟信号转换成数字脉冲信号

C. 将数字脉冲信号与模拟信号互相转换

D. 为了上网与打电话两不误

301. 在因特网上,一台计算机可以作为另一台主机的远程终端,使用该主机的资源,该项服务称为 ( )

A. Telnet　B. BBS　C. FTP　D. WWW

302. 已知 A = 10111110B, B = AEH, C = 184D,关系成立的不等式是 ( )

A. A < B < C　B. B < C < A　C. B < A < C　D. C < B < A

303. 在计算机硬件技术指标中,度量存储器空间大小的基本单位是 ( )

A. 字节(Byte)　B. 二进位(bit)

C. 字(WorD.　D. 双字(Double WorD.

304. 某人的电子邮件到达时,若他的计算机没有开机,则邮件 ( )

A. 退回给发件人　B. 开机时对方重发

C. 该邮件丢失　D. 存放在服务商的 E-mail 服务器

305. 根据域名代码规定,NET 代表 ( )

A. 教育机构　B. 网络支持中心　C. 商业机构　D. 政府部门

306. 根据域名代码规定,com 代表 ( )

A. 教育机构　B. 网络支持中心　C. 商业机构　D. 政府部门

307. 调制解调器(Modem)的主要技术指标是数据传输速率,它的度量单位是 ( )

A. MIPS　B. Mbps　C. dpi　D. KB

308. 根据域名代码规定,表示政府部门网站的域名代码是 ( )

A. . net　B. . com　C. . gov　D. . org

309. 以下说法正确的是 (　　)

A. 域名服务器(DNS)中存放 Internet 主机的 IP 地址

B. 域名服务器(DNS)中存放 Internet 主机的域名

C. 域名服务器(DNS)中存放 Internet 主机域名与 IP 地址的对照表

D. 域名服务器(DNS)中存放 Internet 主机的电子邮箱的地址

310. 一台微型计算机要与局域网连接,必须安装的硬件是 (　　)

A. 集线器　　B. 网关　　C. 网卡　　D. 路由器

附录 2

全国计算机等级考试一级 MS Office 考试大纲

基本要求

1. 具有微型计算机的基础知识（包括计算机病毒的防治常识）。

2. 了解微型计算机系统的组成和各部分的功能。

3. 了解操作系统的基本功能和作用，掌握 Windows 的基本操作和应用。

4. 了解文字处理的基本知识，熟练掌握文字处理软件 Word 的基本操作和应用，熟练掌握一种汉字（键盘）输入方法。

5. 了解电子表格软件的基础知识，掌握电子表格软件 Excel 的基本操作和应用。

6. 了解多媒体演示软件的基本知识，掌握演示文稿制作软件 PowerPoint 的基本操作和应用。

7. 了解计算机网络的基本概念和因特网（Internet）的初步知识，掌握 IE 浏览器软件和 Outlook Express 软件的基本操作和使用方法。

考试内容

一、计算机基础知识

1. 计算机的发展、类型及其应用领域。

2. 计算机中数据的表示、存储与处理。

3. 多媒体技术的概念与应用。

4. 计算机病毒的概念、特征、分类与防治。

5. 计算机网络的概念、组成和分类；计算机与网络信息安全的概念和防控。

6. 因特网网络服务的概念、原理和应用。

二、操作系统的功能和应用

1. 计算机软、硬件系统的组成及主要技术指标。

2. 操作系统的基本概念、功能、组成及分类。

3. Windows 操作系统的基本概念和常用术语,文件、文件夹、库等。

4. Windows 操作系统的基本操作和应用:

(1) 桌面外观的设置,基本的网络配置。

(2) 熟练掌握资源管理器的操作与应用。

(3) 掌握文件、磁盘、显示属性的查看、设置等操作。

(4) 中文输入法的安装、删除和选用。

(5) 掌握检索文件、查询程序的方法。

(6) 了解软、硬件的基本系统工具。

三、文字处理软件的功能和使用

1. Word 的基本概念,Word 的基本功能和运行环境,Word 的启动和退出。

2. 文档的创建、打开、输入、保存等基本操作。

3. 文本的选定、插入与删除、复制与移动、查找与替换等基本编辑技术;多窗口和多文档的编辑。

4. 字体格式设置、段落格式设置、文档页面设置、文档背景设置和文档分栏等基本排版技术。

5. 表格的创建、修改;表格的修饰;表格中数据的输入与编辑;数据的排序和计算。

6. 图形和图片的插入;图形的处理和编辑;文本框、艺术字的使用和编辑。

7. 文档的保护和打印。

四、电子表格软件的功能和使用

1. 电子表格的基本概念和基本功能,Excel 的基本功能、运行环境、启动和退出。

2. 工作簿和工作表的基本概念和基本操作,工作簿和工作表的建立、保存和退出;数据输入和编辑;工作表和单元格的选定、插入、删除、复制、移动;工作表的重命名和工作表窗口的拆分和冻结。

3. 工作表的格式化,包括设置单元格格式、设置列宽和行高、设置条件格式、使用样式、自动套用模式和使用模板等。

4. 单元格绝对地址和相对地址的概念,工作表中公司的输入和复制,常用函数的使用。

5. 图表的建立、编辑和修改以及修饰。

6. 数据清单的概念,数据清单的建立,数据清单内容的排序、筛选、分类汇总,数据合并,数据透视表的建立。

7. 工作表的页面设置。打印预览和打印,工作表中连接的建立。

8. 保护和隐藏工作簿和工作表。

五、PowerPoint 的功能和使用

1. 中文 PowerPoint 的功能、运行环境、启动和退出。

2. 演示文稿的创建、打开、关闭和保存。

3. 演示文稿视图的使用,幻灯片基本操作(版式、插入、移动、复制和删除)。

4. 幻灯片基本制作(文本、图片、艺术字、形状、表格等插入及其格式化)。

5. 演示文稿主题选用与幻灯片背景设置。

6. 演示文稿放映设计(动画设计、放映方式、切换效果)。

7. 演示文稿的打包和打印。

六、因特网(Internet)的初步知识和应用

1. 了解计算机网络的基本概念和因特网的基础知识,主要包括网络硬件和软件,TCP/IP 协议的工作原理,以及网络应用中常见的概念,如域名、IP 地址、DNS 服务等。

2. 能够熟练掌握浏览器、电子邮件的使用和操作。

考试方式

1. 采用无纸化考试,上机操作。考试时间为 90 分钟。

2. 软件环境:Windows 7 操作系统,Microsoft Office 2010 办公软件。

3. 在指定时间内,完成下列各项操作:

(1) 选择题(计算机基础知识和网络的基本知识)。(20 分)

(2) Windows 操作系统的使用。(10 分)

(3) Word 操作。(25 分)

(4) Excel 操作。(20 分)

(5) PowerPoint 操作。(15 分)

(6) 浏览器(IE)的简单使用和电子邮件收发。(10 分)

参考答案

习题一

一、选择题

1. B 2. D 3. A 4. B 5. D 6. A 7. B 8. C 9. A 10. D 11. C 12. A 13. A 14. B 15. D 16. B 17. B 18. B 19. C 20. C 21. D 22. D

二、填空题

1. 数据总线 地址总线 控制总线 2. Cache 3. 软件 4. ROM 5. CPU 6. 69 7. 机器语言 8. 1200 9. 101 65

三、简答题

(略)

习题二

一、选择题

1. A 2. B 3. C 4. A 5. D 6. A 7. C 8. D 9. C 10. B 11. C 12. D 13. C 14. D 15. D 16. A 17. B 18. A 19. D 20. A 21. D 22. B 23. D 24. A 25. C 26. C 27. B 28. C 29. C

二、填空题

1. 右键 2. 硬盘 3. 〈Ctrl〉+〈C〉 4. 属性 5. 查看 6. 添加或删除程序 7. 工具 8. 控制面板 9. 打印机和传真 10. 设备管理器 添加硬件向导

三、简答题

(略)

习题三

一、选择题

1. A 2. C 3. B 4. B 5. C 6. D 7. C 8. A 9. B 10. B,D 11. A 12. D 13. B

二、多选题

1. ABCD 2. CDF 3. BF 4. DEF

三、填空题

1. "另存为" 2. 通知 3. 纯文本 4. 〈Backspace〉,〈Delete〉 5. 〈Enter〉 6. "关闭组" 7. 段落

内,选定这些段落 **8**. 正文区,纸张边缘 **9**. “插入”,“文件”;“插入”,“图片”

习题四

一、单选题

1. B **2**. B **3**. B **4**. C **5**. A **6**. C **7**. C **8**. D **9**. (1) C (2) C

二、多选题

1. BCAD **2**. DE **3**. ABCD

三、填空题

1. 3,65536,256,32000 **2**. 34.0,34.57 **3**. ROUND(SQRT(A1 * A1 + A2 * A2),3) **4**. “学习 Excel”,# Value! **5**. =B3 - $B $4 - D2 **6**. =B $1 * $A2 **7**. 条件区域如下:

(1)

成绩	性别
=80	男

(2)

班号	性别
12	男
13	男

(3)

成绩	成绩	班号	性别
>=60	<=80	12	女

(4)

姓名	性别
林 *	女

8. 18 **9**. 15 **10**. (1) 应用 (2) 计算 (3) 11 (4) 基础

习题五

一、单选题

1. C **2**. C **3**. A **4**. A **5**. B **6**. C **7**. D **8**. B **9**. D **10**. C **11**. D

二、填空题

1. 演示文稿 1 **2**. 幻灯片,大纲,备注 **3**. “插入” **4**. 〈Esc〉 **5**. 幻灯片

习题六

一、选择题

1. B **2**. B **3**. C **4**. A **5**. C **6**. B **7**. B **8**. D **9**. D **10**. D

二、填空题

1. 将分散的多台计算机、终端和外部设备用通信线路互联起来,彼此间实现互相通信,且计算机的硬件、软件和数据资源被共同使用,实现资源共享的整个系统 **2**. 局域网 广域网 城域网 **3**. TCP/IP **4**. 网路硬件 网络软件 **5**. 结构简单、建网容易、控制相对简单 属于集中控制、主机负载过重、可靠性低、通信线路利用率低

三、简答题

(略)

附录 1 全国计算机等级考试一级 MS Office 选择题

1. A **2**. A **3**. B **4**. C **5**. C **6**. A **7**. A **8**. D **9**. C **10**. A **11**. C **12**. D **13**. B **14**. C **15**. B **16**. D **17**. D **18**. C **19**. B **20**. B **21**. C **22**. D **23**. A **24**. B **25**. D **26**. B **27**. C **28**. C **29**. B **30**. D **31**. B **32**. A **33**. B **34**. D **35**. D **36**. C **37**. B **38**. B **39**. D **40**. A **41**. D **42**. B **43**. C **44**. B **45**. A **46**. B **47**. B **48**. C **49**. D **50**. A **51**. B **52**. A **53**. D

54. D **55**. A **56**. C **57**. B **58**. B **59**. A **60**. D **61**. A **62**. B **63**. A **64**. B **65**. A **66**. A
67. A **68**. B **69**. A **70**. C **71**. C **72**. C **73**. B **74**. A **75**. C **76**. A **77**. D **78**. C **79**. B
80. C **81**. D **82**. D **83**. A **84**. A **85**. C **86**. D **87**. B **88**. C **89**. A **90**. D **91**. A **92**. B
93. C **94**. B **95**. B **96**. A **97**. B **98**. B **99**. C **100**. B **101**. C **102**. C **103**. D **104**. B
105. D **106**. C **107**. C **108**. C **109**. B **110**. B **111**. B **112**. B **113**. A **114**. C **115**. C
116. C **117**. A **118**. B **119**. B **120**. B **121**. C **122**. B **123**. A **124**. B **125**. A **126**. D
127. A **128**. C **129**. A **130**. B **131**. B **132**. A **133**. B **134**. C **135**. A **136**. C **137**. C
138. B **139**. B **140**. A **141**. C **142**. D **143**. A **144**. A **145**. B **146**. D **147**. B **148**. A
149. B **150**. A **151**. C **152**. B **153**. B **154**. C **155**. A **156**. B **157**. B **158**. B **159**. D
160. D **161**. A **162**. B **163**. B **164**. D **165**. C **166**. C **167**. D **168**. D **169**. D **170**. C
171. D **172**. B **173**. C **174**. C **175**. A **176**. C **177**. B **178**. B **179**. B **180**. B **181**. C
182. B **183**. C **184**. D **185**. D **186**. A **187**. B **188**. D **189**. C **190**. B **191**. C **192**. B
193. C **194**. B **195**. B **196**. C **197**. A **198**. B **199**. D **200**. C **201**. C **202**. B **203**. A
204. D **205**. A **206**. B **207**. C **208**. A **209**. A **210**. A **211**. D **212**. B **213**. A **214**. D
215. B **216**. B **217**. D **218**. C **219**. B **220**. B **221**. B **222**. B **223**. A **224**. D **225**. B
226. C **227**. A **228**. A **229**. C **230**. C **231**. D **232**. B **233**. A **234**. D **235**. A **236**. B
237. C **238**. A **239**. A **240**. B **241**. C **242**. D **243**. D **244**. C **245**. D **246**. D **247**. D
248. C **249**. C **250**. B **251**. D **252**. A **253**. C **254**. A **255**. C **256**. C **257**. B **258**. A
259. B **260**. A **261**. B **262**. D **263**. D **264**. A **265**. A **266**. A **267**. A **268**. B **269**. D
270. A **271**. B **272**. B **273**. B **274**. A **275**. C **276**. A **277**. D **278**. D **279**. B **280**. B
281. A **282**. D **283**. C **284**. C **285**. B **286**. C **287**. A **288**. B **289**. B **290**. D **291**. A
292. A **293**. B **294**. C **295**. C **296**. A **297**. B **298**. D **299**. B **300**. C **301**. A **302**. B
303. A **304**. D **305**. B **306**. C **307**. B **308**. C **309**. C **310**. C